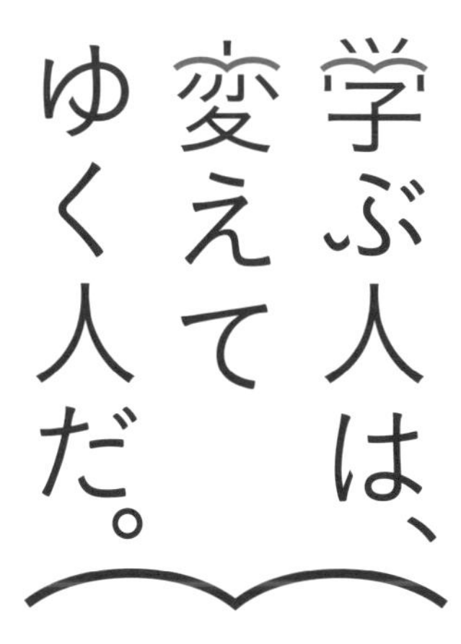

目の前にある問題はもち

社

挑み

「学び」で、

少しずつ世界は変えてゆける。

いつでも、どこでも、誰でも、

学ぶことができる世の中へ。

旺文社

大学入学
共通テスト

数学I・A
集中講義

改訂版

開成中学校・高等学校教諭
松野陽一郎 著

旺文社

はじめに

共通テストは，日本の大学入学試験の中でもっともたくさんの人が受験する試験です．「数学Ⅰ・数学A」や「数学Ⅱ・数学B・数学C」では，一回に30万人以上の受験者がいます．それだけに社会全体の関心も高く，試験の内容についても毎年さまざまなことが言われます．易しくなった・難しくなった，全受験者の平均点がこれだけ上がった・下がった，傾向が変わった・維持されている，などと．

しかし，このような分析は，実際に共通テストを受ける人たちにとっては，たいした意味を持たないと私は思います．難しかろうが易しかろうが，平均点が高かろうが低かろうが，結局「準備して，会場に行って，問題を解いてくる」ことは同じです．それにそもそも，難易とか傾向とかは，その場で実際に問題が出されるまではわかりません．そこに神経を使ってしまうのは，受験に対して実効的ではないでしょう．どんな問題でもがんばる，最善を尽くす，それだけです．

受験生にとってほんとうに必要なことは，適切な準備です．共通テストに成功するには，どのような学習を積み重ねればよいのか？　これこそが，受験生のみなさんの知りたいことでしょう．この本を執筆するにあたって，私もずいぶん考えました．過去出題の問題を読み，実際に解いてみて，答えを出した後もあれこれ考えました．

その結果わかった「適切な準備」とは――残念ながら，しかし当然ながら――魔法の杖を一振り！　というような鮮やかなものではありませんでした．詳しくは本書の全体，特にCHAPTER 0に詳しく述べましたが，一番大切なことは

教科書に載っている基礎的なことを，徹底的に理解する

ことでした．……と聞くと，なあんだ基礎かあ，じゃあ簡単だしラクだな，と思った人もいるかもしれません．でもそうではないのです．基礎事項の（なんとなくではない，完璧な）習得は決して容易なことではなく，また安易にできることでもないのです．

私は，容易でも安易でもない「高校数学の基礎の習得」を成し遂げようと，自分の未来のために決意した人の力になりたいと願って，この本を書きました．もともとは2024年入試までの課程に合わせて書いた本でしたが，このたびの課程の改訂に応じて，版も新たにできたことをうれしく思っています．

この本は，受験生の皆さんが「教科書に載っている基礎的なこと」を効率よくもれなく習得し，さらにその使い方・組み合わせ方に習熟して，そして共通テストで思うような成果を挙げることに，きっと役立つはずです．教科書とこの本でしっかり勉強した人は，共通テストの難易度が変わろうが傾向が変わろうがまったく関係なく，試験場で最大のパフォーマンスを発揮して，自分の手で自分の未来を切り開くことができるはずです．信じて，努力を積み重ねてください！

松野陽一郎

本書の構成と使い方

この本は，７つの CHAPTER と参考として述べた“整数の性質”，そして**チャレンジテスト**(問題と解説)から成ります．

CHAPTER のうち，最初の CHAPTER 0は，共通テストで「数学Ⅰ」「数学Ⅰ・数学Ａ」を受験するにあたり必要な対策を，要点を絞って述べました．

そのあとの CHAPTER 1～CHAPTER 6は単元ごとの解説や練習問題で，この本のコア部分です．CHAPTER 1から CHAPTER 4までが数学Ⅰ，CHAPTER 5から CHAPTER 6までが数学Ａの内容です．

CHAPTER 1以降の CHAPTER はそれぞれ，６個から９個の THEME，そして**コラム**を含みます．

各 THEME には，GUIDANCE，いくつかの POINT，何問かの問からなる EXERCISE とその 解説 と 解答，PLUS が含まれます（EXERCISE と 解説 はないときもあります）．GUIDANCE でまずこの THEME で学ぶべきこと，そのために必要な心構えを説明します．次に POINT で，共通テストを受験するうえでぜひとも知っておいてほしい基礎事項をまとめて述べます．そして，POINT の内容がしっかり自分に定着しているか，うまく使いこなせるかをチェックしつつ力をつけるための練習問題を EXERCISE としています．短い 解説 がつくときとつかないときがありますが，解答 は必ずあります．さらに，ここまでで述べ切れなかったことや，やや発展的な内容を，少し違う視点から，PLUS として記します．

チャレンジテストは，過去に共通テスト，そして試行調査や試作問題に出題された問題から，学習効果が高いものを私が選んで，掲載しています．そのあとには問題の 解答 と 解説 があります．解説 の前後には，どのようなことを意識して問題に向かい合ったらよいかを説いた アドバイス と，問題の内容について数学的なことをいろいろ書いた 補説 がついています．

この本の読み方の一例を以下に示します．もちろん，これ以外にもありえます．

まずは CHAPTER 0を読みます．一回目はざっと目を通すくらいでもかまいません．この部分だけでも，新しい知見が得られる人も多いと思います．

次に各自の学習ペースに合わせて，CHAPTER 1～CHAPTER 6を読みます．特に POINT の内容を自分がわかっているかどうか，しっかりチェックしましょう．なお，スペースの都合で基礎事項の証明などは書けていないことも多いので，それは教科書などで補ってください．

ある程度，基礎事項の定着の手ごたえを得られたら，**チャレンジテスト**に立ち向かってみましょう．解きっぱなしにはせず，必ず，アドバイス・解説・補説 も読んで考えましょう．特に，解けなかった問題の事後研究は入念に！

もくじ

THEME

0-1 共通テスト数学Ⅰ・Aの対策総論

GUIDANCE 共通テストの科目「数学Ⅰ」および「数学Ⅰ・数学A」では，短い試験時間の中で長い問題文からポイントを適切に読み取り，出題者の意図を理解してそれに従って解答を進める必要がある．それを可能にするためには，数学Ⅰ・数学Aの基礎力はもちろん，さらに広い意味での「読解力」を日頃から養いたい．

POINT 0-1 共通テスト「数学Ⅰ」「数学Ⅰ・数学A」の特徴

共通テスト「数学Ⅰ」「数学Ⅰ・数学A」は試験時間70分で施行が開始された．これは，問題全体の分量と，状況の把握と問題の意図の読み取りにかかる時間を考えると，多くの受験生にとってはかなり短い時間であろう．問題の内容も，教科書や参考書で解説されているような，基本的でシンプルな状況設定ではないものが多く，「こんなの見たことない！」とあわてる受験生もいることと思う．

しかし，問題を解くのに，特殊な知識や技術が必要とされるわけではない．数学Ⅰ，数学Aの授業を受ければ必ず説明されるはずの，教科書に載っている基礎知識を組み合わせれば最後まで解けるように，問題の内容も，問題文による誘導も，工夫して作られている．きちんと準備して臨めば心配はいらない．

難易については，出題の年によってもかなりの差がある．2022年の出題では手間のかかる計算が多く受験生には負担だったが，2023年の出題では特にそのようなことはなかった．今後の難易がどうなるかは，今はわからない．どんな難易の問題も出題される可能性があると覚悟して，何でも来い，とどっしり構えよう．

POINT 0-2 基礎事項の理解：「教科書に載っていること」

教科書の内容を一通り学習したあと，自分で教科書を徹底的に読み込み，教科書に載っていることであればいつ問われても即座に答えられるようになる．これが，今後の共通テストにうまく対応するためにもっとも重要なことである．

「教科書を理解する」とは，単に「教科書に載っている問題の答えを出せる」だけのことではない．ものごとが成り立つ理由，さまざまな概念を定義する動機，問題解決のための発想，こまごまとした注意など，教科書には実にたくさんのさまざまなことが，文章や図で記載されている．これらをすべて読み解き，理解するのは決して容易なことではない．しかし，それが必要なのである．

2022年本試験の「数学Ⅰ」「数学Ⅰ・数学A」では，2次関数の大問の最後に，2つの2次不等式の解の集合の包含関係に関する問題があった．もし，2次不等式 $f(x)<0$ の解について「$f(x)$ の x^2 の係数が正のとき，2次方程式 $f(x)=0$ の解が α，β（ただし $\alpha<\beta$）であれば $f(x)<0$ の解は $\alpha<x<\beta$ だ」「α，β は2次

方程式の解の公式を暗記しておけば出せる」とだけ理解している受験生がいたとすれば，その人はこの問題にうまく対応することはできなかっただろう．解が複雑になる2次方程式を解いた挙句，何も得られない可能性が高い．一方，教科書の内容をよくわかっている人は，2次不等式の解の集合を2次関数のグラフから読み取ること（これは授業では必ず時間をかけて説明されることであるし，教科書でも大きく載っている）をわかっているので，この問題の直前でわかった2つの2次関数のグラフの位置に関する知識から，ほぼ瞬時にこの問題に正答できる．

この本では，教科書に載っている大切なことなのに，多くの受験生が読み飛ばしてしまいがちなことを，たくさん指摘している．ぜひ参考にしてほしい．

POINT 0-3 読解力：「読み取る力」と「ついていく力」

問題文の量が多い共通テストでは読解力が必須，とはよく言われる．しかし，数学の共通テストに必要な読解力とは何かを，具体的にわかっていないと，あまり実際的な意味がない．ここでは「読み取る力」と「ついていく力」を考える．

読み間違いには，単なる読み飛ばしや見落とし，単語や数式の誤認から，問われていることの勘違い，論理展開の誤解など，いろいろある．これらを避ける対策は一朝一夕にはできない．書かれていることを正確に「読み取る」ことは，数学の力というよりは文章力の問題だ．日頃から多くの本を読み，人の話をよく聞き，書いたり話したりする体験が必要だろう．

そして数学の共通テストでは，穴埋め式の問題文で解答者に「問題を解くためにこう考えなさい」と誘導すること，さらにそのあとで「では，似た問題（または発展した問題）を考えなさい，さきほどと同じように考えればできますよ」と問いかけることが多い．考え方の説明があれば，何もなしではとても解けないような問題でも解けるだろうということだが，ここには，出題者の意図を適切に読み取り，その発想に「ついていく」ことが解答者にはできるはずだ，という前提がある．短い試験時間でこれを実行するのは決して簡単なことではない．対策としては，日頃から「答えだけ合えばよい」ではなく発想や考え方を一つ一つ丁寧に確認すること，問題が解けてもほかの解法も探究すること，一つの考え方を知ったときにそれを自分なりに応用してみること，などが有効だが，いずれにせよ速成できることではない．意識して学習を進めることが大切だ．

POINT 0-4 スピード：「まずはゆっくりじっくり」

時間の足りない共通テストに挑むのだから，速く読まねば，速く解かねば……とあせるのはよくわかる．しかし，「ゆっくりでもできないことは，速くはできない」．日頃の勉強では，すべてがきちんとわかるまで，あわてず急がず考え抜くことが大切だ．これを積み重ねれば，スピードはあとから自然についてくる．

THEME

0-2 共通テスト数学Ⅰ・Aの対策各論

GUIDANCE 数学Ⅰ，数学Aの単元ごとに，共通テスト対策のポイントを説明する．POINT 0-1 でも述べた通り，特別な知識・技術は要らない．そのかわり，基礎事項を完璧に理解することが要求される．この本では，大切な基礎事項を後の6つのCHAPTERで挙げている．教科書とともに，一つずつ確認してほしい．

POINT 0-5 数学Ⅰ　数と式，集合と論証

数と式の単元については，まずは多項式の展開や因数分解などの計算をたくさん経験して，数式に対する感覚を養うことが肝要である．対称式の取り扱いに慣れることも「感覚を養う」ことの重要な要素である．また，いくつかある絶対値記号の処理方法についても，共通テストの問題文がどう誘導してきたとしても対応できるように，すべてをよくわかっている必要がある．

集合と論証の単元については，用語と記号を正確に理解した上で，2つの条件の論理的関係は，それぞれを真とする要素の集合どうしの包含関係によって定まることを理解できれば，あとは大きな困難はないだろう．

POINT 0-6 数学Ⅰ　2次関数

2次関数のグラフをかけるようになることがすべての出発点である．そのためには式の計算——平方完成，因数分解——に十分習熟し，正確にすばやくできるようになる必要がある．グラフでは頂点や座標軸との交点に注目する．

今後の共通テストでは，2次関数の値域や最小値・最大値，2次方程式や2次不等式の解について，グラフを見て考察することが重視される可能性が高い．2次関数を定める2次式の係数の値が変化して，それに伴いグラフが動く様子をイメージさせることもあるだろう．計算だけ（2次方程式の解を求められる，など）できればよいということにはならない．「グラフを見る」経験を積もう．

POINT 0-7 数学Ⅰ　図形と計量

三角比を用いて，三角形や円などの図形を考察する．また，山の高さや影の長さなど，実生活に現れる計量を，三角形の相似や三角比を用いて行うこともある．

基本となる知識はシンプルで，三角比の定義，三角比の相互関係，正弦定理と余弦定理，面積の公式など．その源流として，中学校で習う三角形の相似，ピタゴラスの定理，円周角の定理も重要である．また，図形の一部が変わる（三角形の内角が大きくなるなど）とき，ほかの部分の長さや角，面積などがどう変化するかを，日頃の学習から折に触れて自分で考察する習慣をつけるとよい．

POINT 0-8 数学Ⅰ データの分析

共通テストでは問題文，グラフ(ヒストグラムや散布図など)がかなり多く，また選択肢も文章が長くしかも紛らわしいものもあるので，短時間で解き進めることが(数学的内容の難易度と比較して)案外難しい．とにかく，基本的な用語とその定義，グラフの読み方，平均値・分散・共分散・相関係数の算出方法，仮説検定の考え方などを，完璧にわかっていなければならない．試験の現場でどんどん読み進めて要点だけをつかむには，「あれ，どうだったっけ……」と迷う余裕はない．

このことにさえ気をつければ，あとは過去出題や模擬問題の演習を積めばよい．

POINT 0-9 数学A 場合の数と確率

場合の数について，教科書に載っている数学的事実はごく少ない．それはもちろんすべて頭に入れるとして，同じくらい大切なのが数え上げの基本的考え方——場合分けと樹形図，複数の集合の相互関係の整理，状況に応じた同一視——を理解することである．これらは教科書では，定理の証明や例題の解き方のところにしっかり述べられている．ぜひ，数え上げの精神を読み取ってほしい．

確率については，場合の数の基礎知識がそのまま生きる．ただし(独立)反復試行の確率，条件つき確率，期待値については，特に理解と演習が必要である．

POINT 0-10 数学A 図形の性質

平面幾何の諸定理を用いてさまざまな計量・作図・証明を行う．中学校で学ぶ知識に加え，数学Aでさらにいろいろな定理を学んでいるので，必要な基礎知識は多い．そして共通テストでは，それらのうちどれを用いればうまくいくのかを，短い時間で正しく判断する必要がある．決して容易なことではない．

この単元については，センター試験時代も含めた過去出題問題の演習・研究が有効だろう．形式のみならず，数学的内容も独特であり，多くの問題に触れるうちに必ずコツを会得できるはずである．

POINT 0-11 数学A 整数(参考)

整数という数学的対象は簡明に見えるが，問題解決のために必要な知識は，意外にたくさんある．約数や倍数，素数と素因数，割り算の余りによる分類，ユークリッドの互除法，方程式(特に整数係数2元1次方程式)の整数解の様子などで，これらを適切に使い分ける．

なお，本書のこの部分は，共通テストの出題範囲に含まれていないが，「THEME 46 約数・倍数」「THEME 47 素数と素因数」「THEME 48 公約数・公倍数」は，基礎知識として必要と思われるので確認のため掲載し，THEME 49～THEME 53は補足として，全体を参考とした．

THEME 1 多項式の展開と整理

GUIDANCE 数と文字の加法・減法・乗法で作られる数式を多項式（または整式）という．多項式は数学で登場する数式のうちもっとも基本的なもので，その計算に十分習熟してはじめて数学をはじめられる．多項式の計算の根幹は，展開と整理（THEME 1）と因数分解（THEME 2）からなる．

POINT 1 展開とは，整理とは

多項式の積を，分配法則を用いてかっこを外し，単項式の和として表すことを展開するという．展開のあと，分配法則を用いて同類項をまとめることを整理するという．

展開・整理の計算はどのようにしても最終的に得られる結果は同じだが，「乗法公式を用いる」「式の一部をひとまとめにして考える」などの手法により，計算の手間が軽減できることがある．

POINT 2 展開・整理に有効な公式

(1) $(ax+b)(cx+d)=acx^2+(ad+bc)x+bd$.

(2) $(x+p)(x+q)=x^2+(p+q)x+pq$.

(3) $(x\pm p)^2=x^2\pm 2px+p^2$.（複号同順）

(4) $(x+p)(x-p)=x^2-p^2$.

(5) $(a+b+c)^2=a^2+b^2+c^2+2ab+2ac+2bc$.

(6) m，n を正の整数として，$x^m x^n=x^{m+n}$，$(x^m)^n=x^{mn}$，$(xy)^n=x^n y^n$.

EXERCISE 1 ● 多項式の展開と整理

問 1 $(2-x)(3x+x^2-1)$ を展開し，降べきの順に整理せよ．

問 2 $a^2b^3(a-2b)(a^2-3ab-b^2)$ を展開し整理したときの，a^4b^4 の項の係数を求めよ．

問 3 $(x+2y-3z)^2$ を展開し整理せよ．

問 4 $(x-1)(x-4)(x+6)(x+3)$ を展開し整理せよ．

問 5 $(x-1)(x+1)(x^2+1)(x^4+1)$ を展開し整理せよ．

問 6 $A=2023$，$B=1977$ とする．A^2+B^2，A^2-B^2 の値を求めよ．

解説 ● 分配法則をくりかえし用いれば，展開の計算は必ずできる．あわてず一歩一歩，計算を進めよ．

● 乗法公式や計算の工夫ができるチャンスは利用しよう．共通テストでは問題文にそのヒントや誘導があることも多い．

● 「降べきの順」「項」「係数」など，基本的な用語は大切である．必ず教科書で意味を確認しておくこと．

解答 **問 1** $(2-x)(3x+x^2-1)=(2-x)\cdot 3x+(2-x)\cdot x^2-(2-x)\cdot 1$

$$=6x-3x^2+2x^2-x^3-2+x$$

$$=\boldsymbol{-x^3-x^2+7x-2}.$$

問 2 a^2b^3 とかけ合わせて a^4b^4 の項を生じさせるのは，a^2b の項である．

したがって，$(a-2b)(a^2-3ab-b^2)$ を展開して整理したときの a^2b の項の係数が答えである．そしてこの展開計算では，a^2b の項として生じるのは

$$a\cdot(-3ab)=-3a^2b \quad と \quad (-2b)\cdot a^2=-2a^2b$$

であり，これをまとめると $-5a^2b$ である．よって，答えは **−5** である．

問 3 $(x+2y-3z)^2=\bigl(x+(2y-3z)\bigr)^2$

$$=x^2+2x(2y-3z)+(2y-3z)^2$$

$$=\boldsymbol{x^2+4xy-6xz+4y^2-12yz+9z^2}.$$

または，POINT 2 の公式(5)を用いて，

$$(x+2y-3z)^2=x^2+(2y)^2+(-3z)^2+2\cdot x\cdot 2y+2\cdot x\cdot(-3z)+2\cdot 2y\cdot(-3z)$$

$$=\boldsymbol{x^2+4y^2+9z^2+4xy-6xz-12yz}$$

としてもよい．

問 4 かけ合わせる順番を工夫すると，計算が楽になる．

$$(x-1)(x-4)(x+6)(x+3)$$
$$=(x-1)(x+3)\cdot(x-4)(x+6)$$
$$=(\underline{x^2+2x}-3)(\underline{x^2+2x}-24)$$

◀ x^2+2x をひとかたまりと見る．

$$=(x^2+2x)^2-27(x^2+2x)+72$$
$$=x^4+4x^3+4x^2-27x^2-54x+72$$
$$=\boldsymbol{x^4+4x^3-23x^2-54x+72}.$$

問 5 「和と差の積は平方の差」の公式（POINT 2 の公式(4)）をくり返し用いる．

$$(x-1)(x+1)(x^2+1)(x^4+1)=(x^2-1)(x^2+1)(x^4+1)$$

$$=(x^4-1)(x^4+1)$$

$$=\boldsymbol{x^8-1}.$$

問 6　2023＝2000＋23，1977＝2000－23 に気づくと，多項式の展開の公式が応用できる．

$$
\begin{aligned}
A^2+B^2&=(2000+23)^2+(2000-23)^2\\
&=(2000^2+2\cdot2000\cdot23+23^2)+(2000^2-2\cdot2000\cdot23+23^2)\\
&=2\cdot2000^2+2\cdot23^2\\
&=8000000+1058\\
&=\mathbf{8001058},
\end{aligned}
$$

$$
\begin{aligned}
A^2-B^2&=(2000+23)^2-(2000-23)^2\\
&=(2000^2+2\cdot2000\cdot23+23^2)-(2000^2-2\cdot2000\cdot23+23^2)\\
&=2\cdot2\cdot2000\cdot23\\
&=\mathbf{184000}.
\end{aligned}
$$

なお，A^2-B^2 については，THEME 2 の POINT 4 の公式(4)を用いれば

$$A^2-B^2=(A-B)(A+B)=46\cdot4000=184000$$

とも考えられる．

➕PLUS　多項式を書き表すとき，項の順番や各項ごとの文字の積の順番に，「こうでなければならない」という規則があるわけではありません．$pk+2t$ と $2t+kp$ のどちらが正しくてどちらが誤りである，などということはないのです．共通テストでは問題文をよく読んで，その指示に従いましょう．

なお，数式のカッコが二重になるとき，内側のカッコは（　）で，外側のカッコは｛　｝で書かねばならないように思っている人も世の中にはいるようですが，そのようにしなければならない数学的理由はまったくありません．むしろ，A(1，2) などの座標を表すカッコ（　）や，{3，4} などの集合を表すカッコ｛　｝など，固有の用法があるカッコも数学には多いので，演算の順序を示すためのカッコにわざわざいろいろなカッコを使い分けるのは，わずらわしく混乱のもとになるだけだと私は考えます．

THEME

2 くくり出しと因数分解

GUIDANCE 多項式の因数分解は展開＆整理の逆の計算であるが，その実行には展開＆整理より修業を要する．しかし，数学には因数分解ができてはじめて突破できる関門もある．訓練と経験が必要だ．

POINT 3 因数分解とは

多項式を1次以上のいくつかの多項式の積として表すことを**因数分解**するという．このとき，かけ合わされている1つ1つの多項式を**因数**という．

因数分解を行うには，展開・整理の公式（POINT 2）から得られる公式（POINT 4）の形をよく記憶して適切に用いる必要がある．また，補助的に“くくり出し”が必要になることも多い．

POINT 4 因数分解に有効な公式

(1) $acx^2+(ad+bc)x+bd=(ax+b)(cx+d)$.

(2) $x^2+(p+q)x+pq=(x+p)(x+q)$.

(3) $x^2\pm 2px+p^2=(x\pm p)^2$. （複号同順）

(4) $x^2-p^2=(x+p)(x-p)$.

(5) “くくり出し” $ax+ay+\cdots+az=a(x+y+\cdots+z)$.

EXERCISE 2 ●くくり出しと因数分解

問1 $10x^2-7xy+y^2$ を因数分解せよ．

問2 $50(2a+b)^2-140(2a+b)(a+b)+98(a+b)^2$ を因数分解せよ．

問3 $-3y^2+7y-2$ を因数分解せよ．次に，それをヒントとして $P=x^2+2xy-3y^2+x+7y-2$ を因数分解せよ．

問4 (1) x^4-7x^2-18 を因数分解せよ．

(2) 等式 $x^4+2x^2+9=(x^4+2x^2+9)+(4x^2-4x^2)$ を利用して，x^4+2x^2+9 を因数分解せよ．

問5 $Q=a^3-2a^2b+4a^2c-3ac+6bc-12c^2$ を考える．

(1) Qをaについて整理したもの，bについて整理したもの，cについて整理したものをそれぞれ書け．

(2) Qを因数分解せよ．

解説 ● 公式 $x^2+(p+q)x+pq=(x+p)(x+q)$ は使いやすい．2 次の項の係数が 1 である 2 次式に対しては，まずは狙ってみるとよい．

● それがうまくいかないときは，公式 $acx^2+(ad+bc)x+bd=(ax+b)(cx+d)$ の適用が考えられる．ただし，できればそれ以前に「くくり出す」「ある式をひとかたまりと見る」などの手段が使えそうか，考えたい．

● 共通テストではやや高度な内容を問題文で誘導して理解させようとすることもあり得る．素直に誘導の意図を読み取ることも大切になる．

解答 **問 1** $10x^2-7xy+y^2=2\cdot5\cdot x^2+\big(2\cdot(-y)+5\cdot(-y)\big)x+(-y)\cdot(-y)$
と考えてもよいが，y^2 の係数が 1 なので，y について降べきの順にして

$$\begin{aligned}10x^2-7xy+y^2&=y^2-7xy+10x^2\\&=y^2+\big((-2x)+(-5x)\big)y+(-2x)\cdot(-5x)\\&=\boldsymbol{(y-2x)(y-5x)}\end{aligned}$$

とするのが簡明だろう．

問 2 50，140，98 はどれも 2 の倍数である．また，$2a+b$，$a+b$ はそれぞれひとかたまりと見る．

$$\begin{aligned}&50(2a+b)^2-140(2a+b)(a+b)+98(a+b)^2\\&=2\big(25(2a+b)^2-70(2a+b)(a+b)+49(a+b)^2\big)\\&=2\Big(\big(5(2a+b)\big)^2-2\cdot5(2a+b)\cdot7(a+b)+\big(7(a+b)\big)^2\Big)\\&=2\big(5(2a+b)-7(a+b)\big)^2\\&=\boldsymbol{2(3a-2b)^2}.\end{aligned}$$

◀ 2 をくくり出した．

問 3 $-3y^2+7y-2=(-1)\cdot3\cdot y^2+\big((-1)\cdot(-1)+2\cdot3\big)y+2\cdot(-1)$
$=\boldsymbol{(-y+2)(3y-1)}.$

P は，まず x について整理する．

$$\begin{aligned}P&=x^2+2xy-3y^2+x+7y-2\\&=x^2+(2y+1)x-3y^2+7y-2\\&=x^2+\big((-y+2)+(3y-1)\big)x+(-y+2)(3y-1)\\&=\boldsymbol{(x-y+2)(x+3y-1)}.\end{aligned}$$

◀ちょうど，$-y+2$ と $3y-1$ の和が x の係数になっている．

問 4 (1) $$\begin{aligned}x^4-7x^2-18&=(x^2)^2-7x^2-18\\&=(x^2-9)(x^2+2)\\&=\boldsymbol{(x-3)(x+3)(x^2+2)}.\end{aligned}$$

(2) $$\begin{aligned}x^4+2x^2+9&=x^4+2x^2+9+4x^2-4x^2\\&=(x^4+6x^2+9)-4x^2\end{aligned}$$

$$=(x^2+3)^2-(2x)^2$$
$$=(x^2+3+2x)(x^2+3-2x)$$
$$=(\boldsymbol{x^2+2x+3})(\boldsymbol{x^2-2x+3}).$$

◀最後の答えは，共通テストでは降べきの順を指定されることが多いだろう．

問5 (1)　a について整理すると

$$Q=\boldsymbol{a^3+(-2b+4c)a^2-3ca+(6bc-12c^2)}.$$

b について整理すると

$$Q=\boldsymbol{(-2a^2+6c)b+(a^3+4a^2c-3ac-12c^2)}.$$

c について整理すると

$$Q=\boldsymbol{-12c^2+(4a^2-3a+6b)c+(a^3-2a^2b)}.$$

(2)　(1)で3通りに計算して作った多項式は，当然，どれも同じように因数分解できるのだが，その作業の難しさには差がある．一般的には，次数の低い多項式の方が次数の高い多項式より扱いやすい．今の場合 Q は，a については3次，b については1次，c については2次である．そこで Q を b について整理したものを用いて

$$Q=(-2a^2+6c)b+(a^3+4a^2c-3ac-12c^2)$$
$$=(-2a^2+6c)b+\bigl(a^2(a+4c)-3c(a+4c)\bigr)$$
$$=-2(a^2-3c)b+(a^2-3c)(a+4c)$$
$$=\boldsymbol{(a^2-3c)(-2b+a+4c)}$$

とするのがわかりやすいだろう．

➕PLUS　地道に努力すれば必ずできる展開＆整理と異なり，因数分解は基本的に“技の世界”であり，普通は思いつけないような技巧を用いてやっとできるような問題もあります．しかし共通テストではそのようなものが出たとしても，誘導がついたり，「$x^4+4=(x^4+\boxed{ア}x^2+4)-\boxed{イ}x^2=(x^2+\boxed{ウ})^2-(\boxed{エ}x)^2=\cdots$」のように数値による穴埋め問題だったりでしょう．基本をわかっていれば心配はいりません．

THEME
3 実数と数直線

GUIDANCE 数学Ⅰ・Aの範囲で登場する数はすべて実数であり，数直線上に目盛られる数である．実数には大小があり，絶対値が定義され，有理数と無理数がある．特に絶対値記号によって数直線上の2点間の距離が表されることは重要である．

POINT 5 実数と数直線

有限小数（3.21 など．整数は $5=5.0$ などとして有限小数とみなせる）または無限小数$\left(\dfrac{1}{3}=0.333\cdots\right.$ や $\left.\sqrt{2}=1.414\cdots\ \text{など}\right)$で表される数を**実数**という．
実数はすべて**数直線**上の点に対応する．数直線上の点Pに対応する実数をPの**座標**という．

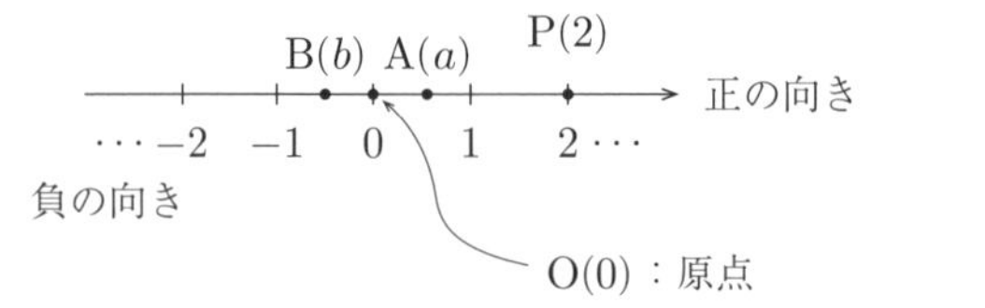

◀A(a)とは「座標がaである点A」を表す記号．

図で，AはBより正の向きにあるので，aはbより大きく，bはaより小さい．これを $a>b$，$b<a$ と書き表す．

POINT 6 絶対値

数直線上での点A(a)と原点O(0)との距離を実数aの**絶対値**といい，記号で$|a|$と表す．$a\geqq 0$ であれば $|a|=a$，$a<0$ であれば $|a|=-a$ である．
数直線上の2点A(a)，B(b)に対して，AB間の距離は$|b-a|$に等しい：

$$AB=\begin{cases} b-a & (a\leqq b\ \text{のとき}) \\ a-b & (b\leqq a\ \text{のとき}) \end{cases}=|b-a|.$$

不等式 $|x-a|\leqq r$ は，2点P(x)，A(a)間の距離がr以下であることを表している．したがって，$|x-a|\leqq r$ をみたす点P(x)は，右図の範囲に存在し得る（ただし $r>0$ とする）．

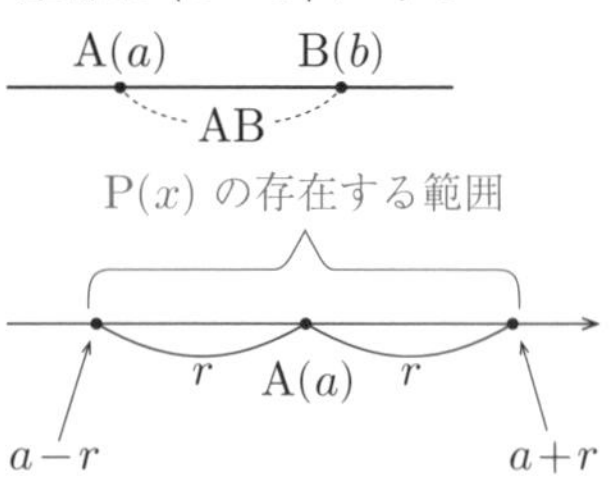

POINT 7 有理数と循環小数

分子分母とも整数である分数で表される実数を**有理数**という．また，小数展開に循環が生じる実数を**循環小数**という（有限小数は $1.3=1.3000\cdots$ などとして循環小数とみなせる）．有理数はすべて循環小数（有限小数を含む）であり，循環小数（有限小数を含む）はすべて有理数である．

有理数でない実数を**無理数**という．数学Ⅰ・Aで登場する無理数の例として，$\sqrt{n}$（ただし n は平方数でない自然数），π（円周率）がある．

POINT 8 自然数，整数，有理数，実数と四則演算

以下“0で割る”ことは考えない．

- 2つの自然数の和と積は自然数だが，差と商はそうとは限らない．
- 2つの整数の和，差，積は整数だが，商はそうとは限らない．
- 2つの有理数の和，差，積，商はすべて有理数である．
- 2つの実数の和，差，積，商はすべて実数である．

EXERCISE 3 ●実数と数直線

問1 任意の実数 a について $|a|^2=a^2$ である．理由を説明せよ．

問2 (1) $\dfrac{7}{22}$ を循環小数で表せ．

(2) $1.\dot{3}\dot{6}=1.363636\cdots$ を分子分母とも整数である分数で表せ．

問3 (1) $|x-3.4|\leqq 2$ となる整数 x はいくつあるか．

(2) $\sqrt{12-y}$ が有理数となる正の整数 y はいくつあるか．

問4 $\sqrt{5}+4$ の整数部分 a，小数部分 b を求めよ．ただし，$\sqrt{5}=2.236\cdots$ である．

解答 **問1** $a\geqq 0$ であれば $|a|=a$ だから $|a|^2=a^2$ である．一方 $a<0$ であれば $|a|=-a$ だから $|a|^2=(-a)^2=a^2$ である．よって，任意の実数 a について $|a|^2=a^2$ である．

問2 (1) 筆算で $7\div 22$ を行い，$\dfrac{7}{22}=0.3181818\cdots=\mathbf{0.3\dot{1}\dot{8}}$ を得る．

(2) $x=1.\dot{3}\dot{6}$ とおく．$100x=136.363636\cdots=136.\dot{3}\dot{6}$ であるから，$99x=135$ である．よって，$x=\dfrac{135}{99}=\mathbf{\dfrac{15}{11}}$ である．

$$\begin{array}{rr} & 100x=136.\dot{3}\dot{6} \\ -) & x=\quad 1.\dot{3}\dot{6} \\ \hline & 99x=135 \end{array}$$

問 3　(1)　A(3.4) と距離が 2 以内である，座標が整数の点は，図の通り 2，3，4，5 が座標の点で，**4 個**ある．

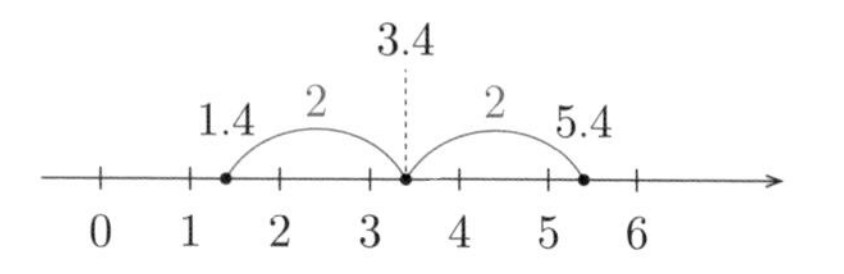

(2)　$12-y$ が平方数になるような正の整数 y のみが $\sqrt{12-y}$ を有理数にする．そのような y は，3，8，11，12 の **4 個**ある．

問 4　$2.2<\sqrt{5}<2.3$ なので $6.2<\sqrt{5}+4<6.3$ である．よって，$\boldsymbol{a=6}$．そして $a+b=\sqrt{5}+4$ だから，$\boldsymbol{b}=(\sqrt{5}+4)-a=\sqrt{5}+4-6=\boldsymbol{\sqrt{5}-2}$ である．

PLUS　絶対値記号を含む式の処理はセンター試験ではよく出題されました．$|\cdot|$ の中の式の正負で場合分けするのが基本ですが，数直線上の距離や範囲を考えたり，$|a|^2=a^2$ を用いたり，という手もあるかも，と思っておくとよいです．

また，**問 3**(2)では POINT 7 で述べた事実「n が平方数でない自然数のとき，$\sqrt{n}$ は無理数である」を用いました．この事実を証明しようとすると記述が少し面倒になりますが，$n=6$ の場合についての証明を p. 31 に載せましたので，これを参考にして，一般の平方数でない自然数 n に対する証明を考えてみるとよいでしょう．基本的な証明のアイディアは，n がいくつであっても同じです．

THEME

4 平方根

GUIDANCE 0 以上の実数 a に対してはその平方根と呼ばれる実数が定まる．$\sqrt{a}$ についての計算や考察は，大きさで評価する（$3<\sqrt{11}<4$ など）か，平方根の定義（$(\sqrt{11})^2=11$ である，など）を用いて行う．後者の場合は，THEME 1，THEME 2 で学んだ多項式の計算の技術が存分に活用できる．

POINT 9 実数の平方根

実数 a に対し，$x^2=a$ をみたす x を，a の**平方根**という．

$a>0$ のときは a の平方根は 2 つあり，1 つは正，1 つは負である．前者を $\sqrt{a}$ と書く．このとき後者は $(-1)\sqrt{a}$ であるが，これを $-\sqrt{a}$ と書く．

$a=0$ のときは，a の平方根は 0 のみである．$\sqrt{0}=0$ と定める．

$a<0$ のときは，a の平方根となる実数は存在しない．

POINT 10 平方根を含む式の計算

- 任意の実数 x に対して，$\sqrt{x^2}=|x|$ である．$\sqrt{x^2}=x$ は $x<0$ のときは成り立たないことに注意せよ．
- $a\geqq 0$，$b\geqq 0$ のとき，$\sqrt{a}$ や $\sqrt{a}+\sqrt{b}$，$\sqrt{a}-\sqrt{b}$ のような式に対し

$$(\sqrt{a})^2=a,\ (\sqrt{a}+\sqrt{b})(\sqrt{a}-\sqrt{b})=a-b$$

を用いて，根号 $\sqrt{\ }$ を含まない式を作ることがよくある．特に，分子分母に同じものをかけて，分母から $\sqrt{\ }$ を消し分母を有理数にする式変形（**分母の有理化**）は常用される．

- $a\geqq 0$，$b\geqq 0$ に対して，$\alpha=\sqrt{a}+\sqrt{b}$，$\beta=\sqrt{a}-\sqrt{b}$ とすると，

$$\alpha+\beta=2\sqrt{a},\ \alpha-\beta=2\sqrt{b},\ \alpha\beta=a-b$$

である．これを用いて，α，β の**対称式**（α，β を入れ換えても変わらない式）や**交代式**（α，β を入れ換えると -1 倍になる式）を明快に計算できる．

EXERCISE 4 ●平方根

問 1 $-1\leqq c\leqq 2$ のとき，$\sqrt{c^2+2c+1}-\sqrt{c^2-4c+4}$ を計算せよ．

問 2 $\dfrac{8}{\sqrt{5}-1}+\dfrac{6}{\sqrt{5}+\sqrt{3}}$ を計算せよ．

問 3　$\alpha=4-\sqrt{2}$, $\beta=4+\sqrt{2}$ に対して，$\dfrac{1}{\alpha}+\dfrac{1}{\beta}$, $\alpha^2+\beta^2$, $\alpha^2-\beta^2$ を計算せよ．

問 4　$a=\dfrac{1}{5-3\sqrt{2}}$, $b=\dfrac{4}{\sqrt{7}}$ とする．

(1)　a の整数部分と小数部分を求めよ．

(2)　$a+b$ の整数部分を求めよ．

問 5　次の計算が含む誤りを指摘せよ．

$$\sqrt{12-2\sqrt{35}}=\sqrt{5+7-2\sqrt{35}}=\sqrt{(\sqrt{5})^2-2\sqrt{5}\cdot\sqrt{7}+(\sqrt{7})^2}$$
$$=\sqrt{(\sqrt{5}-\sqrt{7})^2}=\sqrt{5}-\sqrt{7}.$$

解説　●　「$\sqrt{x^2}=|x|$」をうっかり「$\sqrt{x^2}=x$」と誤る人が多い．問 1 をクリアできる人でも，問 5 の計算（**二重根号を外す**）でうっかりしてしまうことがあるので要注意．

●　分母の有理化や“和と差の積”の利用は，計算を大幅にラクにする．

解答　**問 1**　$-1\leqq c\leqq 2$ なので $c+1\geqq 0$, $c-2\leqq 0$ であることに注意する．

$$\sqrt{c^2+2c+1}-\sqrt{c^2-4c+4}=\sqrt{(c+1)^2}-\sqrt{(c-2)^2}$$
$$=|c+1|-|c-2|=(c+1)-(-(c-2))=\mathbf{2c-1}.$$

問 2　$$\frac{8}{\sqrt{5}-1}+\frac{6}{\sqrt{5}+\sqrt{3}}=\frac{8(\sqrt{5}+1)}{(\sqrt{5}-1)(\sqrt{5}+1)}+\frac{6(\sqrt{5}-\sqrt{3})}{(\sqrt{5}+\sqrt{3})(\sqrt{5}-\sqrt{3})}$$
$$=\frac{8(\sqrt{5}+1)}{5-1}+\frac{6(\sqrt{5}-\sqrt{3})}{5-3}=2(\sqrt{5}+1)+3(\sqrt{5}-\sqrt{3})$$
$$=\mathbf{5\sqrt{5}-3\sqrt{3}+2}.$$

問 3　まず，$\alpha+\beta=8$, $\alpha-\beta=-2\sqrt{2}$, $\alpha\beta=16-2=14$ に注意する．

$$\frac{1}{\alpha}+\frac{1}{\beta}=\frac{\beta+\alpha}{\alpha\beta}=\frac{8}{14}=\mathbf{\frac{4}{7}},$$
$$\alpha^2+\beta^2=\alpha^2+2\alpha\beta+\beta^2-2\alpha\beta=(\alpha+\beta)^2-2\alpha\beta=8^2-2\cdot 14=\mathbf{36},$$
$$\alpha^2-\beta^2=(\alpha+\beta)(\alpha-\beta)=8\cdot(-2\sqrt{2})=\mathbf{-16\sqrt{2}}.$$

問 4　(1)　$a=\dfrac{1\cdot(5+3\sqrt{2})}{(5-3\sqrt{2})(5+3\sqrt{2})}=\dfrac{5+3\sqrt{2}}{25-18}=\dfrac{5+3\sqrt{2}}{7}$ である．ここで

$\sqrt{16}<\sqrt{18}<\sqrt{25}$，すなわち $4<3\sqrt{2}<5$ であるから，

$5+4<5+3\sqrt{2}<5+5$，すなわち $9<5+3\sqrt{2}<10$　…①であり，したがって，

$\dfrac{9}{7}<\dfrac{5+3\sqrt{2}}{7}<\dfrac{10}{7}$，すなわち $\dfrac{9}{7}<a<\dfrac{10}{7}$ である．よって，a の整数部分

は**1**であり，小数部分は

$$a-1=\frac{5+3\sqrt{2}}{7}-1=\boldsymbol{\frac{-2+3\sqrt{2}}{7}}$$

である.

(2) $a+b=\frac{5+3\sqrt{2}}{7}+\frac{4\cdot\sqrt{7}}{\sqrt{7}\cdot\sqrt{7}}=\frac{5+3\sqrt{2}+4\sqrt{7}}{7}$ である．ここで(1)で求めた①と，$\sqrt{100}<\sqrt{112}<\sqrt{121}$，すなわち $10<4\sqrt{7}<11$ より，$9+10<5+3\sqrt{2}+4\sqrt{7}<10+11$，すなわち $19<5+3\sqrt{2}+4\sqrt{7}<21$ がわかる．よって，$\frac{19}{7}<\frac{5+3\sqrt{2}+4\sqrt{7}}{7}<\frac{21}{7}$，すなわち $\frac{19}{7}<a+b<3$ なので，$a+b$ の整数部分は**2**である.

問5 「$\sqrt{(\sqrt{5}-\sqrt{7})^2}=\sqrt{5}-\sqrt{7}$」が誤り．$\sqrt{5}-\sqrt{7}$ は負なので，正しくは

$$\sqrt{12-2\sqrt{35}}=\cdots=\sqrt{(\sqrt{5}-\sqrt{7})^2}=|\sqrt{5}-\sqrt{7}|=-(\sqrt{5}-\sqrt{7})$$
$$=\sqrt{7}-\sqrt{5}.$$

PLUS 根号の中に根号が入っている式がもし $\sqrt{a+b\pm2\sqrt{ab}}$ と見られる (ただし a，b は正の実数) ときには，

$$\sqrt{a+b+2\sqrt{ab}}=\sqrt{(\sqrt{a})^2+2\sqrt{a}\sqrt{b}+(\sqrt{b})^2}=\sqrt{(\sqrt{a}+\sqrt{b})^2}=|\sqrt{a}+\sqrt{b}|,$$
$$\sqrt{a+b-2\sqrt{ab}}=\sqrt{(\sqrt{a})^2-2\sqrt{a}\sqrt{b}+(\sqrt{b})^2}=\sqrt{(\sqrt{a}-\sqrt{b})^2}=|\sqrt{a}-\sqrt{b}|$$

と式変形できます．$|\sqrt{a}+\sqrt{b}|$ はいつでも $\sqrt{a}+\sqrt{b}$ と等しいですが，$|\sqrt{a}-\sqrt{b}|$ が $\sqrt{a}-\sqrt{b}$，$\sqrt{b}-\sqrt{a}$ のどちらに等しいかは，a と b の大小によります.

THEME 5 1次不等式

GUIDANCE 2つの数量の間の大小関係を記述するのが不等式である．文字xで表された2つの数量を比較した不等式があるとき，その不等式が成立するようなxの値の範囲を求めることを「不等式を解く」という．「方程式を解く」と同様，重要な作業である．

ここでは，1次式でできている不等式（1次不等式）を考察する．

POINT 11 不等式の基本性質

〔1〕 $A<B$ であれば $A+C<B+C$.

〔2〕 $A<B$ のとき，$\begin{cases} C\text{が正ならば} & AC<BC. \\ C\text{が}0\text{ならば} & AC=BC. \\ C\text{が負ならば} & AC>BC. \end{cases}$

※〔1〕，〔2〕いずれも，不等号が $<$ 以外の $>$，$\leqq$，$\geqq$ などでも同様．

1次不等式は，この性質だけを用いて解ける．作業は1次方程式を解くときとほぼ同様だが，「両辺に負の数をかけると不等号の向きが反転する」ことには注意が必要．

POINT 12 不等式の組み合わせ

xの不等式が2つ以上あるとき，そのすべてを成立させるxの値の範囲を求めることを**連立不等式**を解くという．たとえば $A\leqq B\leqq C$ を解くには，$A\leqq B$ と $B\leqq C$ を個別に解き，双方の解の共通部分を求める．

kを正の数とする．不等式 $|A|<k$ は連立不等式 $-k<A<k$ と同じことである．また，$|A|>k$ は「$A>k$ または $A<-k$」と同じ意味である．

EXERCISE 5 ● 1次不等式

問1 xの1次不等式 $\dfrac{2x-1}{3}\geqq\dfrac{3+5x}{4}$ を解け．

問2 連立不等式 $\begin{cases} -2x+3<4x+9 \\ 3(x-2)\leqq 2(6-x) \end{cases}$ をみたす整数xをすべて求めよ．

問3 xの不等式 $|6x+2|<40$ を解け．

問 4 (1) 方程式 $x^2-(2x-1)-1=0$ の解のうち，$2x-1\geqq 0$ をみたすものをすべて求めよ．

(2) 方程式 $x^2+(2x-1)-1=0$ の解のうち，$2x-1<0$ をみたすものをすべて求めよ．

(3) 方程式 $x^2-|2x-1|-1=0$ を解け．

解説 方程式や不等式に絶対値記号が含まれたままでは計算がしにくい（その部分と他の部分とを計算でまとめられない）ので，これを解消することを考える．POINT 12 のようにできれば簡明だが，そうでなければ絶対値記号の中身の正負で場合分けすることになる．このとき，その場合分けの処理のためにも，不等式を解く必要が生じる．

解答 **問 1** $\dfrac{2x-1}{3}\geqq\dfrac{3+5x}{4} \iff 4(2x-1)\geqq 3(3+5x)$

$\iff 8x-4\geqq 9+15x$

$\iff -7x\geqq 13$

$\iff \boldsymbol{x\leqq -\dfrac{13}{7}}.$

問 2 $\begin{cases}-2x+3<4x+9\\ 3(x-2)\leqq 2(6-x)\end{cases} \iff \begin{cases}-6<6x\\ 5x\leqq 18\end{cases} \iff \begin{cases}-1<x\\ x\leqq\dfrac{18}{5}\end{cases}$ であるから，これをみたす整数 x の値は，**0，1，2，3** である．

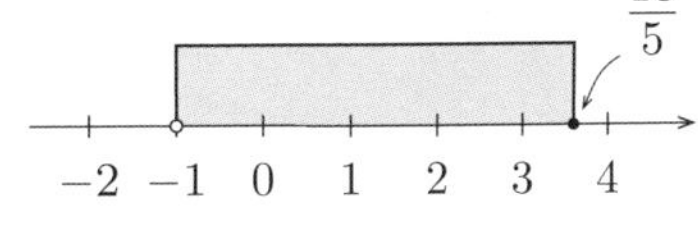

問 3 $|6x+2|<40 \iff -40<6x+2<40$

$\iff -40<6x+2$ かつ $6x+2<40$

$\iff -7<x$ かつ $x<\dfrac{19}{3}$

$\iff \boldsymbol{-7<x<\dfrac{19}{3}}.$

場合分けを用いる別方針もある．

$|6x+2|<40 \iff (6x+2\geqq 0$ かつ $6x+2<40)$

または $(6x+2<0$ かつ $-(6x+2)<40)$

$\iff \cdots$

と推論と計算を進めていくが，今の場合は手間がかかる．

問4 (1) $x^2-(2x-1)-1=0$ の解は $x=0$ と $x=2$ である．このうち $2x-1\geqq 0$，すなわち $x\geqq\frac{1}{2}$ をみたすのは $\boldsymbol{x=2}$ のみである．

(2) $x^2+(2x-1)-1=0$ の解は $x=-1+\sqrt{3}$ と $x=-1-\sqrt{3}$ である．このうち $2x-1<0$，すなわち $x<\frac{1}{2}$ をみたすのは $\boldsymbol{x=-1-\sqrt{3}}$ のみである（$-1+\sqrt{3}=-1+1.732\cdots>-1+1.7=0.7$ に注意）.

(3)
$$x^2-|2x-1|-1=0$$
$$\iff \begin{array}{l}(2x-1\geqq 0 \text{ かつ } x^2-(2x-1)-1=0)\\ \text{または}(2x-1<0 \text{ かつ } x^2+(2x-1)-1=0)\end{array}$$

であるから，求める解は(1)，(2)より $\boldsymbol{x=2}$ と $\boldsymbol{x=-1-\sqrt{3}}$ である．

➕PLUS　絶対値記号を含む方程式や不等式の処理方法はいろいろありますが，共通テストではそのうち１つを使うように誘導されることが多いでしょう．よく読んで従いましょう．

THEME

6 集合

GUIDANCE 現代数学の記述には集合の概念が不可欠であり，だから高校数学でも扱われる．共通テストで問われるのは，集合に関するもっとも基本的なこと（記号，言葉遣いなど）である．難しくないが，正確な理解が必要である．

POINT 13 集合に関する基礎概念と記号

● ものの集まりを**集合**という．集合Aがあるとき，どんな数学的対象xもAに属する（このときxはAの**要素**であるといい，$x \in A$，$A \ni x$ と表す）か属さない（$x \notin A$，$A \not\ni x$）かのどちらかである．集合を表すには**要素を書き並べる方法**と**要素の条件を述べる方法**がある．たとえば「10 以下の正の偶数全体の集合」を，前者の表し方では$\{2, 4, 6, 8, 10\}$と表せ，後者の表し方では$\{x | x$ は 10 以下の正の偶数$\}$あるいは$\{2k | k$ は 1 以上 5 以下の整数$\}$などと表せる．

● 2つの集合A，Bが「Aの要素はすべてBの要素でもある」という条件をみたすとき，AはBの**部分集合**である，AはBに**含まれる**（BはAを**含む**）などといい，$A \subset B$ あるいは $B \supset A$ と表す．$A \subset B$ と $B \subset A$ 両方が成り立つとき，AとBは要素がすべて一致している．このときAとBは**等しい**といい，$A=B$ と書く．

● 2つの集合A，Bに対し，A，Bの両方に属するもの全体の集合をA，Bの**共通部分**といい，$A \cap B$ と表す．また，A，Bの少なくとも一方（両方でもよい）に属するもの全体の集合をA，Bの**和集合**といい，$A \cup B$ と表す．たとえば $A=\{1, 2\}$，$B=\{2, 3\}$ のとき，$A \cap B=\{2\}$，$A \cup B=\{1, 2, 3\}$ である．

● 要素を1つも持たない集合を**空集合**といい，記号$\varnothing$で表す．たとえば$A=\{1, 2\}$，$B=\{3\}$ のとき，$A \cap B=\varnothing$ である．また，どのような集合についても空集合はその部分集合であると考える．

● 話題にしたいもの全体の集合を**全体集合**という．全体集合Uが設定されているとき，Uの部分集合Aに対して「（Uに属しているが）Aに属していないもの全体の集合」をAの**補集合**といい，$\overline{A}$ と表す．つまり
$\overline{A}=\{x | x \in U$ かつ $x \notin A\}$ である．

● 一般には，$(A \cap B) \cup C = A \cap (B \cup C)$ とは限らないし，$\overline{A \cap B} = \overline{A} \cap \overline{B}$ とも限らない．このように，∩，∪，‾ の組み合わせる順番によって表す集合が異なるので，それを示すためにカッコなどの記号に気をつかわなければならない．

ただし，$(A \cap B) \cap C$ と $A \cap (B \cap C)$ は一致するので，これを簡単に $\boldsymbol{A \cap B \cap C}$ と書き表す．$\boldsymbol{A \cup B \cup C}$ についても同様．

POINT 14 (集合の) ド・モルガンの法則

全体集合 U の2つの部分集合 A，B について，

$$\overline{A \cap B} = \overline{A} \cup \overline{B}, \quad \overline{A \cup B} = \overline{A} \cap \overline{B}$$

が成り立つ．前者の等式については，$\overline{A \cap B}$ および $\overline{A} \cup \overline{B}$ に相当する部分をそれぞれ図示して一致していることが確かめられる．後者の等式についても同様．

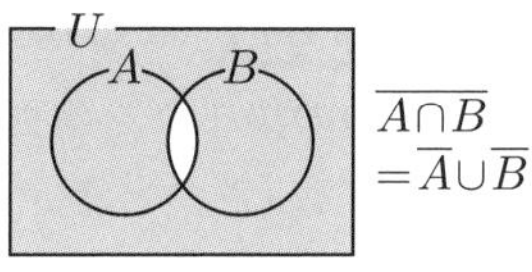

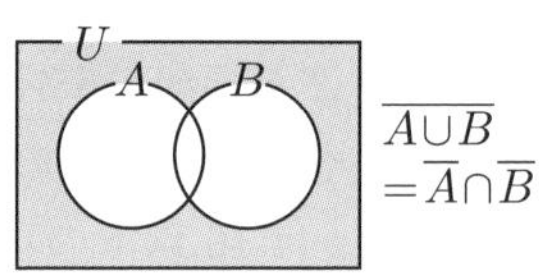

EXERCISE 6 ●集合

問1 自然数(0より大きい整数)全体の集合を N とする．「k は自然数である」ことを正しく表しているのは，$k = N$，$k \in N$，$k \subset N$ のうちどれか．

問2 a を正の定数とし，$A = \{x \mid -a \leqq x \leqq a\}$ とする．また，$B = \{x \mid -3 \leqq x \leqq 2\}$ とする．

(1) $A \subset B$ が成立する a のうちで最大のものを求めよ．

(2) $A \supset B$ が成立する a のうちで最小のものを求めよ．

問3 右の図に対し，$(A \cap B) \cup (A \cap C)$，および $A \cap (B \cup C)$ に相当する部分に着色し，両者が一致することを確かめよ．

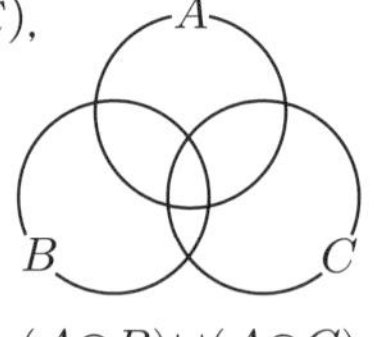

$(A \cap B) \cup (A \cap C)$

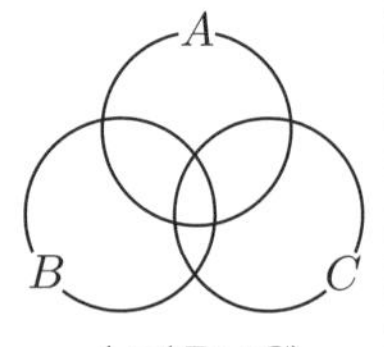

$A \cap (B \cup C)$

問4 以下のことが成立する理由を説明せよ．ただし，全体集合は U とする．

(1) $A \cap \overline{A} = \varnothing$　(2) $A \cup \overline{A} = U$　(3) $\overline{(\overline{A})} = A$

解答 **問1** 「k は自然数全体の集合に属している」，すなわち $\boldsymbol{k \in N}$ が正しい．

問2 (1)2，(2)3．a を0の近くからだんだん大きくしていって考えればよい．

問3　どちらも右図の通り．だから
$(A\cap B)\cup(A\cap C)=A\cap(B\cup C)$ である．

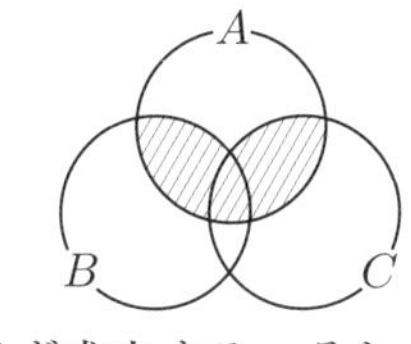

問4　$x\in U$ のとき，$x\in A$ と $x\notin A$ のうち一方だけが必ず成立する．そして，$x\notin A$ と $x\in\overline{A}$ とは同じことである．だから

「Uの要素はAと$\overline{A}$の一方のみに必ず属する」…✽.

(1)　A，$\overline{A}$の両方に属するUの要素はない．だから $A\cap\overline{A}=\varnothing$ である．

(2)　Uの要素はA，$\overline{A}$のどちらかに必ず属するので，$U\subset A\cup\overline{A}$ である．一方，$A\cup\overline{A}\subset U$ は(A，$\overline{A}$がUの部分集合なので)当然．よって，$A\cup\overline{A}=U$ である．

(3)　$x\in U$ のとき，$x\in\overline{(\overline{A})}$ は $x\notin\overline{A}$ と同じ意味で，これは✽より $x\in A$ と同じ意味である．よって，$\overline{(\overline{A})}=A$ である．

➕PLUS　共通テストが要求する読解力は，**問4**のような論述を考えることにより育ちます．当たり前に見えることを「明らか」の一言で片づけず，どのような順番でどのようなことを述べれば誰にも納得できる理由説明になるか，1つ1つのステップを大事にして考えましょう．

THEME 7 命題・条件と論証

GUIDANCE THEME 6 で学んだ集合と同様，現代数学を支えるのが論理であり，まずは命題・条件に関する概念を正確に理解しなければならない．常に「条件を真にするものの集合」を意識するとわかりやすい．

POINT 15 命題と条件

真か偽かが定まる文や式(数学的主張)を**命題**という．不確定要素(xなど)を含むがその値が定まると命題になる文や式を**条件**という．

条件 p を真にするもの全体の集合を P，条件 q を真にするもの全体の集合を Q とするとき，

条件 $\overline{p}$ (p でない，p の否定) を真にするものの集合は $\overline{P}$,
条件 p かつ q を真にするものの集合は $P\cap Q$,
条件 p または q を真にするものの集合は $P\cup Q$

である．

POINT 16 “ならば” $\Longrightarrow$

条件 p, q に対して「p を真にするものは q をも真にする」という命題を「p ならば q」といい $p\Longrightarrow q$ と表す．p をこの命題の**仮定**，q を**結論**という．

命題 $p\Longrightarrow q$ が真となるのは，p, q を真にするものの集合を P, Q とするとき，$P\subset Q$ が成り立つときであり，そのときに限る．命題 $p\Longrightarrow q$ が偽であるときには「$x\in P$ だが $x\notin Q$ だ」という x があるはずだが，このような x をこの命題の**反例**という．

POINT 17 必要と十分

条件 p, q について命題 $p\Longrightarrow q$ が真であるとき，「p は q であるための**十分条件**である」「q は p であるための**必要条件**である」という．$p\Longrightarrow q$ と $q\Longrightarrow p$ の両方が真であるとき $p\Longleftrightarrow q$ と表し，「p は q であるための**必要十分条件**である」「q は p であるための必要十分条件である」「p と q は**同値**である」という．

命題 $p\Longrightarrow q$ に対して，命題 $q\Longrightarrow p$, $\overline{p}\Longrightarrow\overline{q}$, $\overline{q}\Longrightarrow\overline{p}$ をもとの命題の**逆**，**裏**，**対偶**という．もとの命題とその対偶は真偽が必ず一致する．一方，逆や裏は，もとの命題と真偽が一致するときもしないときもある．

POINT 18 (条件の)ド・モルガンの法則

$$\overline{p\text{ かつ }q} \iff \overline{p}\text{ または }\overline{q},\quad \overline{p\text{ または }q} \iff \overline{p}\text{ かつ }\overline{q}$$

が常に成り立つ．両辺の条件を真にする集合が一致することを(集合)のド・モルガンの法則で確かめて，示される．

EXERCISE 7 ●命題・条件と論証

問 1 机の上に 4 枚のカード a，b，c，d が図のように置いてある．どのカードも，一方の面には黒色で，他方の面には青色で整数が書かれているという．いま，この 4 枚に関する命題「どのカードについても，黒い整数が奇数であるならば青い整数は偶数である」の真偽を知りたい．どのカードをめくって調べればよいか．ただし調べるカードの枚数はなるべく少なくしたい．

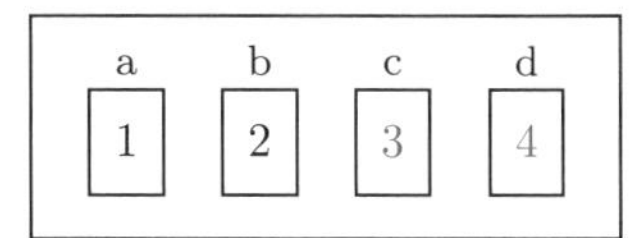

問 2 整数全体の集合を U とし，U の要素 x に対する 3 つの条件

p：x は 2 の倍数である，

q：x は 3 の倍数である，

r：x は 6 の倍数である

を考える．次の ア ～ オ に，後の⓪～③からあてはまるものを補え．

p は q であるための ア ．

q は r であるための イ ．

r は p であるための ウ ．

(p かつ q) は r であるための エ ．

(p または q) は r であるための オ ．

⓪ 必要条件であるが，十分条件ではない

① 十分条件であるが，必要条件ではない

② 必要十分条件である

③ 必要条件でも十分条件でもない

問 3 「A が犯人でなく B も犯人でないならば，C と D の少なくとも一方は犯人だ」の対偶を述べよ．

解説 **問 1** この命題が偽になるのは，反例として「黒い整数が奇数であり，かつ，青い整数も奇数であるカード」が存在するときである．だから，そのようである可能性があるカードだけをチェックすればよい．

問 2　条件 p, q, r を真にする U の要素（整数）の集合を P, Q, R とすると，$R=P\cap Q$ である．右のような図を見ながら，集合どうしの関係を確かめればよい．

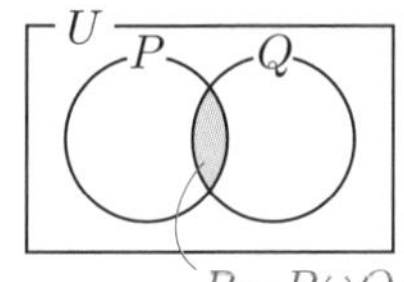

問 3　A, B, C, D それぞれが犯人であることを a, b, c, d と書くと，ここで言われることは「$(\overline{a}$ かつ $\overline{b}) \Longrightarrow (c$ または $d)$」である．この対偶は「$\overline{c \text{ または } d} \Longrightarrow \overline{\overline{a} \text{ かつ } \overline{b}}$」であるが，ド・モルガンの法則よりこれは「$(\overline{c}$ かつ $\overline{d}) \Longrightarrow (a$ または $b)$」と同じ意味である（$\overline{(\overline{a})}$ は a と同じである）．

解答　**問 1　a と c**．d を調べる必要がないことに注意しよう．もし，d の黒い整数が奇数であるならば，d は「黒い整数が奇数，かつ，青い整数が偶数」であるから，考えている命題を偽としない．一方，もし，d の黒い整数が奇数でないならば，そもそも考えている命題の真偽に d は関係していない．というわけで，どちらにせよ d は考えている命題の真偽の判定に影響しないことが，はじめからわかっている．

問 2　ア③　イ⓪　ウ①　エ②　オ⓪

問 3　**「C が犯人でなく D も犯人でないならば，A と B の少なくとも一方は犯人だ」**

PLUS　必要条件，十分条件という用語がわかりにくい，覚えられない，という人がいるのですが，たとえば次のように考えてみるのも一案だと思います．

命題 $p \Longrightarrow q$ が真であるとき「p は q であるための十分条件である」といいますが，これは「p が真であるとすれば，その情報は，q が真であると判断するのに十分な情報である」と読めます．

一方，「q は p であるための必要条件である」とは，命題 $p \Longrightarrow q$ の対偶 $\overline{q} \Longrightarrow \overline{p}$ が成り立っていること，すなわち「q が真でなければ p も真ではない」ということですが，これは「q が真でない限り p は（決して）真にならない」，つまり「q が真であることが p が真であるために不可欠だ」と言い換えられます．この“不可欠”は“必要”と同じ意味だととらえられますね．

$\sqrt{6}$ が無理数であることの証明（背理法による）

共通テストはマーク式の試験なので，証明の記述がそのまま出題されることはない．しかし，論述力が数学において重要であることは確かなので，今後いろいろな方法（語句や数式を選択させる，論理展開を推測させる，など）で問われる可能性はある．例として，$\sqrt{6}$ が無理数であることを，2 通りに証明するので，よく読んで理解してほしい．いずれも**背理法**を用いる．

〈証明 1〉 $\sqrt{6}$ が有理数であると仮定する．$\sqrt{6}$ は正なので，このとき，

$\sqrt{6}=\dfrac{l}{k}$ をみたす，互いに素（最大公約数が 1）である自然数 k，l が存在する．両辺を k 倍して 2 乗すると

$$6k^2=l^2 \quad \cdots ✪$$

を得る．左辺が偶数だから右辺もそうで，平方が偶数である整数は偶数だから，これは l が偶数である　…①ことを意味する．したがって，$l=2m$（m はある自然数）とおける．そこでこれを✪に代入し，両辺を 2 で割ると

$$3k^2=2m^2$$

を得る．右辺が偶数だから左辺もそうで，3 は奇数だから k^2 が偶数でなければならず，これは k が偶数である　…②ことを意味する．ところが，①，②は k，l が互いに素であることに矛盾する．よって，背理法により，$\sqrt{6}$ は有理数ではなく，無理数である．（証明おわり）

〈証明 2〉 $\sqrt{6}$ が有理数であると仮定する．$\sqrt{6}$ は正なので，このとき，

$\sqrt{6}=\dfrac{b}{a}$ をみたす自然数 a，b が存在する．両辺を a 倍して 2 乗すると

$$6a^2=b^2 \quad \cdots ✽$$

を得る．ここでこの両辺を素因数分解したときに，素因数 2 がいくつ現れるかを考える．a が素因数 2 をちょうど x 個持ち，b が素因数 2 をちょうど y 個持つとすると，x，y は 0 以上の整数であり，✽の左辺はちょうど $(1+2x)$ 個，右辺はちょうど $2y$ 個，素因数 2 を持っているので，$1+2x=2y$ が成り立つ．しかし，この左辺は奇数，右辺は偶数だから，これは矛盾である．よって，背理法により，$\sqrt{6}$ は有理数ではなく，無理数である．（証明おわり）

THEME

8 関数

GUIDANCE　**センター試験が共通テストに移行し，関数についての出題の様子が大きく変化した．日常的な状況から関数の構造を見いだし数学的に理解する能力や，関数自体の変化により生じるグラフの変化を理解する能力が問われている．「2次関数」の単元で学ぶべき内容が変わったわけではないが，「関数とは何か」を，そして関数についての基礎概念を徹底的に理解する必要性は高まったといえる．**

POINT 19　関数とは

2つの変数x，yがあり，「xの値を定めるとそれに応じてyの値がただ1通りに定まる」とき，**yはxの関数である**という．このとき，xの値に対してyの値を定めるしくみが存在すると考えて，そのしくみ自体を関数といい，f，gなどの名前をつける．

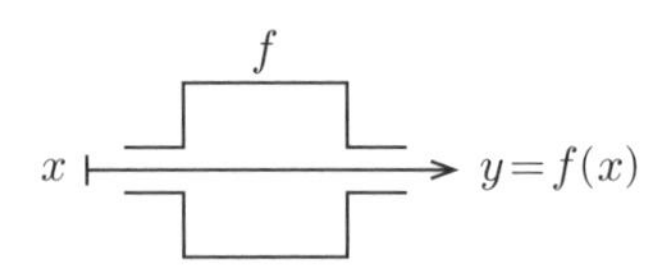

関数fにxを入力して得られる出力を，記号で$f(x)$と書く．「関数 $y=f(x)$」とは，xを入力するとyが出力される関数fのことと解釈してよい．

POINT 20　関数のグラフ，定義域と値域，最大値と最小値

関数fに入力できる数の値の集合(範囲)を**定義域**といい，出力される数の値の集合(範囲)を**値域**という．特にことわりがない限り，関数fの定義域は可能な限り広くとって考える．

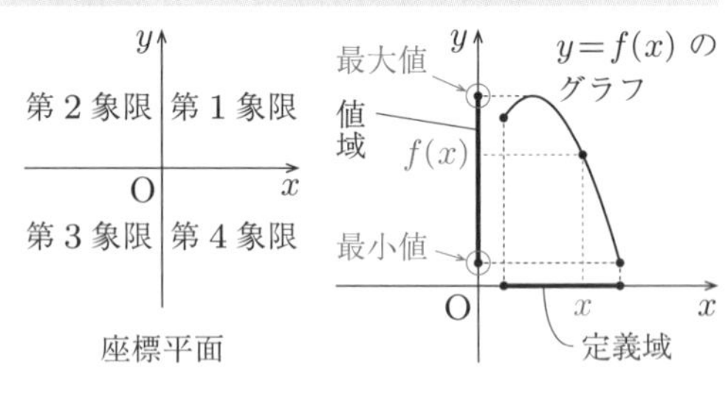

xがfの定義域全体を動くとき，座標平面上に，点$(x,\ f(x))$をすべて描いてできあがる図形を，関数fの**グラフ**という．グラフを見ると，関数fの出力値の**最大値・最小値**(これを関数fの**最大値・最小値**という)が見てとれる．

EXERCISE 8 ●関数

問1 変数 x, y の関係が次のようであるとき,「y は x の関数である」といえるか.

(1) 実数 x に対して, x に2を加え3をかけそこから4をひいたものが y である.

(2) 正の整数 x に対して, y はその正の約数である.

(3) 2つの実数 x, y には $y^2=x$ の関係がある.

(4) 面積が $x\,\mathrm{cm}^2$ である正方形の1辺の長さを $y\,\mathrm{cm}$ とする.

問2 $f(x)=x^2+2x-1$ のとき, $f(3)$, $f(-2)$, $f(a)$, $f(-a+1)$ を求めよ. ただし, a は実数の定数とする.

問3 a, b は実数定数とする. 関数 $y=ax+b$ のグラフをかいたところ, 図のようになった.

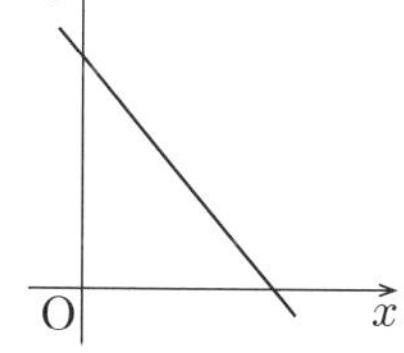

(1) a, b の符号 (正, 0, 負) を答えよ.

(2) この関数の定義域を $3\leqq x\leqq 5$ とするとき, y の最大値・最小値を求めよ.

問4 $-2\leqq x\leqq 2$ を定義域とする関数 $y=|2x-2|$ のグラフをかき, それを見てこの関数の最大値・最小値を求めよ.

解説 ● x と y に関係があるだけでは「y は x の関数である」とはいえない. どんな x の値に対しても y の値がただ1通りに決まるか, がポイント.

● 1次関数 $y=ax+b$ では, a がグラフ (直線) の傾きを定め, b がグラフの y 切片 (グラフと y 軸との交点) を定める.

● 点 $(x,\ f(x))$ と点 $(x,\ |f(x)|)$ は, $f(x)\geqq 0$ のときには一致し, $f(x)<0$ のときには x 軸に関して対称の位置にある. これに注意すれば, $y=2x-2$ のグラフをもとにして, $y=|2x-2|$ のグラフがかける.

解答 **問1** (1) $y=(x+2)\cdot 3-4$ で, x に対して y は1通りに定まる. **いえる.**

(2) 1以外の正の整数 x には正の約数が2つ以上あり, どれを y としてよいか1通りに決まらない. **いえない.**

(3) $x>0$ のときは y の値の可能性は2通りある ($\sqrt{x}$ と $-\sqrt{x}$). **いえない.**

(4) この設定では, x も y も正数であるので, $y=\sqrt{x}$ がいつでも成り立ち, x の値に対して y の値は1通りに定まる. **いえる.**

問2 $f(3)=3^2+2\cdot 3-1=\mathbf{14}$, $f(-2)=(-2)^2+2\cdot(-2)-1=\mathbf{-1}$,
$f(a)=\boldsymbol{a^2+2a-1}$, $f(-a+1)=(-a+1)^2+2(-a+1)-1=\boldsymbol{a^2-4a+2}$.

問3 (1)　a は負，b は正．

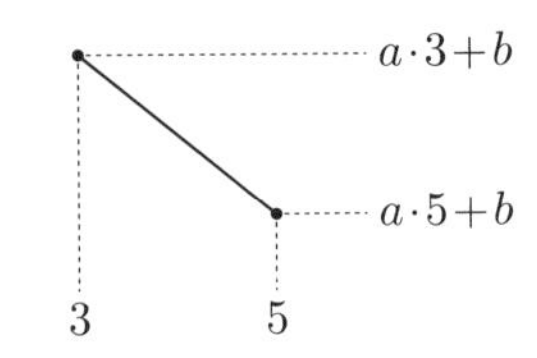

(2)　グラフ全体が右下がりの直線だから，$3 \leqq x \leqq 5$ の範囲でのグラフは右下がりの線分である．図を見て，y の最大値は $\boldsymbol{3a+b}$，最小値は $\boldsymbol{5a+b}$ とわかる．

問4　$y=2x-2$ のグラフのうち第3象限・第4象限にある部分を，x 軸を対称軸として折り返す（線対称移動する）と，$y=|2x-2|$ のグラフが得られる．これを見て，この関数の最大値が **6**，最小値が **0** とわかる．

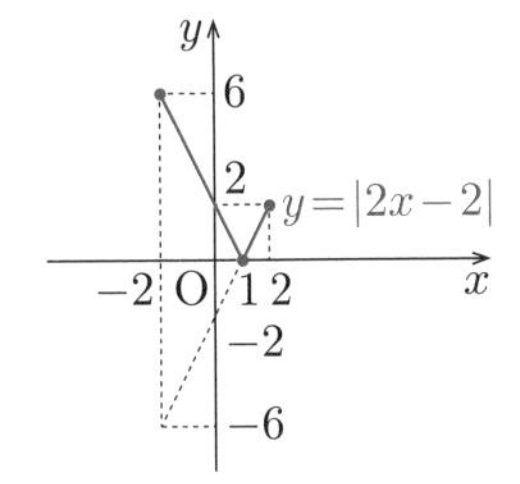

PLUS　POINT 19 のように，関数をいわば“入出力マシーン”ととらえることは，現代数学ではきわめて大切なことです．「y が x の関数である」とき，変数 x，y ではなくその間にある入出力の“しくみ”に注目するのは，なかなか普通は思いつかないことと思います．歴史上の先達たちがいろいろ思索する中で，だんだんに“しくみ”としての関数の概念が析出していき，そして関数それ自体に f のような名前が与えられるようになったのです．

なお，関数は英語で function といいますが，これはもともとは“機能”“はたらき”というような意味です．この名称からして，関数をしくみとしてとらえていることがわかります．

THEME

9 2次関数とそのグラフ

GUIDANCE 2次関数 $y=ax^2+bx+c$ の変動を調べるには，この形のままで考えるだけではなく，平方完成という技術を用いて $y=a(x-p)^2+q$ の形に書きかえることが有効である．このとき，a は2次関数のグラフの形（下に凸か上に凸か，曲がりぐあい）を，p，q はグラフの頂点の位置を定めている．

POINT 21 2次式の平方完成

x の2次式 ax^2+bx+c（a，b，c は定数，$a \neq 0$）を $a(x-p)^2+q$（p，q は定数）の形に書きかえることを**平方完成**するという．具体的には

$$ax^2+bx+c=a\left(x+\frac{b}{2a}\right)^2+\frac{-b^2+4ac}{4a}$$

なので，$p=-\dfrac{b}{2a}$，$q=\dfrac{-b^2+4ac}{4a}$ である．

POINT 22 2次関数のグラフ

2次関数 $f(x)=a(x-p)^2+q$（p，q は定数）は，2次関数 $f_0(x)=ax^2$ に，入力前に「$-p$」を，出力後に「$+q$」を，つけ加えたものである．

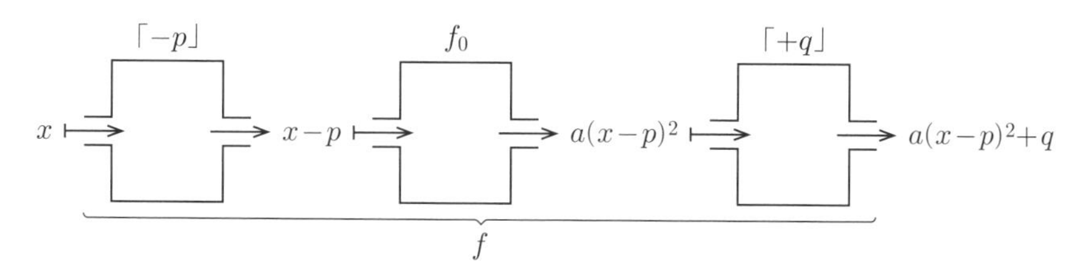

$y=a(x-p)^2+q$ のグラフは，$y=ax^2$ のグラフを，x 軸方向に p，y 軸方向に q だけ平行移動したものである．したがって，$y=a(x-p)^2+q$ のグラフは，**軸が直線** $x=p$，**頂点が点** $(p,\ q)$ **の放物線**である（形は $y=ax^2$ のグラフと合同で，$a>0$ ならば**下に凸**，$a<0$ ならば**上に凸**である）．

EXERCISE 9 ● 2次関数とそのグラフ

問1 次の2次式を平方完成せよ．

(1) x^2-4x+2 (2) $5x^2+x+2$ (3) $-t^2+0.8t$

問 2　k を実数定数とする．2 次関数 $y=2x^2+2kx+3k$ のグラフの，軸の方程式と頂点の座標を求めよ．

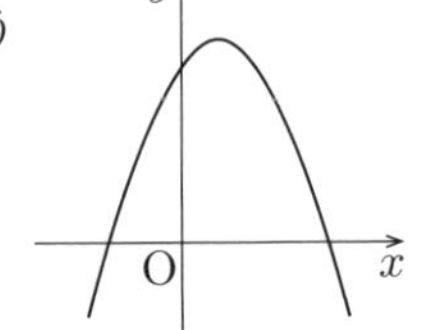

問 3　2 次関数 $y=ax^2+bx+c$ のグラフが図のようであるとき，次の式の値の符号（正，0，負）を答えよ．

(1)　a　(2)　c　(3)　$-\dfrac{b}{2a}$　(4)　$\dfrac{-b^2+4ac}{4a}$

(5)　b　(6)　b^2-4ac

問 4　空欄に適切な数を補え．

関数 $y=2x^2-8x+10$ のグラフを x 軸方向に $\square$，y 軸方向に $\square$ だけ平行移動させると，関数 $y=2x^2+4x-3$ のグラフに重なる．

解説　● 平方完成の計算の基本は「$x^2\pm2\cdot\triangle\cdot x$ に $+\triangle^2-\triangle^2$ を加えて $x^2\pm2\cdot\triangle\cdot x=x^2\pm2\cdot\triangle\cdot x+\triangle^2-\triangle^2=(x\pm\triangle)^2-\triangle^2$ とする（複号同順）」こと．x^2 の係数が 1 でなければ $ax^2+\cdots=a(x^2+\cdots)$ と係数をくくり出す．このようにその場で一回一回計算してもよいし，POINT 21 を公式として記憶してもよい．

● 平行移動により重なり合うことがわかっている 2 つの図形については，図形上の対応する 2 点（それぞれの図形から 1 点ずつ）に注目すれば，どのくらい平行移動したかはわかる．2 次関数のグラフ（放物線）であれば，頂点に着目するのが自然だろう．

解答　**問 1**　(1)　$x^2-4x+2=x^2-4x+4-4+2=\boldsymbol{(x-2)^2-2}$.

(2)　$5x^2+x+2=5\left(x^2+\dfrac{1}{5}x\right)+2=5\left(x^2+2\cdot\dfrac{1}{10}\cdot x+\left(\dfrac{1}{10}\right)^2-\left(\dfrac{1}{10}\right)^2\right)+2$

$$=5\left(\left(x+\frac{1}{10}\right)^2-\frac{1}{100}\right)+2=\boldsymbol{5\left(x+\frac{1}{10}\right)^2+\frac{39}{20}}.$$

(3)　$-t^2+0.8t=-(t^2-0.8t)=-(t^2-2\cdot0.4\cdot t+0.4^2-0.4^2)$

$$=-((t-0.4)^2-0.16)=\boldsymbol{-(t-0.4)^2+0.16}.$$

問 2　$2x^2+2kx+3k=2\left(x^2+2\cdot\dfrac{k}{2}\cdot x+\left(\dfrac{k}{2}\right)^2-\left(\dfrac{k}{2}\right)^2\right)+3k$

$$=2\left(x+\frac{k}{2}\right)^2-\frac{k^2}{2}+3k$$

より，この関数は $y=2\left(x+\dfrac{k}{2}\right)^2-\dfrac{k^2}{2}+3k$ と表される．よって，軸の方程式は $\boldsymbol{x=-\dfrac{k}{2}}$，頂点の座標は $\boldsymbol{\left(-\dfrac{k}{2},\ -\dfrac{k^2}{2}+3k\right)}$ である．

問 3 (1) グラフが上に凸の放物線なので，a は**負**.

(2) $x=0$ のときの y の値が c，グラフより，それは**正**.

(3) グラフの軸の x 座標が正だと見てとれる．よって，$-\dfrac{b}{2a}$ は**正**.

(4) グラフの頂点の y 座標が正だと見てとれる．よって，$\dfrac{-b^2+4ac}{4a}$ は**正**.

(5) (1)，(3)の結果を合わせて，b は**正**.

(6) (1)，(4)の結果を合わせて，b^2-4ac は**正**.

問 4 それぞれの関数は $y=2(x-2)^2+2$ と $y=2(x+1)^2-5$ であるから，2つのグラフは合同な放物線で，頂点は点 A(2，2) と点 B(−1，−5) である．だからAをBに重ねるように，x 軸方向に $-1-2=\mathbf{-3}$，y 軸方向に $-5-2=\mathbf{-7}$ だけ平行移動させればよい.

PLUS POINT 22 のように，1つの関数 $f(x)=a(x-p)^2+q$ を複数 (今の場合は 3 つ) のよりシンプルな関数の組み合わせで理解できることが，関数を単に「2つの変数の間の関係 (の一種)」と見ることにとどまらず，「入出力のしくみ」だととらえることがもたらす大きな恩恵です．これで，2 次関数とそのグラフのことは，すべてわかります.

実は，どんな関数でもこのように，シンプルなパーツに分解して理解できるわけではありません．しかし 2 次関数では，いつでもこのような理解が可能です．これは 2 次関数の大きな特長なのです．そして，その特長を支えている式変形が，POINT 21 の平方完成なのです.

THEME 10 2次関数の最大・最小

GUIDANCE　2次関数のグラフはTHEME 9のようにして必ずかけるので，その最大・最小を調べることも容易である．ただし，2次関数を表す式やその定義域に文字の定数が入っていると，話はややこしくなる．センター試験ではそのような問題もたびたび出題された．慣れておく必要はあるだろう．

POINT 23 2次関数の最大・最小（定義域が実数全体のとき）

2次関数 $y=ax^2+bx+c$ について，x がすべての実数を値とするとき，

$a>0$ であれば：グラフ（下に凸）の頂点で y は最小．y の最大値はない．

$a<0$ であれば：グラフ（上に凸）の頂点で y は最大．y の最小値はない．

POINT 24 2次関数の最大・最小（定義域が限られているとき）

2次関数 $f(x)$ の定義域が $r \leqq x \leqq s$ である（r，s は定数）とき，$f(x)$ の最大値・最小値は

i）$f(r)$

ii）$f(s)$

iii）（もし $y=f(x)$ のグラフの頂点 $(p,\ q)$ が $r \leqq x \leqq s$ の範囲にあれば）
　$q=f(p)$

のうちどれかである．どれであるかは，グラフをかいて判断すればよい．

EXERCISE 10 ● 2次関数の最大・最小

問1　2次関数 $y=3x^2-6x+5$ について，定義域が以下のようであるときの，最大・最小を調べよ．

(1)　実数全体　　(2)　$2 \leqq x \leqq 3$　　(3)　$-1 \leqq x \leqq 2$

問2　a を実数定数とし，2次関数 $y=x^2-2ax$ の定義域を $0 \leqq x \leqq 2$ としたときの最大値を M，最小値を m とする．M，m を a で表せ．

問3　b を正の定数とし，2次関数 $f(x)=x(4-x)$ の定義域を $0 \leqq x \leqq b$ としたときの最大値を M，最小値を m とする．M，m を b で表せ．

問4　周長24 cmの長方形のうちで面積が最大のものはどんな長方形か．

解説 ● 高校生が関数の最大・最小を考えるときには，とにかくまずはグラフをかいて見るのが基本．2次関数のグラフは平方完成によりいつでも必ずかける，という利点を生かそう．

● POINT 24 の状況で $f(r)$ と $f(s)$ の値を比較するとき，$y=f(x)$ のグラフが左右対称であることが活用できる．

● 問題文に変数や関数の設定がない場合は，自分で設定する．ただし，共通テストでは，おそらく誘導があるので，それに従おう．

解答 **問1** $y=3x^2-6x+5$ は $y=3(x-1)^2+2$ と書き直せる．よって，(1)，(2)，(3)それぞれの状況に応じて，グラフと最大・最小は以下の通りである．

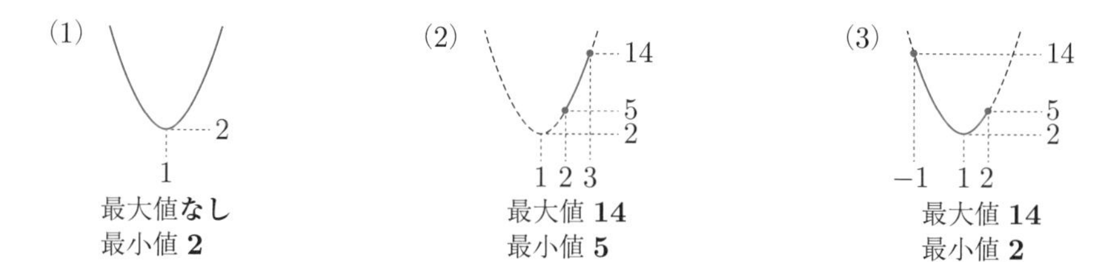

問2 $y=x^2-2ax$ は $y=(x-a)^2-a^2$ と書き直せる．よって，この関数のグラフは，下に凸の放物線で，頂点の座標が $(a,\ -a^2)$ である．

Mについて　頂点の x 座標と定義域の真ん中 $(x=1)$ との大小で場合分けする．

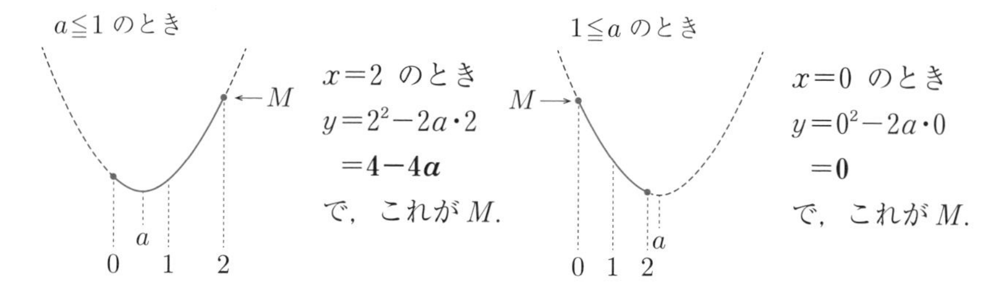

mについて　頂点の x 座標と定義域の両端 $(x=0$ と $x=2)$ との大小で場合分けする．

$a \leqq 0$ のとき

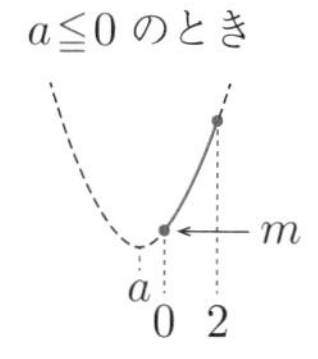

$x=0$ のとき $y=\mathbf{0}$ で，これが m.

$0 \leqq a \leqq 2$ のとき

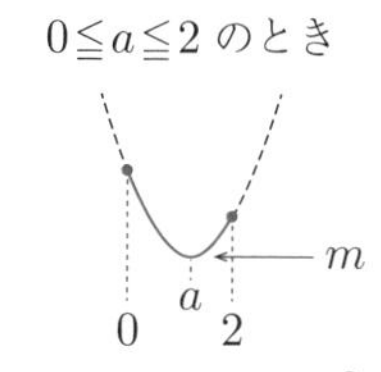

$x=a$ のとき $y=\boldsymbol{-a^2}$ で，これが m.

$2 \leqq a$ のとき

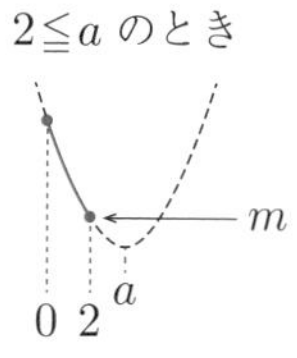

$x=2$ のとき $y=\mathbf{4-4a}$ で，これが m.

問 3　$f(x)=x(4-x)$ のグラフは上に凸の放物線で（$f(x)=-x^2+4x$ で，x^2 の係数が負だから），x 軸と $x=0$，$x=4$ で交わる．対称性より，頂点の x 座標は 2 とわかる．そこで，定義域の端である b と，2，4 との比較で場合分けする．

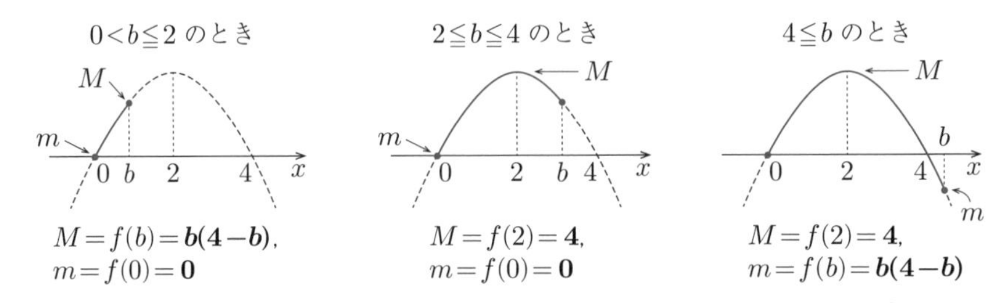

$0<b\leqq 2$ のとき：$M=f(b)=\boldsymbol{b(4-b)}$，$m=f(0)=\mathbf{0}$

$2\leqq b\leqq 4$ のとき：$M=f(2)=\mathbf{4}$，$m=f(0)=\mathbf{0}$

$4\leqq b$ のとき：$M=f(2)=\mathbf{4}$，$m=f(b)=\boldsymbol{b(4-b)}$

問 4　長方形の 1 辺の長さを x cm とおくと，その隣の辺の長さは $(12-x)$ cm であり，長さは正でなくてはならないから，x の値のとり得る範囲は $0<x<12$ である．この範囲で，面積を $y\,\mathrm{cm}^2$ とおくと

$y=x(12-x)$ で，グラフより，y は $x=6$，すなわち長方形が**正方形**のとき最大だとわかる．

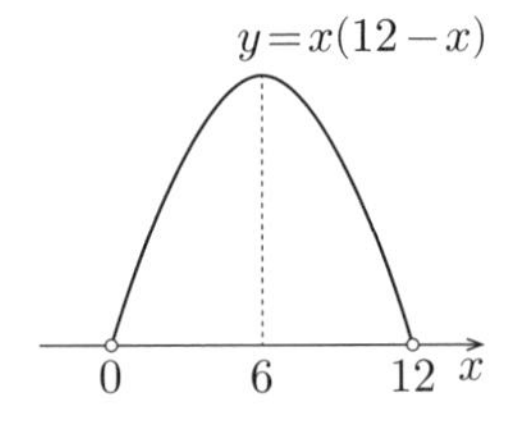

✚PLUS　2 次関数の最大・最小の問題の解き方を「このときにはこう，あのときにはああ，…」と逐一分類することは不可能ではないでしょうが，問題をすばやく解くためにも，数学の力を養うためにも，あまり有効とは思えません．それよりは「グラフをかいて考えればなんとかなる」と思って練習を積むほうが，実際的だと思います．

THEME 11 2次関数を求める

GUIDANCE 2次関数があり，その正体が隠されているとき，与えられた手がかりからそれを見極めることを考える．軸や頂点，最大値や最小値についての情報は，見た目より内容豊富であるので，存分に活用したい．

POINT 25 2次関数の求め方

2次関数 $y=f(x)$ について以下のような情報が与えられると，それぞれ次のようなことが，$f(x)$ についてわかる．

- 「$x=k$ のとき $y=l$」「グラフが点$(k,\ l)$を通る」…… $f(k)=l$
- 「グラフが〔下に凸 / 上に凸〕」…… $f(x)$ の x^2 の係数が〔正 / 負〕
- 「グラフの軸が直線 $x=p$」…… $f(x)=\bigcirc(x-p)^2+\triangle$ と表せる
- 「グラフの頂点が点$(p,\ q)$」…… $f(x)=\bigcirc(x-p)^2+q$ と表せる
- (定義域が実数全体のとき)「$f(x)$ は $x=p$ のとき〔最小値 / 最大値〕q をとる」…… $f(x)=a(x-p)^2+q$ と表せ，しかも，a は〔正 / 負〕

定義域が「$r\leqq x\leqq s$ (r, s は定数)」のように限られているときには，最大値や最小値は定義域の端かグラフの頂点の x 座標でとるので，$f(x)$ についてわかることは一言では述べにくい．その都度グラフをかいて考察しよう．

EXERCISE 11 ● 2次関数を求める

問1 2次関数 $f(x)$，$g(x)$ は次の条件をみたす．$f(x)$，$g(x)$ を求めよ．

(1) $y=f(x)$ のグラフは点$(-1,\ 2)$を頂点とし，点$(1,\ 0)$を通る．

(2) $y=g(x)$ のグラフは3点$(2,\ 4)$，$(3,\ 5)$，$(5,\ 1)$を通る．

問2 k は定数だとする．実数全体を定義域とする2次関数 $y=kx^2-4kx+k^2$ が最大値12をとるように，k の値を定めよ．

問3 2次関数 $f(x)$ のグラフは3点$(0,\ 0)$，$(2,\ 3)$，$(6,\ 3)$を通る．

(1) このグラフの対称軸を求めよ．

(2) $f(x)$ を求めよ．

問4 2次関数 $f(x)=3x^2-6tx+3t^2-t$ の $-2\leqq x\leqq 2$ での最小値が0となるように，定数 t の値を定めよ．

解説 ● 2次関数を求めるのに，特に情報がなければ「$y=ax^2+bx+c$ とおく」からスタートしてよい．しかし，軸や頂点についての情報を生かすには「$y=a(x-p)^2+q$ とおく」ほうがよいことが多い．また，THEME 14 で述べるが，x 軸との交点 $(\alpha,\ 0)$，$(\beta,\ 0)$ が与えられているならば「$y=a(x-\alpha)(x-\beta)$ とおく」ともできる．

● 最大値・最小値の情報から2次関数を求めるには，グラフの形，頂点の場所など，留意すべきことが多い．必ずグラフをイメージして，要素を1つずつ確認しよう．

解答 **問1** (1) $f(x)=a(x+1)^2+2$ とおける．さらに $f(1)=0$ なので，
$0=a(1+1)^2+2$，よって，$a=-\frac{1}{2}$ である．ゆえに，$f(x)=\boldsymbol{-\frac{1}{2}(x+1)^2+2}$ である．

(2) $g(x)=ax^2+bx+c$ とおく．$g(2)=4$，$g(3)=5$，$g(5)=1$ なので，
$4=4a+2b+c$ …①，$5=9a+3b+c$ …②，$1=25a+5b+c$ …③
が成り立つ．
②−① より $1=5a+b$ …④，　③−② より $-4=16a+2b$ …⑤
である．④，⑤を連立して解くと $a=-1$，$b=6$ を得る．これを①に代入して $4=-4+12+c$，よって，$c=-4$ を得る．ゆえに，$g(x)=\boldsymbol{-x^2+6x-4}$ である．

問2 最大値が存在するには，x^2 の係数である k は負でなければならない．そしてそのときの y の最大値は，$y=k(x-2)^2+k^2-4k$ より，k^2-4k である．よって，

$$k<0 \quad \cdots① \quad かつ \quad k^2-4k=12 \quad \cdots②$$

とすればよい．②の解は $k=6$ と $k=-2$ だが，このうち①もみたすのは $\boldsymbol{k=-2}$ のみである．

問3 (1) 2点 $(2,\ 3)$，$(6,\ 3)$ の y 座標が等しいことに着目する．この2点がグラフの対称軸に関して線対称の位置にあるので，軸の x 座標は2と6の平均，4である．軸は**直線 $\boldsymbol{x=4}$** である．

(2) $f(x)=a(x-4)^2+q$ とおける．$f(0)=0$，$f(2)=3$ より，

$$0=16a+q,\ 3=4a+q$$

である．これを連立して解いて，$a=-\frac{1}{4}$，$q=4$ を得る．ゆえに，

$f(x)=\boldsymbol{-\frac{1}{4}(x-4)^2+4}$ である．

問 4　$f(x)=3(x-t)^2-t$ なので，$f(x)$ のグラフは点 $(t,\ -t)$ を頂点とする，下に凸の放物線である．頂点が直線 $y=-x$ 上にあることとグラフの形とを考えて，次の図の 2 通りだけが，$-2\leqq x\leqq 2$ での $f(x)$ の最小値が 0 になる状況である．

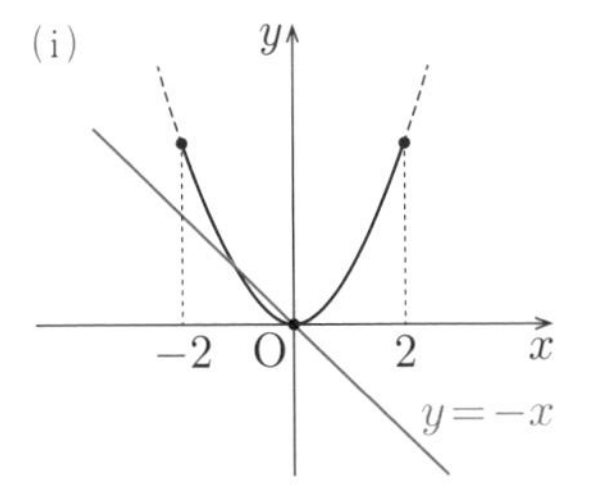

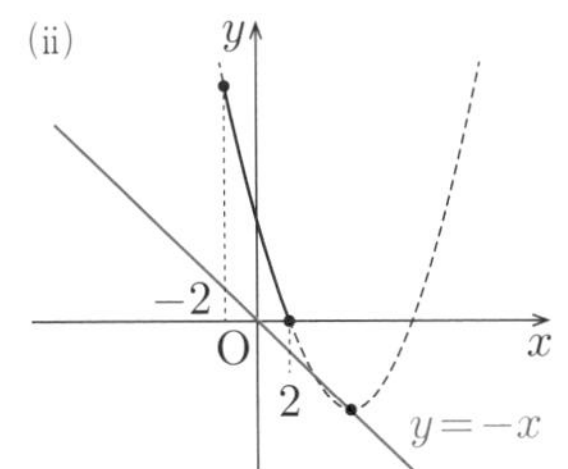

(i)のとき，頂点が点 $(0,\ 0)$ なので，$t=0$ である．このとき $f(x)=3x^2$ で，その $-2\leqq x\leqq 2$ での最小値は確かに $f(0)=0$ である．

(ii)のとき，$f(2)=0$ より $3t^2-13t+12=0$，すなわち $t=3$ または $t=\frac{4}{3}$ であるが，$t=\frac{4}{3}$ だと，$-2\leqq\frac{4}{3}\leqq 2$ であるので，グラフの頂点 $\left(\frac{4}{3},\ -\frac{4}{3}\right)$ が $f(x)$ の $-2\leqq x\leqq 2$ での最小値 $-\frac{4}{3}$ を与えてしまい適さない．一方，$t=3$ のときは $f(x)=3(x-3)^2-3$ で，その $-2\leqq x\leqq 2$ での最小値は確かに $f(2)=0$ である．

以上より，答えは $\boldsymbol{t=0}$ **と** $\boldsymbol{t=3}$ である．

➕PLUS　**問 3** は，$f(x)=a(x-2)(x-6)+3$ ともおけます．なぜでしょう？

THEME 12
2次関数と2次方程式

GUIDANCE 2次方程式の解き方(因数分解,あるいは平方完成からの解の公式)は中学校で既習だが,2次関数やそのグラフとともに考えると理解が深まる.逆に,2次関数のことを研究するのに2次方程式が必要になるのも普通のことである.

POINT 26 2次方程式の解

a, b, c は実数定数で $a \neq 0$ だとする.x の2次方程式

$$ax^2+bx+c=0 \quad \cdots ✪$$

は

$$\left(x+\frac{b}{2a}\right)^2=\frac{b^2-4ac}{4a^2} \quad \cdots (*)$$

と同値である.よって,$D=b^2-4ac$(これを2次方程式✪の判別式という)とするとき

$D>0$ ならば $x+\dfrac{b}{2a}=\pm\dfrac{\sqrt{D}}{2a}$,すなわち $x=\dfrac{-b\pm\sqrt{D}}{2a}$ が解.

(つまり,✪は2つの実数解 $\dfrac{-b+\sqrt{D}}{2a}$, $\dfrac{-b-\sqrt{D}}{2a}$ を持つ.)

$D=0$ ならば $x+\dfrac{b}{2a}=0$,すなわち $x=\dfrac{-b}{2a}$ だけが✪の解.

(つまり,✪は1つの実数解 $\dfrac{-b}{2a}$ を持つ.)

$D<0$ ならば (*)の左辺は0以上,右辺は負なので,x がどのような実数であっても(*)は成立しない.
(つまり,✪は実数解を持たない.)

POINT 27 2つのグラフの交点と方程式の解

C_1 を $y=f(x)$ のグラフ,C_2 を $y=g(x)$ のグラフとする.C_1 と C_2 が共有点を持ちそのうちの1つの x 座標が α であることと,x の方程式 $f(x)=g(x)$ が $x=\alpha$ を実数解に持つこととは,同値である.また,C_1 と C_2 に共有点がないことと,x の方程式 $f(x)=g(x)$ が実数解を持たないこととは,同値である.

POINT 28 2次関数のグラフとx軸との共有点

POINT 27 で $f(x)=ax^2+bx+c$ (a, b, c は実数定数で $a \neq 0$), $g(x)=0$ とすると, $y=ax^2+bx+c$ のグラフと直線 $y=0$ (つまり x 軸) について

- 共有点が〔2つ / 1つ / なし〕であることと, b^2-4ac が〔正 / 0 / 負〕であることが同値である
- 共有点があるならばその x 座標は $ax^2+bx+c=0$ の実数解である

が成り立つ. このことは, $y=ax^2+bx+c$ のグラフ (放物線) の頂点の y 座標が $\dfrac{-D}{4a}$ であることから考察することもできる.

EXERCISE 12 ● 2次関数と2次方程式

問1 a, b', c は実数定数で $a \neq 0$ だとする. x の2次方程式

$$ax^2+2b'x+c=0 \quad \cdots ✱$$

が実数解を持つ条件を求めよ. また, そのときの実数解を求めよ.

問2 k を実数の定数とする.

(1) 2次方程式 $3x^2+2x+k=0$ の実数解の個数を調べよ.

(2) 2次関数 $y=3x^2+2x+k$ のグラフ (放物線) の頂点の y 座標を求め, それをもとに, このグラフと x 軸の共有点の個数を調べよ.

問3 関数 $y=x^2-2x+3$ のグラフと直線 $y=3x+5$ の交点の座標を求めよ.

解答 **問1**

$$ax^2+2b'x+c=0 \iff a\left(x^2+2\cdot\frac{b'}{a}\cdot x+\left(\frac{b'}{a}\right)^2-\left(\frac{b'}{a}\right)^2\right)+c=0$$

$$\iff \left(x+\frac{b'}{a}\right)^2=\frac{b'^2-ac}{a^2}$$

なので, ✱が実数解を持つのは $\boldsymbol{b'^2-ac \geqq 0}$ のときで, そのときの解は $x+\dfrac{b'}{a}=\pm\dfrac{\sqrt{b'^2-ac}}{a}$ より $\boldsymbol{x=\dfrac{-b'\pm\sqrt{b'^2-ac}}{a}}$ である. (この結果は公式として記憶すると, $3x^2+4x-5=0$ のように, x の係数が $2\cdot\square$ と見られる2次方程式を解くのに便利.)

問2 (1) この方程式の判別式を D とすると $D=2^2-4\cdot3\cdot k=4(1-3k)$ なので,

$D>0$, すなわち $\boldsymbol{k<\dfrac{1}{3}}$ **のとき　実数解は2つ**,

$D=0$, すなわち $\boldsymbol{k=\dfrac{1}{3}}$ **のとき　実数解は1つ**,

$D<0$, すなわち $\boldsymbol{k>\frac{1}{3}}$ **のとき　実数解はない.**

(2) この関数は $y=3\left(x+\frac{1}{3}\right)^2-\frac{1-3k}{3}$ なので, グラフの頂点の y 座標は $\boldsymbol{-\frac{1-3k}{3}}$ である. この符号に応じてグラフと x 軸の共有点の個数は以下のようになる.

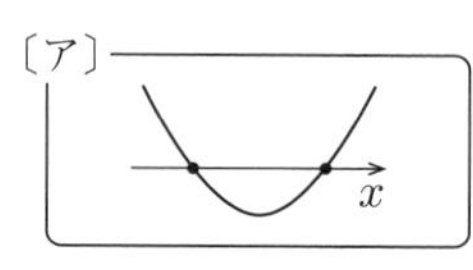

〔ア〕 $-\frac{1-3k}{3}<0$, すなわち $\boldsymbol{k<\frac{1}{3}}$ **のとき**

共有点は 2 つ,

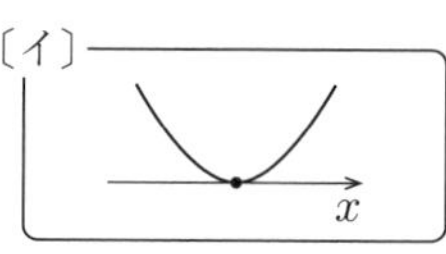

〔イ〕 $-\frac{1-3k}{3}=0$, すなわち $\boldsymbol{k=\frac{1}{3}}$ **のとき**

共有点は 1 つ,

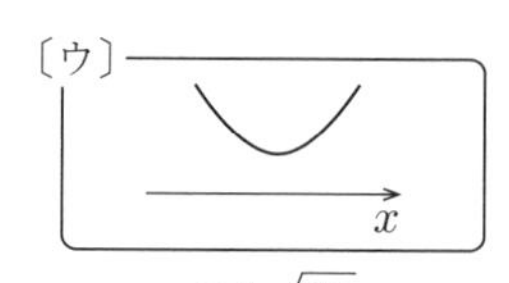

〔ウ〕 $-\frac{1-3k}{3}>0$, すなわち $\boldsymbol{k>\frac{1}{3}}$ **のとき**

共有点はない.

問 3　$x^2-2x+3=3x+5$, すなわち $x^2-5x-2=0$ の解は $x=\frac{5\pm\sqrt{33}}{2}$ であり, $x=\frac{5\pm\sqrt{33}}{2}$ を $y=3x+5$ に代入すると $y=3\cdot\frac{5\pm\sqrt{33}}{2}+5=\frac{25\pm3\sqrt{33}}{2}$ である. よって, 交点の座標は $\boldsymbol{\left(\frac{5\pm\sqrt{33}}{2},\ \frac{25\pm3\sqrt{33}}{2}\right)}$ である (複号同順).

➕PLUS　POINT 28 の最後に述べた「2 次方程式の判別式」と「2 次関数のグラフの頂点の y 座標」の関係は, 大切です. なんでもかんでも判別式だけで判断しようとする人も多いのですが, それはいつでも得とは限りません. 頂点の y 座標も利用できるようになりましょう.

THEME

13 2次関数と2次不等式

GUIDANCE　2次不等式の考察で大事なことは「2次関数のグラフを観察する」にほぼ尽きる．これに加え，たとえば「$(2x-1)^2+3\geqq 0$ について，x がどんな実数でも $(2x-1)^2$ は0以上だから，この不等式は常に成り立つ」のように，"実数の平方は非負"という事実を時に応じて使えるようになれば，万全といえよう．

POINT 29 不等式とグラフ

関数 $f(x)$ に対し，$y=f(x)$ のグラフをかいたとき，

グラフが x 軸より「上」($y>0$ の範囲) にある部分の x の値の範囲が不等式 $f(x)>0$ の解，
グラフが x 軸より「下」($y<0$ の範囲) にある部分の x の値の範囲が不等式 $f(x)<0$ の解．

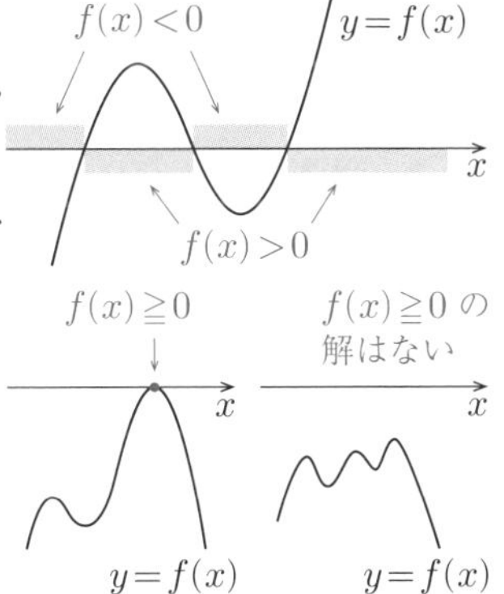

不等式の解が範囲ではなく1点になったり(図左)，まったくなかったり(図右)することもある．

POINT 30 2次不等式の解

x の2次不等式 $ax^2+bx+c\geqq 0$ (a，b，c は実数の定数，$a\neq 0$) の解は，2次関数 $y=ax^2+bx+c$ のグラフをかけばわかる．見るべきは

グラフがどちら向きに凸か (a の正負)

グラフと x 軸の共有点の有無，あればその個数と x 座標

である．解の様子は次の通り．

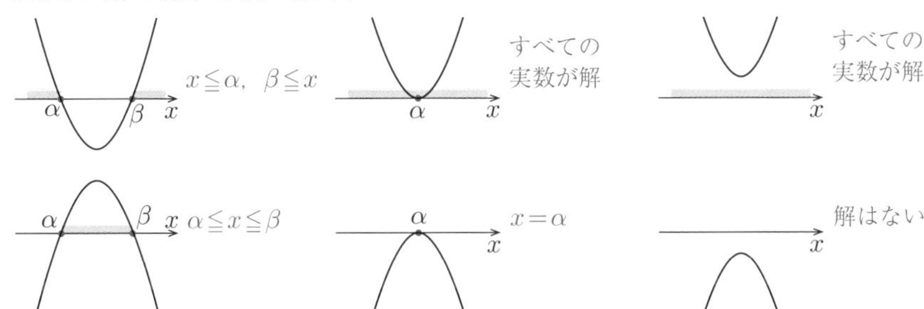

ほかの2次不等式，$ax^2+bx+c \leqq 0$，$ax^2+bx+c>0$，$ax^2+bx+c<0$ についても同様に，グラフをかいて考える．

EXERCISE 13 ● 2次関数と2次不等式

問1 次の2次不等式を解け．

(1) $x^2-6x+5 \geqq 0$　　(2) $3x^2-4x-1<0$

(3) $-2x^2+x-1>0$　　(4) $9x^2-6x+1 \leqq 0$

問2 すべての実数 x に対して不等式 $-x^2+6x+k<0$ が成り立つのは，実数定数 k がどのような範囲にあるときか．

問3 x の2次不等式 $x^2+mx \geqq 0$ を解け（m は実数定数）．

問4 a，b，c を実数定数とする．x の2次不等式 $ax^2+bx+c \leqq 0$ の解が $-1 \leqq x \leqq 2$ であるのは，a，b，c がどのような条件をみたすときか．

解答 **問1** それぞれグラフを観察して，解は次の通り．

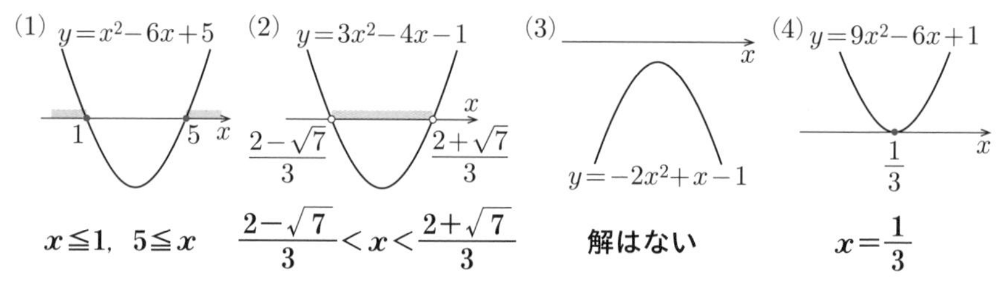

$\boldsymbol{x \leqq 1,\ 5 \leqq x}$　　$\boldsymbol{\frac{2-\sqrt{7}}{3}<x<\frac{2+\sqrt{7}}{3}}$　　**解はない**　　$\boldsymbol{x=\frac{1}{3}}$

問2 $f(x)=-x^2+6x+k$ のグラフは上に凸の放物線である．これが図のように，頂点の y 座標が負になればよい．$f(x)=-(x-3)^2+9+k$ なので，頂点の y 座標は $9+k$ である．よって，求める範囲は $9+k<0$ より $\boldsymbol{k<-9}$ である．

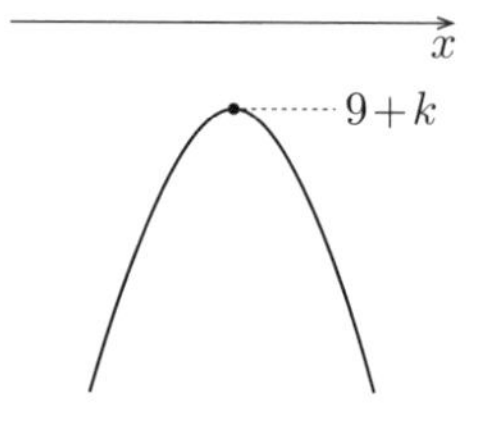

問3 $f(x)=x^2+mx$ のグラフを考える．$f(x)=x(x+m)$ なので $f(0)=0$，$f(-m)=0$ であること，グラフが下に凸の放物線であることから，定数 m の符号に従い，グラフは次の通り．そして，解は以下の通り．

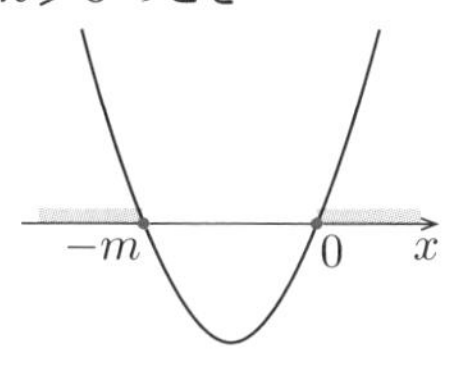

$x \leqq -m$, $0 \leqq x$

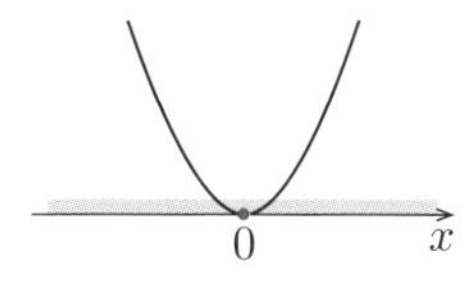

すべての実数が解

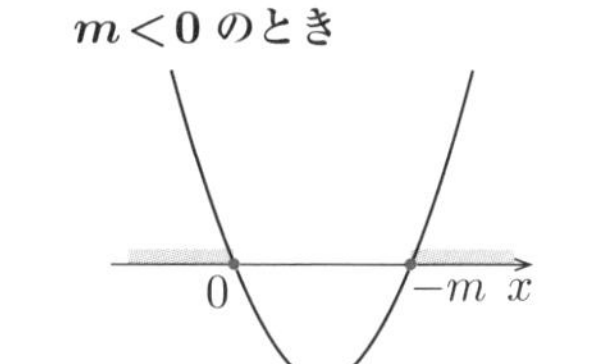

$x \leqq 0$, $-m \leqq x$

問 4　図のようなグラフを持つ 2 次関数 $f(x)$ に対してのみ，$f(x) \leqq 0$ が「解が $-1 \leqq x \leqq 2$ である 2 次不等式」である．このような $f(x)$ は $f(-1)=0$，$f(2)=0$ をみたすので，$f(x)=a(x+1)(x-2)$，すなわち $f(x)=ax^2-ax-2a$ と表される．そしてグラフが下に凸なので，x^2 の係数 a が正である．

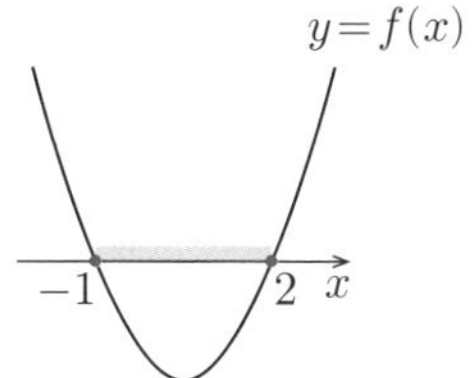

よって，求める条件は「$\boldsymbol{a>0}$ **かつ** $\boldsymbol{b=-a}$ **かつ** $\boldsymbol{c=-2a}$」である．

PLUS　$-2x^2+3x+1>0$ のように，2 次の係数が負の 2 次式が不等式にあるとき，「両辺を -1 倍してから解きなさい」という指導がされることがあります．今の例でいえば，これを $2x^2-3x-1<0$ としてから解け，ということです．こうすると決めておくと確かに“2 次不等式の解は一般にこうなる！”と言いやすくなるのですが，私は，「グラフをかけばだいじょうぶ」とだけ知って進むのがよいと思っています．

THEME

14　2次関数のグラフから読み取れること

GUIDANCE　グラフを見て，関数や方程式についてのデータを読み取る能力は大切で，よく問われる．ここでは2次関数のグラフ（放物線）の観察からわかることで，これまでのTHEMEで扱い切れなかったことについて解説する．

POINT 31　2次関数のグラフとx軸との交点

グラフがx軸と相異なる2点$(\alpha,\ 0)$，$(\beta,\ 0)$で交わるような2次関数は

$$y=a(x-\alpha)(x-\beta)$$

の形をしている．ここでaは0でない実数定数で，グラフの形を決定する．

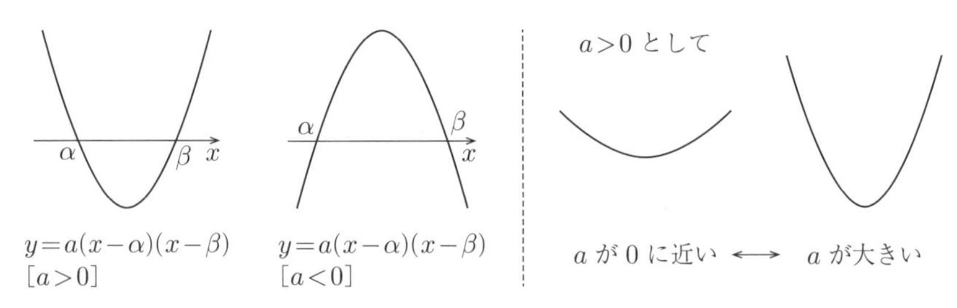

また，グラフがx軸と1点$(\alpha,\ 0)$だけを共有するような2次関数は

$$y=a(x-\alpha)^2$$

の形をしている（aは0でない実数定数）．このとき，グラフはx軸と接するという．また点$(\alpha,\ 0)$はグラフの頂点である．これをグラフとx軸の接点という．

POINT 32　2次方程式の解を2次関数のグラフから考察する

2次方程式 $ax^2+bx+c=0$ …① の解について，2次関数 $y=ax^2+bx+c$ …② のグラフを観察してわかることがある．以下，$a>0$の場合について記述する．

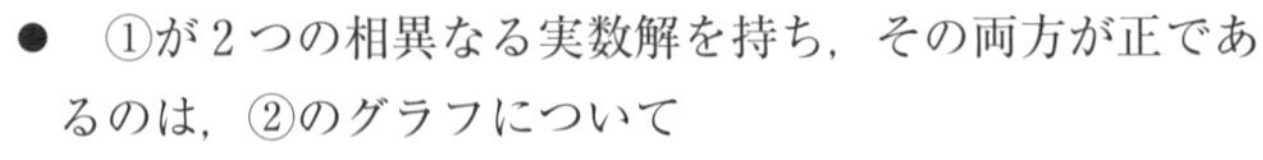

● ①が2つの相異なる実数解を持ち，その両方が正であるのは，②のグラフについて

ア）頂点のx座標が正，y座標が負

イ）y軸との交点のy座標が正

の両方が成り立つときであり，そのときに限る．

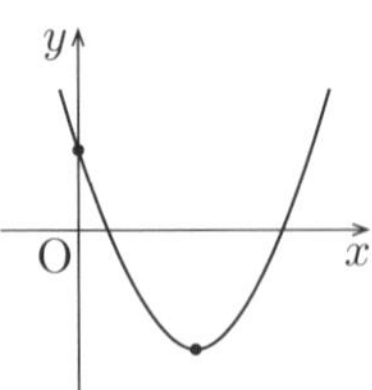

● ①が2つの相異なる実数解を持ち，その一方が正，他方が負であるのは，②のグラフについて

ウ）y 軸との交点の y 座標が負

が成り立つときであり，そのときに限る．

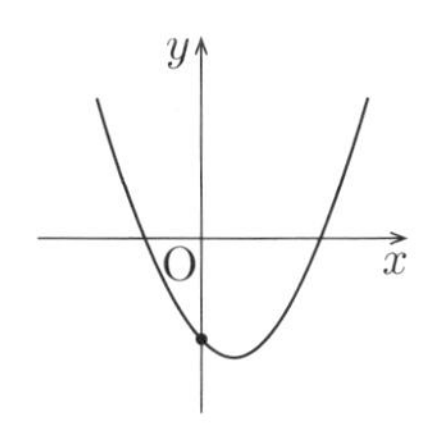

$a<0$ の場合も考え方はまったく同じである．

EXERCISE 14 ● 2次関数のグラフから読み取れること

問1 次の2次不等式を解け．

(1) $2(x+1)(x-3)>0$ (2) $2(x+1)(x-3)\leqq 0$ (3) $-2(x+1)(x-3)\geqq 0$

問2 2次関数 $y=-(x-k)(x+4)$ のグラフが x 軸と接するように，実数定数 k の値を定めよ．

問3 m を実数定数とし，x の2次方程式 $x^2-2mx+4m-3=0$ …①と2次関数 $y=x^2-2mx+4m-3$ …② を考える．

(1) ②のグラフの頂点の座標と，y 軸との交点の y 座標を m で表せ．

(2) ①が相異なる2つの正の数を解に持つための，m に関する条件を求めよ．

(3) ①が正の数と負の数を1つずつ解に持つための，m に関する条件を求めよ．

解答 **問1** (1), (2) 関数 $y=2(x+1)(x-3)$ のグラフを見て，

(1)の解は $\boldsymbol{x<-1,\ 3<x}$，(2)の解は $\boldsymbol{-1\leqq x\leqq 3}$．

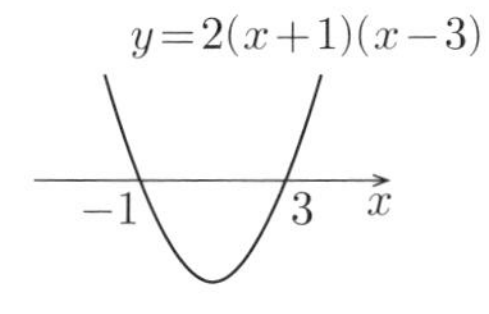

(3) 関数 $y=-2(x+1)(x-3)$ のグラフを見て，解は $\boldsymbol{-1\leqq x\leqq 3}$．

なお，(3)の両辺を -1 倍すると(2)と同じ不等式になる．

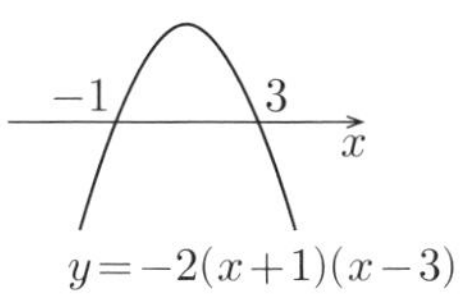

問2 $\boldsymbol{k=-4}$．

問3 (1) ②は $y=(x-m)^2+(-m^2+4m-3)$ と書き直せるので，②のグラフの頂点の座標は $\boldsymbol{(m,\ -m^2+4m-3)}$ である．一方，②で $x=0$ とすると $y=\boldsymbol{4m-3}$ で，これが②のグラフと y 軸との交点の y 座標である．

(2)　求める条件は

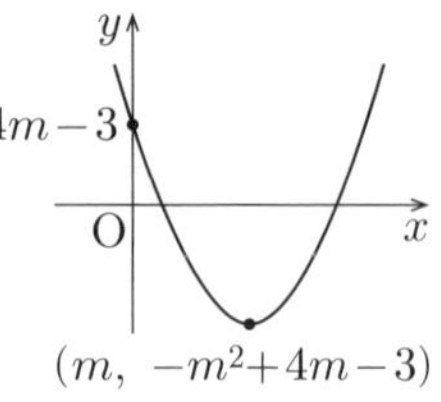

$$m>0 \text{ かつ } -m^2+4m-3<0 \text{ かつ } 4m-3>0$$

である．ここで

$$-m^2+4m-3<0 \iff -(m-1)(m-3)<0$$
$$\iff m<1 \text{ または } 3<m$$

であることと

$$4m-3>0 \iff m>\frac{3}{4}$$

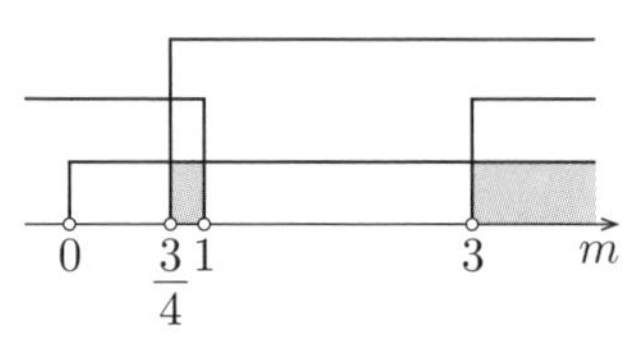

であることから，求める条件は右図の青色の部分，$\boldsymbol{\frac{3}{4}<m<1}$ **または** $\boldsymbol{3<m}$ である．

(3)　求める条件は $4m-3<0$，すなわち $\boldsymbol{m<\frac{3}{4}}$ である．

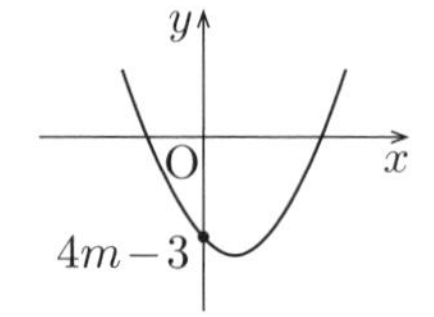

PLUS　POINT 32 や**問 3**で“判別式”が登場しないことを不思議に感じる人がいるかもしれません．たとえば**問 3**(2)で，①が相異なる 2 つの実数解を持つための条件として (判別式)>0，すなわち $(-2m)^2-4(4m-3)>0$ を書くべきでは？ということです．しかしこれは，②のグラフの頂点の y 座標が負である条件，$-m^2+4m-3<0$ と同値です．これが②のグラフと x 軸との交点，すなわち①の実数解が 2 つあることを保証しています．

また**問 3**(3)では，①の判別式どころか，②のグラフの頂点の x 座標や y 座標さえまったく考慮していません．これも，②のグラフが y 軸の負の部分と交わる (つまり，$x=0$ のときの y の値である $4m-3$ が負である) ことさえ成り立っていれば，②のグラフの頂点の y 座標は必ず負になることを根拠として，これでよいのです．

関数のグラフの平行移動について

2次関数 $y=ax^2+bx+c$ のグラフをかくには，これを $y=a(x-p)^2+q$ と書きかえて$\left(p=-\dfrac{b}{2a},\ q=\dfrac{-b^2+4ac}{4a}\right)$，「$y=ax^2$ のグラフを x 軸方向に p，y 軸方向に q だけ平行移動したもの」をかけばよいのであった．(THEME 9)．この考え方は，2次関数以外の関数に対しても通用する，大切なものである．ここでは一般の関数のグラフの平行移動について考えてみよう．以下，p，q は定数とし，f は実数全体を定義域とする関数で，そのグラフが C_0 であるとする．

〔1〕 関数 $y=f(x)+q$ のグラフを C_1 とする．$f(x)+q$ と $f(x)$ とでは，同じ x の値が入力されたときの出力値が，前者の方が $+q$ されている．よって，C_1 と C_0 では，同じ x 座標でのグラフ上の点の y 座標が，前者の方が $+q$ されている．したがって，C_1 は C_0 を y 軸方向に q だけ平行移動したものである．

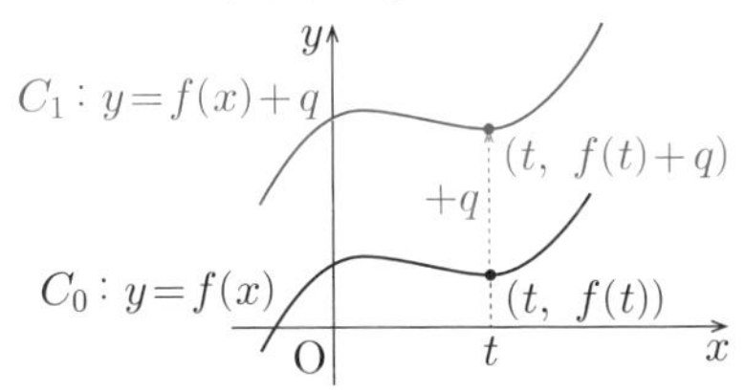

〔2〕 関数 $y=f(x-p)$ のグラフを C_2 とする．$f(x-p)$ と $f(x)$ とでは，同じ値を出力するためには，前者への入力値を後者への入力値と比べて $+p$ するとよい：つまり，任意の実数 t に対して $f((t+p)-p)=f(t)$ が当然成り立つので，$f(x-p)$ の x に $t+p$ を入力して得られる出力値と，$f(x)$ の x に t を入力して得られる出力値とが，常に等しい．よって，C_2 と C_0 では，C_0 上の点 $(t,\ f(t))$ と C_2 上の点 $(t+p,\ f(t))$ とが1対1対応する．したがって，C_2 は C_0 を x 軸方向に p だけ平行移動したものである．

〔3〕 関数 $y=f(x-p)+q$ のグラフを C とする．〔1〕,〔2〕を合わせて考えて，C は C_0 を x 軸方向に p，y 軸方向に q だけ平行移動したものである．

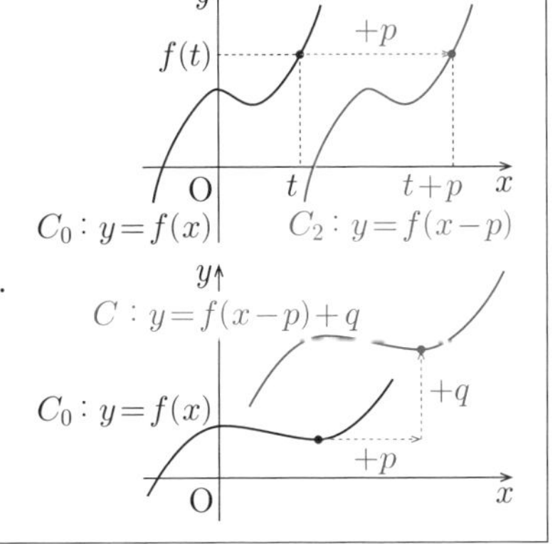

THEME 9で学んだことが，2次関数 $y=ax^2+bx+c$ に対して，これを $y=f(x-p)+q$ と書き直せる f，p，q を探す作業だったこと，その結果が $f(x)=ax^2$，$p=-\dfrac{b}{2a}$，$q=\dfrac{-b^2+4ac}{4a}$ であったこと，を再度確認しよう．

THEME

15 三角比の定義

GUIDANCE 直角三角形では，直角でない1つの角の大きさを決めると，3辺の長さの比が定まる．これをその角の三角比という——のがもともとの三角比の定義であったが，図形の計量に便利なように，数学Iではこれより拡張された定義を学ぶ．三角比の定義と，それをどうやって図形の計量に役立てるか，基本中の基本として正確に理解しよう．

POINT 33 三角比の定義

座標平面上に，原点を中心として半径が1の円（単位円）を考える．点(1，0)から正の向き（反時計回り）に角度θだけ回った点をPとする．このとき

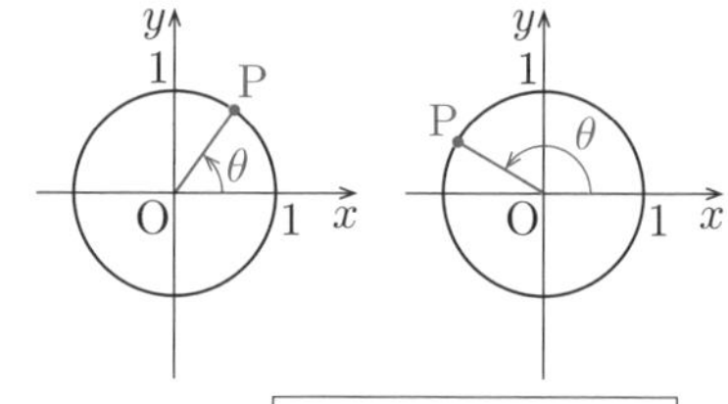

Pのx座標をθの**余弦**（**コサイン**）といい，$\cos\theta$と表す．
Pのy座標をθの**正弦**（**サイン**）といい，$\sin\theta$と表す．
直線OPの傾きをθの**正接**（**タンジェント**）といい，$\tan\theta$と表す．
（直線OPがx軸に垂直になるときは，$\tan\theta$は定義されない．）

Pの座標が
$(\cos\theta,\ \sin\theta)$
OPの傾きが$\tan\theta$

POINT 34 三角比による計量の基本

● 直角三角形の各辺の比が，三角比を用いて表される：

$$\sin\theta=\frac{a}{c},\ \cos\theta=\frac{b}{c},\ \tan\theta=\frac{a}{b}.$$

$$a=c\sin\theta,\ b=c\cos\theta,\ a=b\tan\theta.$$

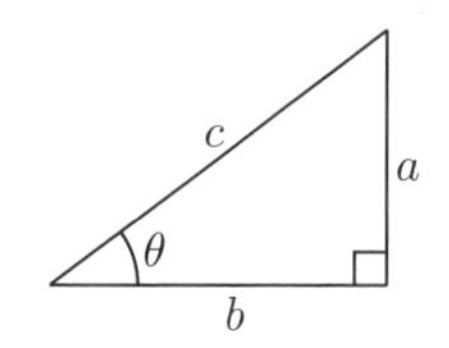

● 座標平面上に点Qがあり，OQ$=r$，そしてx軸の正の部分を原点のまわりにθだけ回転すると半直線OQと重なるとする．このとき，Qの座標は$(r\cos\theta,\ r\sin\theta)$である．

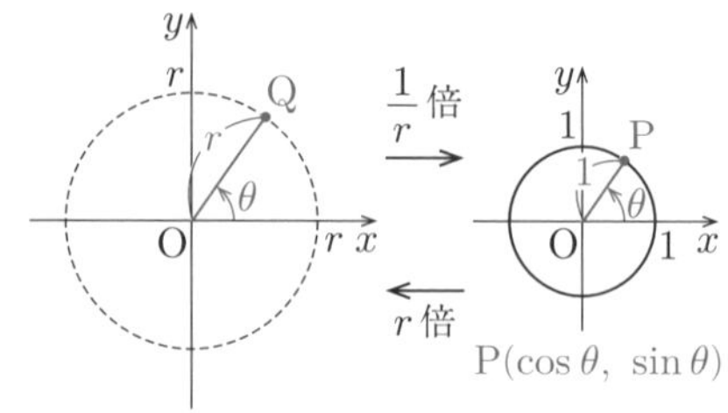

EXERCISE 15 ●三角比の定義

問 1　$0°$, $30°$, $45°$, $60°$, $90°$, $120°$, $135°$, $150°$, $180°$ に対する正弦（サイン），余弦（コサイン），正接（タンジェント）の値を求めよ．ただし，$\tan 90°$ は存在しない．

問 2　図の長さ x, y, h を求めよ．ただし，三角比の数値としては

$\sin 35° = 0.5736$, $\cos 35° = 0.8192$,

および $\tan 58° = 1.6003$

を概数値として用い，答えは小数第 3 位を四捨五入して小数第 2 位までの概数で答えよ．

問 3　図のように，滝の最上部を見上げ，最下部を見下ろした．この滝の高さを d, α（仰角），β（俯角）で表せ．

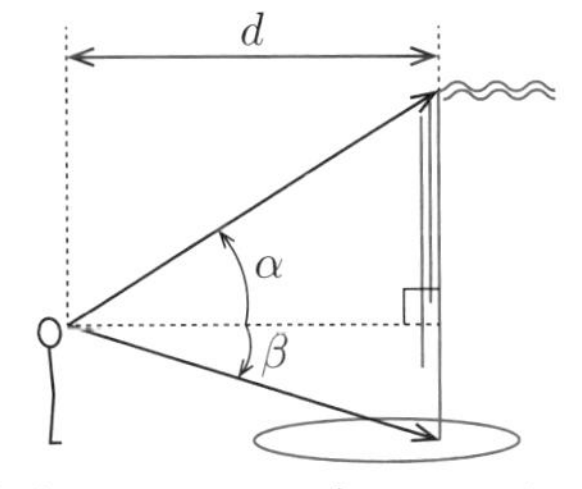

問 4　座標平面上に 2 点 O(0, 0) と E(1, 0) があり，さらに 2 点 P, Q がある．P は第 1 象限にあり OP$=4$, $\angle$POE$=45°$ であり，Q は第 2 象限にあり OQ$=2$, $\angle$QOE$=120°$ である．P, Q の座標を求めよ．

解説　**問 1** の答えとなる三角比の値は，数学を学んでいる間はずっと使い続ける．頭に入れなければならないが，何度も使ううちに自然に覚えてしまうだろう．

問 4 のように，座標平面上の点の座標が cos と sin で表されることも，非常に重要である．詳しくは数学Ⅱや数学Ⅲで学ぶが，数学Ⅰでも，たとえば余弦定理（THEME 17）の証明に用いるなど，よく出てくる．

解答 **問 1**

	0°	30°	45°	60°	90°	120°	135°	150°	180°
sin	0	$\frac{1}{2}$	$\frac{\sqrt{2}}{2}$	$\frac{\sqrt{3}}{2}$	1	$\frac{\sqrt{3}}{2}$	$\frac{\sqrt{2}}{2}$	$\frac{1}{2}$	0
cos	1	$\frac{\sqrt{3}}{2}$	$\frac{\sqrt{2}}{2}$	$\frac{1}{2}$	0	$-\frac{1}{2}$	$-\frac{\sqrt{2}}{2}$	$-\frac{\sqrt{3}}{2}$	-1
tan	0	$\frac{1}{\sqrt{3}}$	1	$\sqrt{3}$	╳	$-\sqrt{3}$	-1	$-\frac{1}{\sqrt{3}}$	0

問 2　$x=10\cos 35°=10\cdot 0.8192=8.192\fallingdotseq\mathbf{8.19}$,

$y=10\sin 35°=10\cdot 0.5736=5.736\fallingdotseq\mathbf{5.74}$,

$h=8\tan 58°=8\cdot 1.6003=12.8024\fallingdotseq\mathbf{12.80}$.

問 3　$d\tan\alpha+d\tan\beta=\boldsymbol{d(\tan\alpha+\tan\beta)}$.

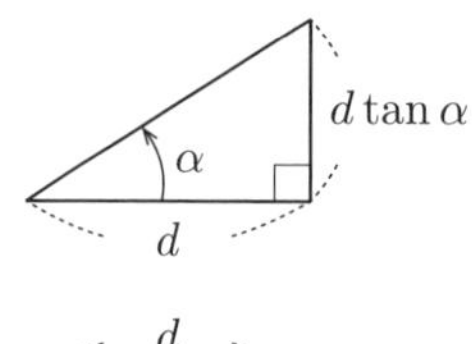

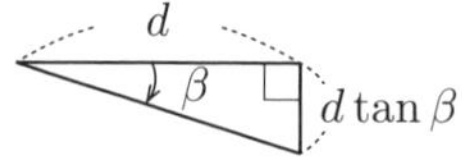

問 4

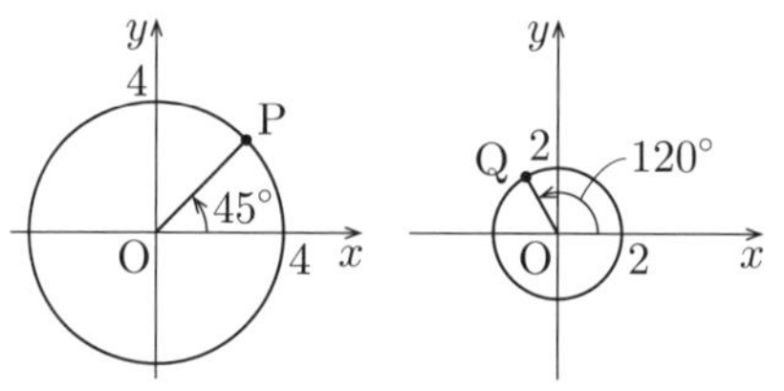

Pの座標は $(4\cos 45°,\ 4\sin 45°)=\left(4\cdot\frac{\sqrt{2}}{2},\ 4\cdot\frac{\sqrt{2}}{2}\right)=(\mathbf{2\sqrt{2}},\ \mathbf{2\sqrt{2}})$,

Qの座標は $(2\cos 120°,\ 2\sin 120°)=\left(2\cdot\left(-\frac{1}{2}\right),\ 2\cdot\frac{\sqrt{3}}{2}\right)=(\mathbf{-1},\ \mathbf{\sqrt{3}})$.

PLUS　教科書では，三角比ははじめ直角三角形を用いて定義されますが，すぐに円を用いた定義に切りかわります．両者の関係は右図のように，単位円に直角三角形を補ってかきこめばわかります．

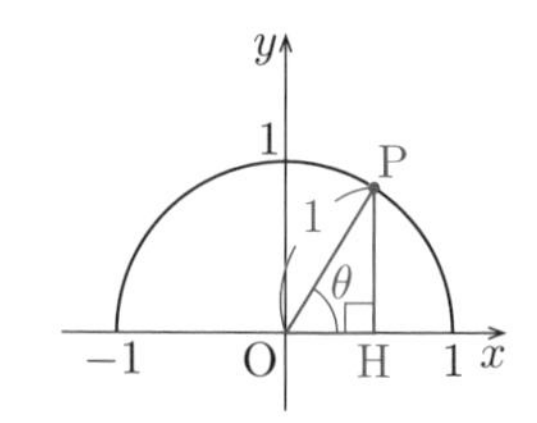

THEME

16 三角比の性質

GUIDANCE 三角比には，いつでも成り立つ性質がたくさんある．そのため，三角比について1つのことがわかると，そこからさまざまな性質を用いてさまざまなことが導き出される．そうした推論をくりかえして結論を得る問題が，センター試験や共通テストでも出題されている．三角比の性質を熟知しよう．

POINT 35 三角比の正負，大小

以下，$0° \leqq \theta \leqq 180°$ とする．

- $\sin\theta$ は常に 0 以上．さらに $0 \leqq \sin\theta \leqq 1$ が成り立つ．θ が $90°$ に近いほど $\sin\theta$ の値は大きい（1 に近い）．
- $\cos\theta$ は $-1 \leqq \cos\theta \leqq 1$ をみたす．θ が大きいほど $\cos\theta$ の値は小さい．$0° \leqq \theta < 90°$ では $\cos\theta > 0$，$\theta = 90°$ で $\cos\theta = 0$，$90° < \theta \leqq 180°$ では $\cos\theta < 0$．
- $\tan\theta$ は任意の実数値をとり得る．$0° \leqq \theta < 90°$ の範囲，$90° < \theta \leqq 180°$ の範囲それぞれにおいて，θ が大きいほど $\tan\theta$ の値は大きい．また，θ が $90°$ に近いほど $|\tan\theta|$ の値は大きい．

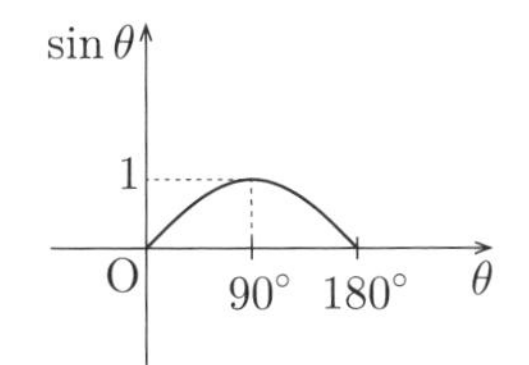

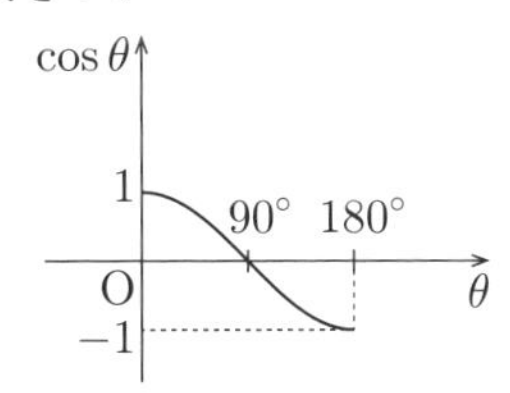

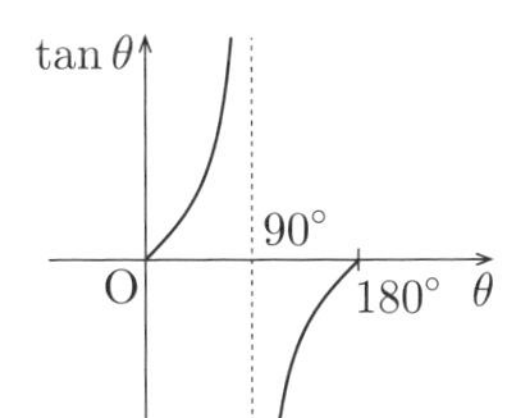

POINT 36 三角比の相互関係

常に $\sin^2\theta + \cos^2\theta = 1$ が成り立つ．また，$\cos\theta \neq 0$ であれば

$\tan\theta = \dfrac{\sin\theta}{\cos\theta}$，$\tan^2\theta + 1 = \dfrac{1}{\cos^2\theta}$ が成り立つ．

POINT 37 余角公式，補角公式

余角公式

角 θ に対して角 $90° - \theta$ を θ の余角という．

$\sin(90° - \theta) = \cos\theta$，$\cos(90° - \theta) = \sin\theta$，

$\tan(90° - \theta) = \dfrac{1}{\tan\theta}$．

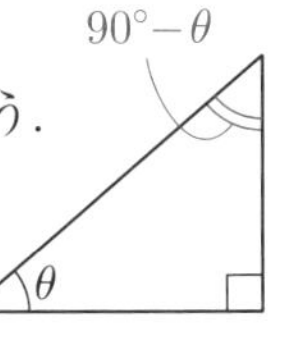

うらがえす

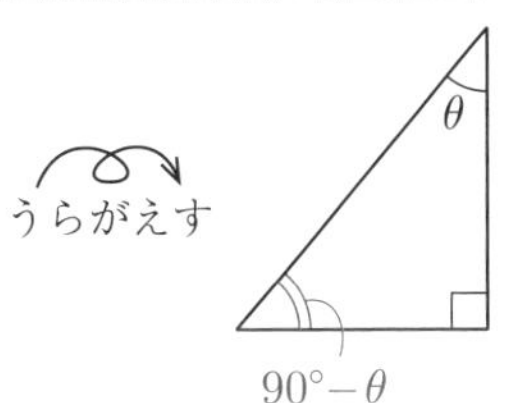

補角公式

角 θ に対して角 $180°-\theta$ を θ の補角という．

$\sin(180°-\theta)=\sin\theta$，$\cos(180°-\theta)=-\cos\theta$，

$\tan(180°-\theta)=-\tan\theta$.

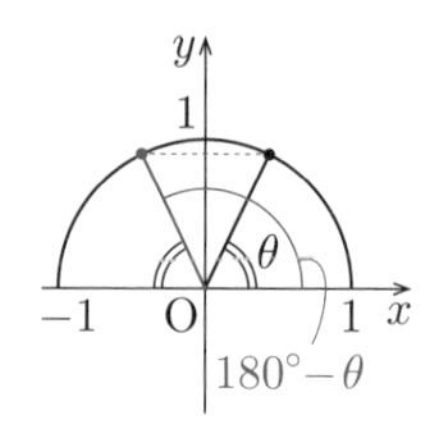

※数学Ⅰの範囲では，余角公式は $0°\leqq\theta\leqq90°$ のとき，補角公式は $0°\leqq\theta\leqq180°$ のときにだけ意味を持つ．しかし数学Ⅱで三角関数を学ぶと，この制限はなくなる．

EXERCISE 16 ●三角比の性質

問1 (1) 2つの角 α, β はどちらも $0°$ 以上 $180°$ 以下であり，$\cos\alpha<\cos\beta$ である．α と β の大小を答えよ．

(2) $\sin\gamma<\sin\delta$ をみたす2つの角 γ, δ が，(ア)どちらも $0°$ 以上 $90°$ 以下の角であるとき，(イ)どちらも $90°$ 以上 $180°$ 以下の角であるとき，γ と δ の大小を答えよ．

問2 $90°\leqq\theta\leqq180°$ かつ $\sin\theta=\frac{1}{3}$ のとき，$\cos\theta$，$\tan\theta$ の値を求めよ．

問3 概数値 $\sin42°=0.67$，$\cos42°=0.74$，$\tan42°=0.90$ を用いて，$\sin48°$，$\cos48°$，$\tan48°$，$\sin138°$，$\cos138°$，$\tan138°$ の値を小数第2位までの概数で求めよ．

問4 $0°\leqq\theta\leqq90°$ とする．$\sin(\theta+90°)$，$\cos(\theta+90°)$ を $\sin\theta$，$\cos\theta$ を用いて表せ．

解説 POINT 35〜37 に掲げた各種の性質はどれも，単位円をかき，そこに角を図示すれば容易に納得できることばかりである．よって，もし三角比の性質がわからなくなってしまったとしても，とにかく単位円をかいて考えればだいじょうぶ．いつも心に単位円．

解答 **問1** (1) $\boldsymbol{\alpha>\beta}$ (2) (ア) $\boldsymbol{\gamma<\delta}$ (イ) $\boldsymbol{\gamma>\delta}$

問2 $\sin^2\theta+\cos^2\theta=1$ より $\left(\frac{1}{3}\right)^2+\cos^2\theta=1$，すなわち $\cos^2\theta=\frac{8}{9}$ である．

ここで $90°\leqq\theta\leqq180°$ より $\cos\theta\leqq0$ であることに注意して，

$\cos\theta=-\sqrt{\frac{8}{9}}=\boldsymbol{-\frac{2\sqrt{2}}{3}}$ を得る．すると，

$\tan\theta=\dfrac{\sin\theta}{\cos\theta}=\dfrac{\frac{1}{3}}{-\frac{2\sqrt{2}}{3}}=-\dfrac{1}{2\sqrt{2}}=\boldsymbol{-\dfrac{\sqrt{2}}{4}}$ がわかる．なお，$\tan\theta$ については

「$\tan^2\theta+1=\dfrac{1}{\cos^2\theta}$ より $\tan^2\theta+1=\dfrac{1}{\frac{8}{9}}$，すなわち $\tan^2\theta=\dfrac{1}{8}$，

ここで $90°\leqq\theta\leqq180°$ より $\tan\theta\leqq0$ なので，$\tan\theta=-\sqrt{\dfrac{1}{8}}$」としてもよい．

問 3　$\sin 48°=\sin(90°-42°)=\cos 42°=\mathbf{0.74}$，

$\cos 48°=\cos(90°-42°)=\sin 42°=\mathbf{0.67}$，

$\tan 48°=\tan(90°-42°)=\dfrac{1}{\tan 42°}=\dfrac{1}{0.90}=1.111\cdots\fallingdotseq\mathbf{1.11}$，

$\sin 138°=\sin(180°-42°)=\sin 42°=\mathbf{0.67}$，

$\cos 138°=\cos(180°-42°)=-\cos 42°=\mathbf{-0.74}$，

$\tan 138°=\tan(180°-42°)=-\tan 42°=\mathbf{-0.90}$．

問 4　$\begin{cases}\cos\theta=x\\ \sin\theta=y\end{cases}$ とするとき，$\begin{cases}\cos(\theta+90°)=-y\\ \sin(\theta+90°)=x\end{cases}$

である．よって，

$\boldsymbol{\sin(\theta+90°)=\cos\theta}$，$\boldsymbol{\cos(\theta+90°)=-\sin\theta}$ である．

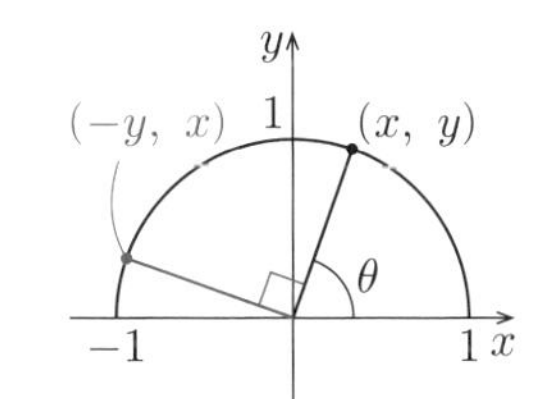

➕PLUS　EXERCISE 16の問はどれも易しいものなのですが，**問 1**の「角の大小と三角比の大小の関係」，**問 3**，**問 4**の「ある角の三角比からそれに関係のある角の三角比を求める」などのテーマは，共通テストで問われやすいものです．なんとなくわかる……ではなく，完璧に理解しましょう．

THEME 17 正弦定理・余弦定理

GUIDANCE 正弦定理と余弦定理はこの単元の中核をなす定理で，非常に使い道が広い．三角形の辺や角についての等式であり，そこから三角形を定量的にも定性的にも理解できる．また，正弦定理は三角形の外接円とも深く結びついていることにも留意しよう．三角形と円は平面図形の基本であるから，それを根底から制御する正弦定理と余弦定理も，最も重要な基本定理である．

POINT 38 正弦定理

△ABC について，辺 BC，CA，AB の長さを a，b，c とし，∠A，∠B，∠C の大きさを α，β，γ とし，△ABC の外接円の半径を R とする．このとき

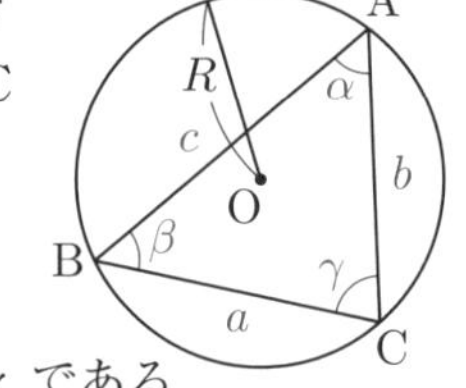

$$\frac{a}{\sin\alpha}=\frac{b}{\sin\beta}=\frac{c}{\sin\gamma}=2R$$

が成り立つ．したがって，$a:b:c=\sin\alpha:\sin\beta:\sin\gamma$ である．

POINT 39 余弦定理

△ABC について，POINT 38 と同様に a，b，c，α，β，γ を定める．このとき

$$a^2=b^2+c^2-2bc\cos\alpha,$$
$$b^2=c^2+a^2-2ca\cos\beta,$$
$$c^2=a^2+b^2-2ab\cos\gamma$$

が成り立つ．（3つの等式はどれも同様の内容だが，使いやすさを考えて，3つ列記した．）

EXERCISE 17 ●正弦定理・余弦定理

以下，△ABC について考えるとし，a，b，c，α，β，γ，R の設定は POINT 38，POINT 39 と同様とする．

問 1 $\alpha=60°$，$\beta=75°$，$c=6\sqrt{2}$ のとき，γ，R，a を求めよ．

問 2 $\alpha=120°$，$b=4$，$c=7$ のとき，a を求めよ．

問 3 一般に

$$\alpha>\beta>\gamma \Longrightarrow a>b>c \quad \cdots ★$$

が成立する．これを，正弦定理からわかる比の等式

$$a : b : c = \sin\alpha : \sin\beta : \sin\gamma \quad \cdots ✽$$

から示したい.

(1) △ABCのすべての角が鋭角である(**鋭角三角形**)か, または△ABCが直角三角形であるとき, ★が成り立つことを示せ.

(2) △ABCのある角が鈍角である(**鈍角三角形**)とする.

(a) $\alpha > \beta > \gamma$ であれば, α, β, γ のうち α だけが鈍角であることを示せ.

(b) α が鈍角であれば, $\sin\alpha > \sin\beta$ であることを示せ.

(ヒント:まず, $\sin\alpha = \sin(\beta+\gamma)$ を示す.)

(c) ★が成り立つことを示せ.

解説 **問3**の★については実は逆も成り立ち, $\alpha > \beta > \gamma$ と $a > b > c$ は同値である(POINT 92). その証明方法はいろいろあり, 数学Aで学ぶ平面図形の知識によるものもある. ここでは正弦定理の応用の例として★を証明してみる. 問題文の誘導に乗って答えることは, 共通テストでは重要である.

解答 **問1** $\alpha+\beta+\gamma=180°$ より, $\gamma=180°-\alpha-\beta=180°-60°-75°=\mathbf{45°}$.

$\dfrac{c}{\sin\gamma}=2R$ より, $2R=\dfrac{6\sqrt{2}}{\sin 45°}=\dfrac{6\sqrt{2}}{\frac{\sqrt{2}}{2}}=12$, よって, $R=\mathbf{6}$.

$\dfrac{a}{\sin\alpha}=2R$ より, $a=2R\sin\alpha=12\cdot\sin 60°=12\cdot\dfrac{\sqrt{3}}{2}=\mathbf{6\sqrt{3}}$.

問2 $a^2=b^2+c^2-2bc\cos\alpha$ より,

$a^2=4^2+7^2-2\cdot4\cdot7\cdot\cos 120°=16+49+28=93$ である. よって, $a=\mathbf{\sqrt{93}}$.

問3 (1) 鋭角または直角である θ に対しては, θ が大きいほど $\sin\theta$ は大きい. よって, α, β, γ とも鋭角または直角のときは($\sin\alpha$, $\sin\beta$, $\sin\gamma$ が正であることにも注意して) $\alpha>\beta>\gamma \Longrightarrow \sin\alpha>\sin\beta>\sin\gamma>0$ である.
これと✽より, ★の成立がわかる.

(2) (a) $\alpha>\beta>\gamma$ のとき, β や γ が鈍角であれば, それより大きい角 α も鈍角なので, 1つの三角形に鈍角である内角が2つ以上あることになり矛盾.
よって, 鈍角は α のみである.

(b) $\alpha=180°-(\beta+\gamma)$ だから, $\sin\alpha=\sin\bigl(180°-(\beta+\gamma)\bigr)=\sin(\beta+\gamma)$ である. そして, $\alpha>90°$ であれば, $\beta+\gamma<90°$ である ($\alpha+(\beta+\gamma)=180°$ であるから). よって, $\beta+\gamma$ と β はいずれも鋭角である. そして $\beta+\gamma>\beta$ だから, $\sin(\beta+\gamma)>\sin\beta$ である. 以上をまとめて, $\sin\alpha>\sin\beta$ を得る.

(c) $\alpha>\beta>\gamma$ のとき, (a)から α が鈍角であるから, (b)より $\sin\alpha>\sin\beta$ が

成り立つ．また，β，γ は鋭角で $\beta>\gamma$ だから，$\sin\beta>\sin\gamma$ が成り立つ．以上より，$\sin\alpha>\sin\beta>\sin\gamma>0$ である．これと⊛より，✪の成立がわかる．

➕PLUS　2018年度の共通テスト試行調査では，正弦定理の証明がそのまま題材となった出題がありました．よい定理の証明にはよい数学が存在しますから，そこを問いたくなるのも当然です．教科書に載っている正弦定理・余弦定理の証明は今一度必ず復習してほしいところですが，後のコラム (p.72) にもこれについて述べました．

THEME 18 正弦定理・余弦定理を用いた三角形の計量

GUIDANCE 三角形の3つの辺・3つの角のうちいくつかの大きさが与えられると，残りのものの大きさを，正弦定理・余弦定理を用いて求められることがある．どちらの定理をどのように用いるかは，与えられた情報をよく整理して全体の状況を見れば，それほど困難なく判断できるはずだ．

POINT 40 正弦定理・余弦定理の基本の用い方

△ABCについて，辺BC，CA，ABの長さをa，b，cとし，∠A，∠B，∠Cの大きさをα，β，γとし，△ABCの外接円の半径をRとする．

- 正弦定理 $\dfrac{a}{\sin\alpha}=2R$ は，辺BCの長さ(a)と，その対角の大きさ(α)，そして外接円の直径$(2R)$の3者間で成り立つ関係式である．だから，この3つのうち2つがわかっている状況で正弦定理を用いると，残りの1つを知ることができる．ただしPOINT 41の注意も参照せよ．
- 正弦定理 $\dfrac{a}{\sin\alpha}=\dfrac{b}{\sin\beta}$ は，2組の向かい合った辺と角の大きさ(aとα，bとβ)の4つの数量の間に成り立つ関係式である．だから，この4つのうち3つがわかっている状況で正弦定理を用いると，残りの1つを知ることができる．ただしPOINT 41の注意も参照せよ．
- これ以外の状況では，余弦定理 $a^2=b^2+c^2-2bc\cos\alpha$ が有効である．なお，この等式は

$$\cos\alpha=\frac{b^2+c^2-a^2}{2bc}\quad\cdots(\heartsuit)$$

とも同値で，こちらを用いることも多い．

POINT 41 三角形の辺・角を求めるときの注意

- 三角形の内角αの大きさについて，正弦定理からたとえば $\sin\alpha=\dfrac{1}{2}$ を得たとしても，これだけでは $\alpha=30^\circ$ か $\alpha=150^\circ$ かはわからない．ほかの情報と照合して，それぞれが状況に適するか適さないか調べる必要がある．
- 三角形の辺の長さaについて，余弦定理からaの2次方程式が得られ，そこから解を2つ得ることがある．「負数は辺の長さになり得ない」などのことから適切な解を絞りこめることもあるし，2つとも答えになることもある．

POINT 42 鋭角・直角・鈍角の判定

POINT 40 の状況で，(♡) より，$\cos\alpha$ と $b^2+c^2-a^2$ の符号が一致することから，

α が鋭角 $\Longleftrightarrow b^2+c^2>a^2$,

α が直角 $\Longleftrightarrow b^2+c^2=a^2$,

α が鈍角 $\Longleftrightarrow b^2+c^2<a^2$

が成り立つ．

EXERCISE 18 ●正弦定理・余弦定理を用いた三角形の計量

以下，△ABC について考えるとし，a, b, c, α, β, γ, R の設定は POINT 40 と同様とする．

問 1 (1) $a=8$, $b=5$, $c=7$ のとき，γ を求めよ．

(2) $b=2$, $c=1+\sqrt{3}$, $\alpha=30^\circ$ のとき，a と β を求めよ．

問 2 $a=\sqrt{6}$, $b=2$, $\beta=45^\circ$ のとき，R と α を求めよ．

問 3 $a=3$, $c=\sqrt{7}$, $\gamma=60^\circ$ のとき，b を求めよ．

問 4 $a=10$, $b=7$, $c=8$ のとき，△ABC は鋭角三角形か．

解答 **問 1** (1) $\cos\gamma=\dfrac{a^2+b^2-c^2}{2ab}=\dfrac{64+25-49}{2\cdot8\cdot5}=\dfrac{1}{2}$，よって，$\gamma=\mathbf{60^\circ}$.

(2) $a^2=b^2+c^2-2bc\cos\alpha=4+(4+2\sqrt{3})-2\cdot2\cdot(1+\sqrt{3})\cdot\dfrac{\sqrt{3}}{2}=2$，よって，

$a=\boldsymbol{\sqrt{2}}$．次に，$a:b=\sin\alpha:\sin\beta$ より $\sqrt{2}:2=\dfrac{1}{2}:\sin\beta$，よって，

$\sin\beta=\dfrac{1}{\sqrt{2}}$．よって，$\beta=45^\circ$ または $\beta=135^\circ$ である．

ここで，もし $\beta=135^\circ$ だと仮定すると，これは鈍角だから α, β, γ のうちで最大角であり，したがって，その対辺である b は最大辺であるはずだが，実際には $b<c$ なので矛盾する．よって $\beta\neq135^\circ$ で，$\beta=\mathbf{45^\circ}$ である．

問 2 $2R=\dfrac{b}{\sin\beta}=\dfrac{2}{\frac{1}{\sqrt{2}}}=2\sqrt{2}$ より $R=\boldsymbol{\sqrt{2}}$．次に $\dfrac{a}{\sin\alpha}=2R$ より

$\sin\alpha=\dfrac{a}{2R}=\dfrac{\sqrt{6}}{2\sqrt{2}}=\dfrac{\sqrt{3}}{2}$，よって $\alpha=60^\circ$ または $\alpha=120^\circ$ である．

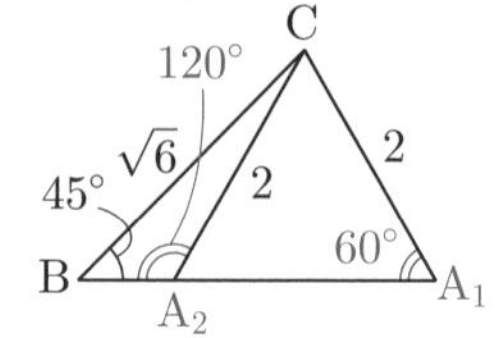

図のように，これはどちらもあり得る (どちらの場合も，適する △ABC が存在する)．よって，$\alpha=\mathbf{60^\circ}$ と $\alpha=\mathbf{120^\circ}$ はどちらも答えである．

問 3　$c^2=a^2+b^2-2ab\cos\gamma$ より，$7=9+b^2-2\cdot3\cdot b\cdot\dfrac{1}{2}$，

すなわち $b^2-3b+2=0$，よって，$b=1$ または $b=2$ である．図のように，これはどちらもあり得る．よって，$\boldsymbol{b=1}$ と $\boldsymbol{b=2}$ はどちらも答えである．

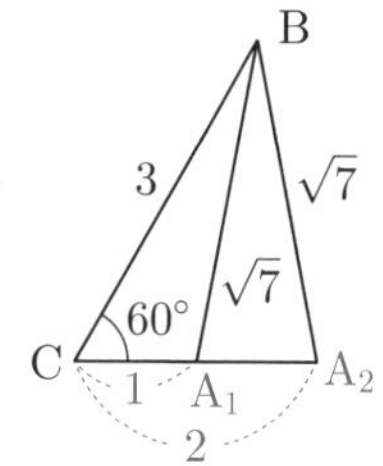

問 4　α，β，γ のうち，鈍角または直角になる可能性があるのは最大角だけで，それは最大辺 a の対角である α である．そこで α を調べるために $b^2+c^2-a^2$ を計算すると，$b^2+c^2-a^2=49+64-100=13$ でありこれは正だから，α は鋭角である．よって **△ABC は鋭角三角形である**．

PLUS　**問 2** と **問 3** はどちらも「2辺とその間にない角」が与えられたために，三角形の形状が1つに定まりませんでした．また，どちらも正弦定理・余弦定理の両方が使える問題ですが，それぞれの求められたものに応じて上記のようにしてあります．

THEME

19 三角形の諸量の計量

GUIDANCE 三角形は，辺の長さや角の大きさ，外接円の半径だけではなく，面積や内接円の半径などさまざまな数量を持っている．これらの計量にも，三角比や正弦定理・余弦定理は有用である．そしてこれとあわせて，数学Aの平面幾何で学ぶような，平面幾何の定理もいくつか知っておくと実戦的に良い．

POINT 43 三角形の面積の公式

△ABC で，AB$=c$，AC$=b$，∠BAC$=\alpha$ とすると，△ABC の面積 S は

$$S=\frac{1}{2}bc\sin\alpha$$

で与えられる．

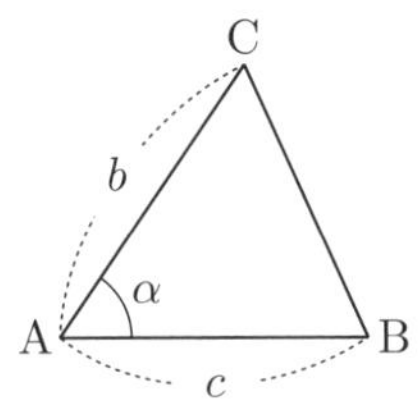

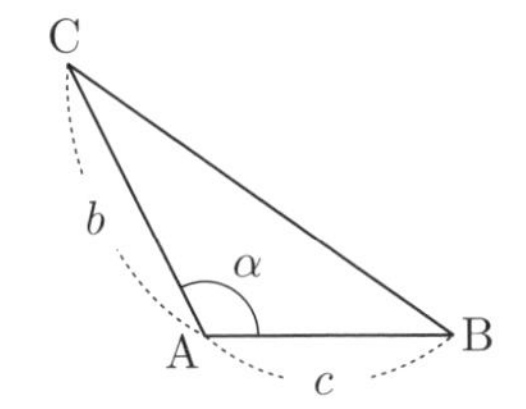

POINT 44 三角形の諸量に関する公式

以下，△ABC の 3 辺の長さを a，b，c とし，面積を S，外接円の半径を R，内接円の半径を r とする．また，$s=\frac{1}{2}(a+b+c)$ とおく．

〔1〕 $S=\frac{abc}{4R}$ が成り立つ．

〔2〕 $S=\frac{1}{2}(a+b+c)r=sr$ が成り立つ．

〔3〕 $S=\sqrt{s(s-a)(s-b)(s-c)}$ が成り立つ (ヘロンの公式).

〔1〕は EXERCISE 19 で証明する．〔2〕は中学数学の範囲で証明できる．〔3〕の証明は，POINT 43 より $S^2=\frac{1}{4}b^2c^2\sin^2\alpha$ で，$\sin^2\alpha=1-\cos^2\alpha$ として，$\cos\alpha$ を余弦定理により a，b，c で表すことにより示せる．

POINT 45 三角形についての平面幾何の公式

〔4〕 △ABC の内角 ∠A の二等分線と辺 BC の交点を D とすると，

$$\mathrm{BD}:\mathrm{CD}=\mathrm{AB}:\mathrm{AC}$$

が成り立つ．なお，POINT 90 も参照するとよい．

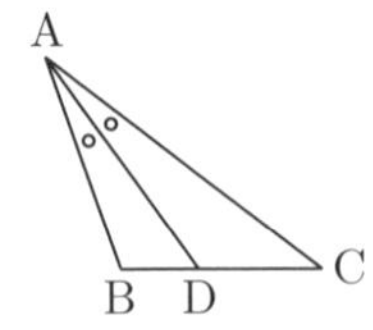

〔5〕 $\triangle$ABC の辺 BC の中点を M とすると,

$$AB^2+AC^2=2(AM^2+BM^2)$$

が成り立つ (中線定理, POINT 91).

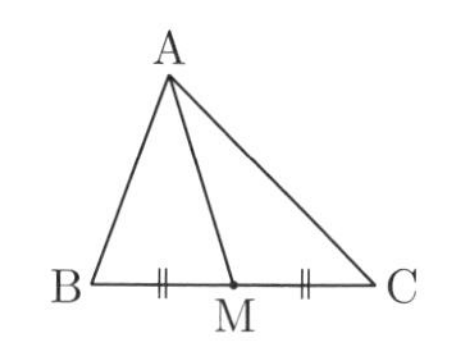

〔4〕の証明は数学Aの教科書にある (なお, THEME 38 の ✚PLUS に, 証明の方針を示す図があるので見るとよい). 〔5〕は $\triangle$ABM と $\triangle$ACM に余弦定理を用いて $AB^2=\cdots$ という等式と $AC^2=\cdots$ という等式を作り, 辺々加えれば示せる.

EXERCISE 19 ●三角形の諸量の計量

問 1　$\triangle$OAB の辺 OA 上に点 C, 辺 OB 上に点 D があるとき, 2 つの三角形 $\triangle$OAB, $\triangle$OCD の面積の比は (OA・OB) : (OC・OD) であることを示せ.

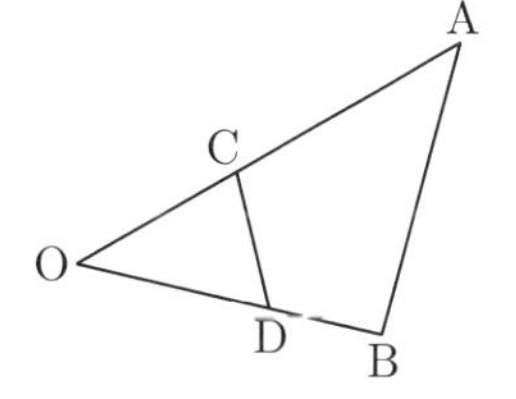

問 2　POINT 44 の定理〔1〕を証明せよ.

問 3　BC=4, AC=5, AB=7 である $\triangle$ABC の面積 S を, 以下の 2 通りの方針で求めよ.

<方針 1>まず $\cos\angle C$ を求め, 次に $\sin\angle C$ を求め, そこで POINT 43 の公式を用いる.

<方針 2>ヘロンの公式 (POINT 44〔3〕) を用いる.

問 4　AB=4, AC=6, BC=5 の $\triangle$ABC で, 内角 $\angle$A の二等分線と辺 BC の交点を D とし, $\angle BAD=\theta$ とする.

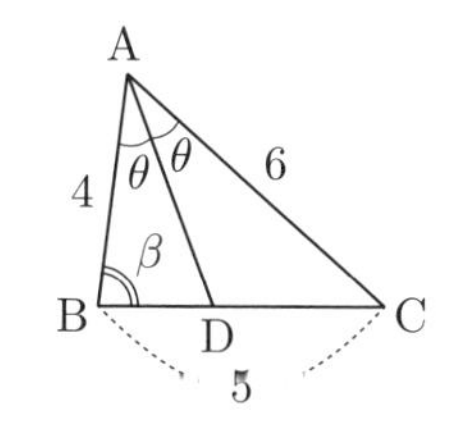

(1)　BD の長さを求めよ.

(2)　$\angle B=\beta$ として, $\cos\beta$ を求めよ.

(3)　AD の長さを求めよ.

(4)　$\cos\theta$ を求めよ.

解説　**問 1** の結果はかなり便利な公式なので, ぜひ記憶して使いたい. **問 3** の <方針 1>は, 実質的にヘロンの公式の証明の方針である.

解答 **問1**　$\angle \mathrm{O}=\theta$ とおくと，$\triangle \mathrm{OAB}=\dfrac{1}{2}\cdot \mathrm{OA}\cdot \mathrm{OB}\cdot \sin\theta$，

$\triangle \mathrm{OCD}=\dfrac{1}{2}\cdot \mathrm{OC}\cdot \mathrm{OD}\cdot \sin\theta$ であるから，その比は $(\mathrm{OA}\cdot\mathrm{OB}):(\mathrm{OC}\cdot\mathrm{OD})$ である．

問2　正弦定理 $2R=\dfrac{a}{\sin\alpha}$ と，公式 $S=\dfrac{1}{2}bc\sin\alpha$ を辺々かけて，

$2RS=\dfrac{a}{\sin\alpha}\cdot\dfrac{1}{2}bc\sin\alpha$ を得る．これから $S=\dfrac{abc}{4R}$ がわかる．

問3　＜方針1＞　$\cos\angle \mathrm{C}=\dfrac{4^2+5^2-7^2}{2\cdot 4\cdot 5}=-\dfrac{1}{5}$.

よって，$\sin\angle \mathrm{C}=\sqrt{1-\cos^2\angle \mathrm{C}}=\sqrt{1-\left(-\dfrac{1}{5}\right)^2}=\dfrac{2\sqrt{6}}{5}$.

よって，$S=\dfrac{1}{2}\cdot \mathrm{BC}\cdot \mathrm{AC}\cdot\sin\angle \mathrm{C}=\dfrac{1}{2}\cdot 4\cdot 5\cdot\dfrac{2\sqrt{6}}{5}=\mathbf{4\sqrt{6}}$.

＜方針2＞　$\dfrac{4+5+7}{2}=8$ より，$S=\sqrt{8(8-4)(8-5)(8-7)}=\mathbf{4\sqrt{6}}$.

問4　(1)　POINT 45 の〔4〕より，$\mathrm{BD}:\mathrm{CD}=\mathrm{AB}:\mathrm{AC}=4:6=2:3$，これと $\mathrm{BD}+\mathrm{CD}=\mathrm{BC}=5$ より，$\mathrm{BD}=\mathbf{2}$，$\mathrm{CD}=3$ である．

(2)　$\triangle \mathrm{ABC}$ に余弦定理を用いて，

$$\cos\beta=\frac{4^2+5^2-6^2}{2\cdot 4\cdot 5}=\mathbf{\frac{1}{8}}.$$

(3)　$\triangle \mathrm{ABD}$ に余弦定理を用いて，$\mathrm{AD}^2=4^2+2^2-2\cdot 4\cdot 2\cdot\dfrac{1}{8}=18$，よって，

$\mathrm{AD}=\mathbf{3\sqrt{2}}$.

(4)　$\triangle \mathrm{ABD}$ に余弦定理を用いて，

$$\cos\theta=\frac{4^2+(3\sqrt{2})^2-2^2}{2\cdot 4\cdot 3\sqrt{2}}=\frac{5}{4\sqrt{2}}=\mathbf{\frac{5\sqrt{2}}{8}}.$$

✚PLUS　図形の計量では，三角比も使うし，平面幾何の定理も使います．問題を解決するためには，使える手段は何でも使いたいですね．また，共通テストの出題形式では，使う手段が問題文に指定されることもあるでしょう．こう考えると，やはり，基本的な知識や技術は一通り身につけておきたいということになります．

THEME

20 四角形の計量・空間図形の計量

GUIDANCE 四角形などの平面図形や，柱や錐などの空間図形に対して計量を行うときには，まず三角形を作って考えるのが基本方針の1つである．そこでは三角比や正弦定理・余弦定理が力を存分に発揮する．

POINT 46 四角形の計量

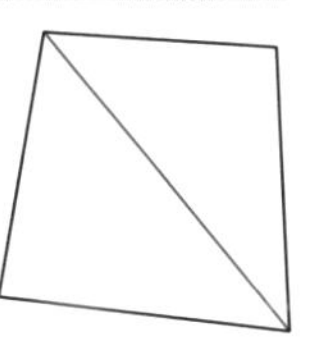

四角形は，その対角線で切り分けると，2つの三角形になる．このそれぞれに対して，三角比を用いた計量が有効である．

特に，四角形が円に内接している場合は，下図のように角の大きさに「和が 180°(補角)」「等しい」などの関係があり，利用できる．

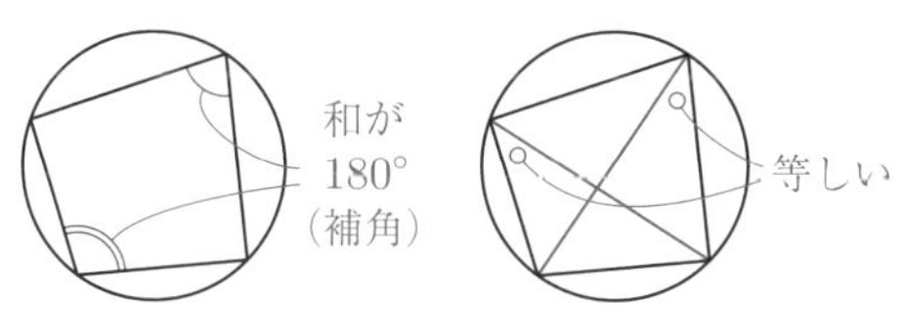

POINT 47 空間図形の計量

空間図形では，ある平面による切り口を考えたり，3点を選んで線分で結んだりすることによって，三角形を作ることができる．これに対して，三角比を用いた計量が有効である．

EXERCISE 20 ●四角形の計量・空間図形の計量

問1 四角形ABCDは円に内接していて，$AB=\sqrt{7}$，$BC=2\sqrt{7}$，$CD=\sqrt{3}$，$DA=2\sqrt{3}$ である．$\angle A=\alpha$ とし，$BD=y$ とする．

(1) $\triangle ABD$ と $\triangle CBD$ に余弦定理を適用し，さらに $\cos(180°-\alpha)=-\cos\alpha$ を用いて，y と $\cos\alpha$ に関する等式を2つ作れ．

(2) y，$\cos\alpha$，$\sin\alpha$ の値を求めよ．

(3) 四角形ABCDの外接円の半径Rを求めよ．

(4) 四角形ABCDの面積Sを求めよ．

問2 四角形ABCDは $AD /\!/ BC$ の台形で，$AD=4$，$BC=6$，$CD=3$，$BD=5$ である．辺ABの長さを求めよ．

問 3　右図のような OA=1，OC=5，OD=4 である直方体 OABC-DEFG を考える．

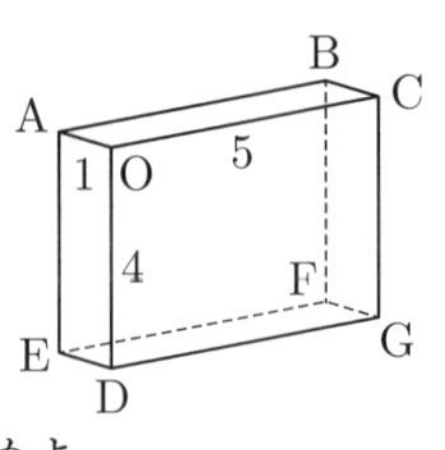

(1)　四面体 OACD の体積 V を求めよ．

(2)　$\angle\mathrm{CAD}=\theta$ とおく．$\cos\theta$，$\sin\theta$ の値を求めよ．

(3)　$\triangle\mathrm{ACD}$ の面積 S を求めよ．

(4)　3 点 A，C，D を通る平面と点 O との距離 h を求めよ．

解答　**問 1**　(1)

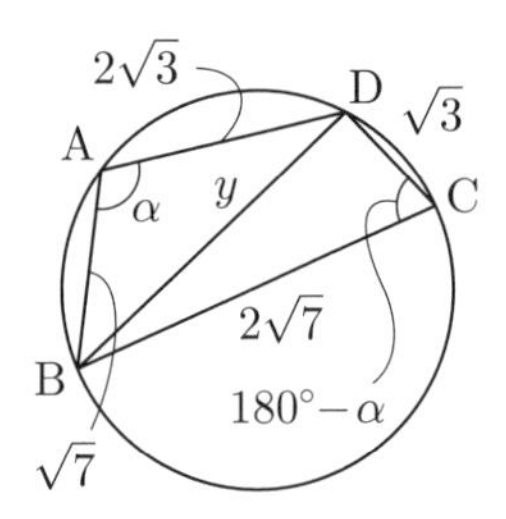

$$\begin{cases} y^2=(\sqrt{7})^2+(2\sqrt{3})^2-2\cdot\sqrt{7}\cdot2\sqrt{3}\cdot\cos\alpha, \\ y^2=(2\sqrt{7})^2+(\sqrt{3})^2-2\cdot2\sqrt{7}\cdot\sqrt{3}\cdot\cos(180°-\alpha) \end{cases}$$

が成り立つ．$\cos(180°-\alpha)=-\cos\alpha$ を用い，整理して

$$\boldsymbol{y^2=19-4\sqrt{21}\cos\alpha,\ \ y^2=31+4\sqrt{21}\cos\alpha}$$

を得る．

(2)　(1)の 2 等式を辺々加えて，$2y^2=50$，よって，$y=\mathbf{5}$ である．これを(1)の等式に代入して $\cos\alpha$ について解いて，$\cos\alpha=-\dfrac{\mathbf{3}}{\mathbf{2\sqrt{21}}}$ を得る．よって，

$\sin\alpha=\sqrt{1-\cos^2\alpha}=\sqrt{1-\left(-\dfrac{3}{2\sqrt{21}}\right)^2}=\dfrac{\mathbf{5}}{\mathbf{2\sqrt{7}}}$ である．

(3)　$2R=\dfrac{\mathrm{BD}}{\sin\alpha}$ だから，$R=\dfrac{1}{2}\cdot5\cdot\dfrac{2\sqrt{7}}{5}=\boldsymbol{\sqrt{7}}$ である．

(4)　$\sin\angle\mathrm{C}=\sin(180°-\angle\mathrm{A})=\sin\angle\mathrm{A}=\sin\alpha=\dfrac{5}{2\sqrt{7}}$ に注意して，

$$\begin{aligned} S&=\triangle\mathrm{ABD}+\triangle\mathrm{CBD} \\ &=\frac{1}{2}\cdot\mathrm{AB}\cdot\mathrm{AD}\cdot\sin\angle\mathrm{A}+\frac{1}{2}\cdot\mathrm{CB}\cdot\mathrm{CD}\cdot\sin\angle\mathrm{C} \\ &=\frac{1}{2}\cdot\sqrt{7}\cdot2\sqrt{3}\cdot\frac{5}{2\sqrt{7}}+\frac{1}{2}\cdot2\sqrt{7}\cdot\sqrt{3}\cdot\frac{5}{2\sqrt{7}} \\ &=\boldsymbol{5\sqrt{3}} \end{aligned}$$

を得る．

問 2　$\angle\mathrm{DBC}=\theta$ とおく．$\mathrm{AD}/\!/\mathrm{BC}$ より，$\angle\mathrm{ADB}=\theta$ である．

$\triangle\mathrm{DBC}$ に余弦定理を用いて，

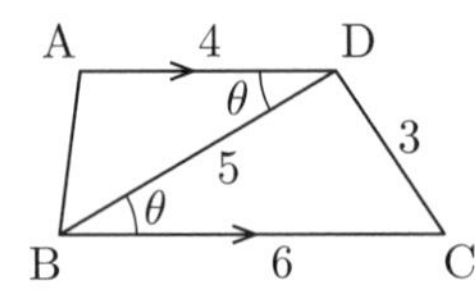

$$\cos\theta=\frac{5^2+6^2-3^2}{2\cdot5\cdot6}=\frac{13}{15}$$

を得る．そこで $\triangle\mathrm{ADB}$ に余弦定理を用いて，

$$AB^2=4^2+5^2-2\cdot4\cdot5\cdot\frac{13}{15}=\frac{19}{3},$$

よって，$AB=\sqrt{\frac{19}{3}}=\boldsymbol{\frac{\sqrt{57}}{3}}$ である．

問 3 (1) $V=\frac{1}{3}\cdot\triangle OAC\cdot OD=\frac{1}{3}\cdot\left(\frac{1}{2}\cdot OA\cdot OC\right)\cdot OD=\frac{1}{6}\cdot1\cdot5\cdot4=\boldsymbol{\frac{10}{3}}.$

(2) $AC=\sqrt{1^2+5^2}=\sqrt{26}$，$AD=\sqrt{1^2+4^2}=\sqrt{17}$，$CD=\sqrt{5^2+4^2}=\sqrt{41}$ である．
そこで △CAD に余弦定理を適用して，

$$\cos\theta=\frac{(\sqrt{26})^2+(\sqrt{17})^2-(\sqrt{41})^2}{2\cdot\sqrt{26}\cdot\sqrt{17}}=\boldsymbol{\frac{1}{\sqrt{442}}},$$

したがって，$\sin\theta=\sqrt{1-\left(\frac{1}{\sqrt{442}}\right)^2}=\boldsymbol{\frac{21}{\sqrt{442}}}$ である．

(3) $S=\frac{1}{2}\cdot AC\cdot AD\cdot\sin\theta=\frac{1}{2}\cdot\sqrt{26}\cdot\sqrt{17}\cdot\frac{21}{\sqrt{442}}=\boldsymbol{\frac{21}{2}}.$

(4) $\frac{1}{3}Sh=V$ であるから，$h=\frac{3V}{S}=3\cdot\frac{10}{3}\cdot\frac{2}{21}=\boldsymbol{\frac{20}{21}}.$

➕PLUS　**問 3** では，(2)の誘導なしに(3)をヘロンの公式から解決することもできますが，式の計算を要領よく進める技術が必要になります．一方，**問 3** 全般について，数学Bで学ぶ知識（ベクトル）を用いる別方針もあります．

CHAPTER 3 図形と計量

正弦定理・余弦定理の証明のストーリー

重要な定理を「学ぶ」とは，単にその主張を理解しそれを応用できるようになるだけでは不十分で，その証明まで完全に理解できなくてはならない．

—— これは確かにその通りなのだが，実際問題としては，定理の証明を理解するのはそれほど容易なことではない．特に珍しいアイディアを要する証明でなくても，細部まで綿密に議論を尽くし，例外的状況をとり残さないように注意して…となると，なかなか「完全に」できるものではない．

共通テストでもし定理の証明が題材になるとすれば，証明のための議論はほぼすべて問題文に書いてあり，解答者はその穴埋めをしたり，議論のある部分の論理の流れを確認したりすることになるだろう．つまり，基本的には証明のアイディアはすべて目の前に明示されていて，あとは試験の現場で問題文の流れ（ストーリー）に乗って読めるか，がポイントとなる．

このように考えると，日頃の学習で重要な定理の証明を「学ぶ」とき，その証明のストーリーをわかっておくことは，非常に重要である．その定理の理解自体を深めるだけでなく，共通テストで（たとえば太郎さんと花子さんの）長い議論を読み解くときに必要な能力が，ここで培われるのである．

正弦定理と余弦定理について，その証明のストーリーをまとめてみよう．以下，$\triangle$ABC を考え，BC$=a$，CA$=b$，AB$=c$ とし，外接円の半径をRとし，$\angle$A$=\alpha$ とする．

正弦定理 $\dfrac{a}{\sin\alpha}=2R$ の証明のストーリー

外接円上でAを A′ へ動かし，A′C が直径になるようにする．円周角の定理より $\angle$A′$=\angle$A，よって，$\sin\angle$A′$=\sin\alpha$．そこで直角三角形 $\triangle$A′BC を見ればよい．ただしこれは，αが鋭角のときしかうまくいかないので注意．

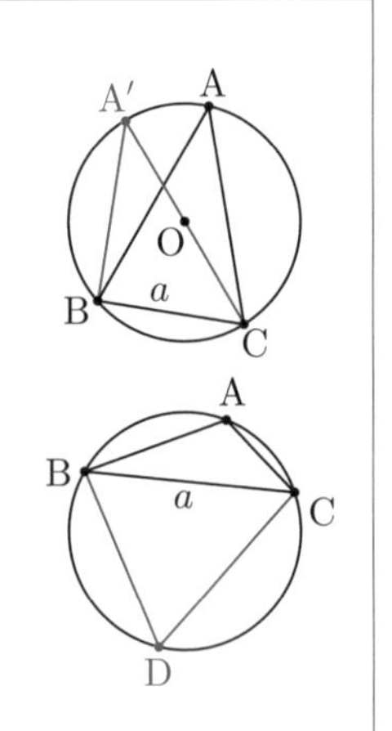

αが直角のときはすぐ証明できる．αが鈍角のときは，外接円上でAが属さない方の弧 BC 上に点Dをとると，$\angle$D は鋭角なのでさきほどの議論より

$\dfrac{a}{\sin\angle\mathrm{D}}=2R$ である．ここで

$\sin\angle\mathrm{D}=\sin(180^\circ-\alpha)=\sin\alpha$ を用いればよい．

余弦定理 $a^2=b^2+c^2-2bc\cos\alpha$ の証明のストーリー

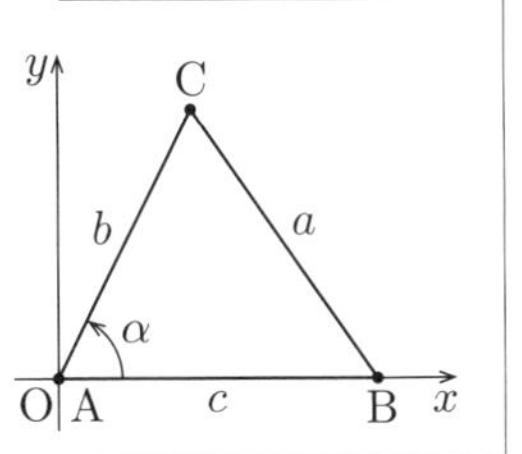

座標平面上に△ABCを，Aが原点に，Bがx軸上にあり，Bのx座標が正，Cのy座標が正となるように置く．

B$(c,\ 0)$，C$(b\cos\alpha,\ b\sin\alpha)$となる．この座標から$a^2$，すなわち$\mathrm{BC}^2$を計算すればよい．

THEME 21

データの整理，データの代表値

GUIDANCE 統計的に考えるときにはデータを作成するが，これをそのままただ眺めているだけでは全体の傾向や特徴はなかなか見えてこない．そこで，データを階級に分けたり，階級の相対度数を用いたり，データの代表値を掲げたりする．これらのデータ処理はまったく難しくはないが，用語を正確に理解し記憶しておかないと全然わからなくなってしまうので，誠実に学ぶこと．

POINT 48 データの整理

データ

4	5	7	7	10
12	13	14	15	15
17	17	17	19	21
22	22	23	24	29

4，5，… などの数量を変量という．変量の単位はデータによってさまざま．

→

度数分布表

データの値 …以上…未満	度数	相対度数	累積相対度数
0 ～ 5	1	0.05	0.05
5 ～10	3	0.15	0.20
10～15	4	0.20	0.40
15～20	6	0.30	0.70
20～25	5	0.25	0.95
25～30	1	0.05	1.00
計	20	1.00	

ここでは，階級の幅を 5 として，階級を 6 つとした．階級値（階級の真ん中の値）は 2.5，7.5，12.5，17.5，22.5，27.5 である．

↙　↓

ヒストグラム

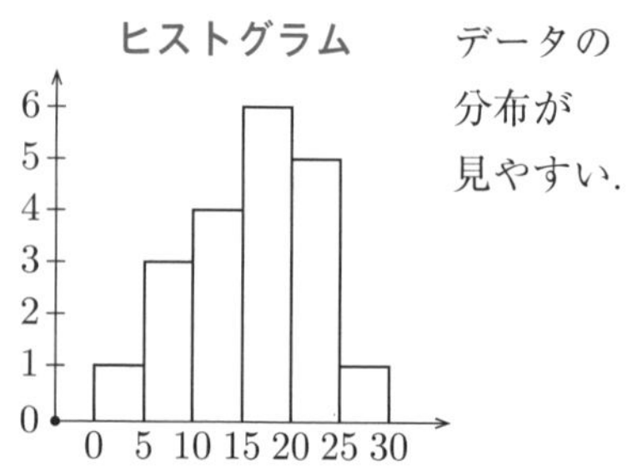

データの分布が見やすい．

累積相対度数折れ線

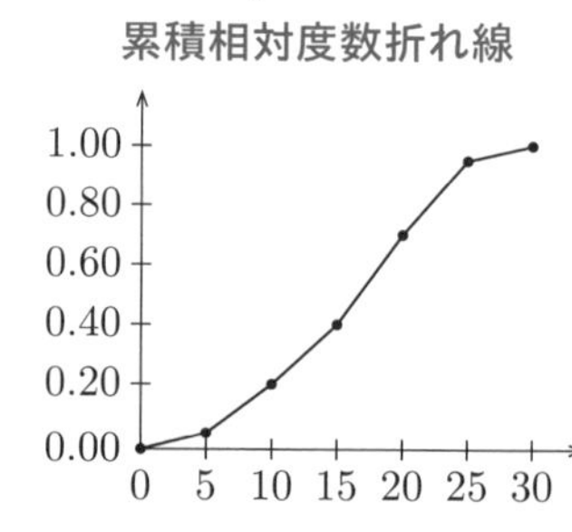

各階級の度数の全体に占める割合と，その累積の様子が見やすい．

POINT 49 データの代表値

平均値　変量 x について，データの値が x_1，…，x_n であるとき，

$\overline{x}=\dfrac{1}{n}(x_1+\cdots+x_n)$ をデータの**平均値**という．

また，変量 x について，m 個の階級を持つ度数分布が与えられていて，階級値が x_i である階級の度数が f_i である（$i=1$，…，m）とき，

$\overline{x}=\dfrac{1}{n}(x_1f_1+\cdots+x_mf_m)$ をデータの平均値とする．ただし n はデータの個数とする．

データそのものから求めた平均値と，度数分布から求めた平均値とは，値が食い違うこともある．

中央値　データの値すべてを小さい順に並べたとき，中央の順位にくる値を**中央値（メジアン）**という．データの値が奇数個のときはこれでよいが，偶数個のときは，中央にある 2 つのデータの値の平均値を中央値とする．

最頻値　度数分布について，度数が最も多い階級の階級値を**最頻値（モード）**という．データの値そのものから最も多く出てくる値を探って最頻値ということもある．

EXERCISE 21 ●データの整理，データの代表値

問 1　学校の夏休みの最中，A 君はクラスメイトがどのくらい宿題をすませているのか気になり，聞き取り調査をした．30 人のクラスメイトがこの時点で終えていた宿題のページ数は以下の通りだった．

5，13，2，21，8，　13，0，4，10，17，　9，14，14，7，20，
11，14，9，28，1，　16，9，10，12，6，　11，17，18，4，10．

(1)　このデータの平均値と中央値を求めよ．

(2)　このデータから，「0 ページ以上 5 ページ未満」，「5 ページ以上 10 ページ未満」，…，「25 ページ以上 30 ページ未満」の 6 つの階級を持つ度数分布表を作れ．

(3)　(2)の度数分布表にもとづくヒストグラムを作れ．

(4)　(2)の度数分布表にもとづく累積相対度数折れ線を作れ．

(5)　(2)の度数分布表にもとづく平均値と最頻値を求めよ．

解答　**問 1**　(1)　平均値は $\dfrac{1}{30}(5+13+\cdots+10)=\dfrac{1}{30}\cdot333=11.1$ より，**11.1 ページ**．

中央値は，データの値のうち小さい順で 15 番目が 10 ページ，16 番目が 11 ページなので，その平均値の **10.5 ページ**．

(2)

ページ数 …以上…未満	度数	相対度数	累積相対度数
0 ～ 5	5	0.17	0.17
5 ～10	7	0.23	0.40
10～15	11	0.37	0.77
15～20	4	0.13	0.90
20～25	2	0.07	0.97
25～30	1	0.03	1.00
計	30	1.00	

(3)

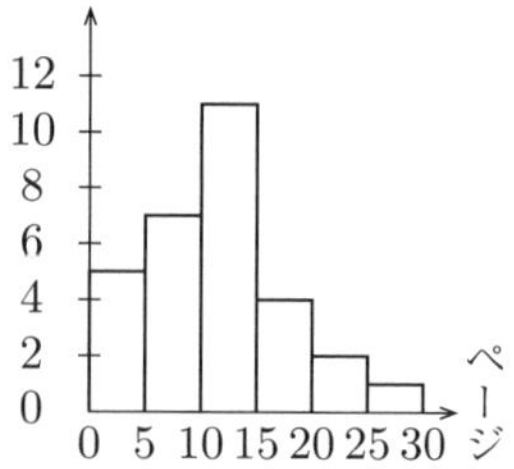

(4)

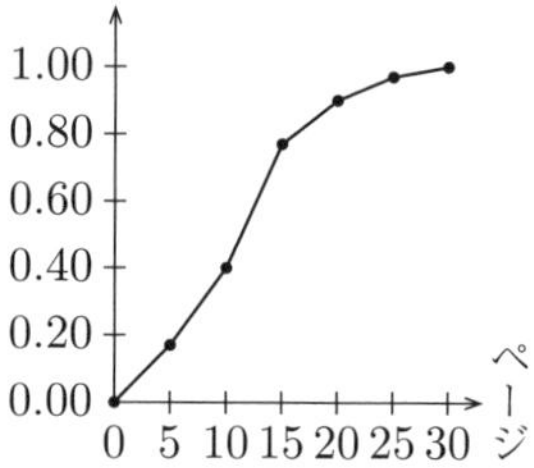

(5) 平均値は

$$\frac{1}{30}(2.5\times5+7.5\times7+12.5\times11+17.5\times4+22.5\times2+27.5\times1)$$

$$=\frac{1}{30}\times345=11.5$$

より，**11.5 ページ**．最頻値は階級「10 ページ以上 15 ページ未満」の階級値である **12.5 ページ**．

PLUS 階級の個数は 10 個弱くらいがよいといいますが，状況次第です．

THEME

22 箱ひげ図から読むデータの分布

GUIDANCE データ「5, 7, 7, 9」とデータ「1, 7, 7, 13」とは，平均値・中央値・最頻値すべて同じ（どれも 7）であるが，データの数値のちらばりの幅はずいぶん異なる．このように，代表値だけではわからないデータのちらばりを見やすく表現するために考案されたのが，データの四分位数をもとに作られる箱ひげ図で，簡単に作れ，複数のデータの分布のちらばり具合を比較しやすいという特長がある．

POINT 50 四分位数と箱ひげ図

おおざっぱには：データの値を小さい順に並べたとき，その順位が全体の 25%，50%，75% に相当する数値を，それぞれ**第 1 四分位数**，**第 2 四分位数**，**第 3 四分位数**という．

くわしくは：以下の手順で 3 つの四分位数を定める．

① データの値を小さい順に並べ，中央値を求めて第 2 四分位数とする．

② データの値を中央値を境に「小さい方」「大きい方」に分ける．このとき，データの値が奇数個のときには，中央値を除外したものを二分する．「小さい方」「大きい方」には，データの値が同じ個数だけ属する．

③ 「小さい方」の中央値を第 1 四分位数とし，「大きい方」の中央値を第 3 四分位数とする．

データの最小値 m，第 1 四分位数 Q_1，中央値（第 2 四分位数）Q_2，第 3 四分位数 Q_3，最大値 M により，データの分布の状況をある程度要約して示せる（5 数要約）．これを視覚的に表したのが**箱ひげ図**である．

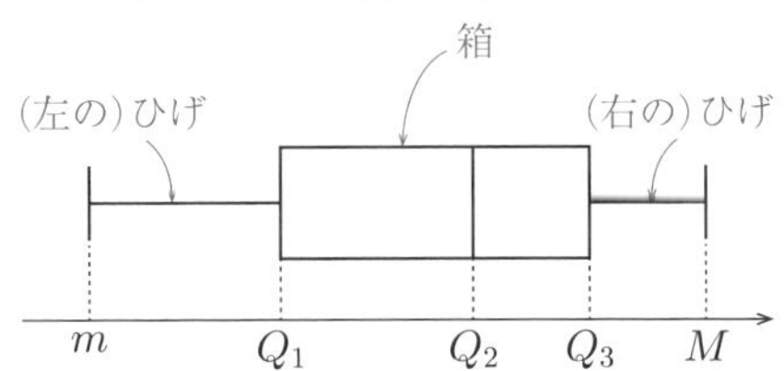

箱ひげ図にデータの平均値の位置を書きこむこともある．

$M-m$ をデータの範囲（レンジ）という．また，Q_3-Q_1，つまり箱の幅を**四分位範囲**といい，その半分，$\dfrac{Q_3-Q_1}{2}$ を**四分位偏差** という．

POINT 51 箱ひげ図からデータのちらばりを読み取る

データ「5, 7, 7, 9」とデータ「1, 7, 7, 13」の箱ひげ図を見れば，データのちらばりの様子の違いは瞭然．このように，箱ひげ図から読み取れることは多いが，注意も必要である．

「5, 7, 7, 9」
「1, 7, 7, 13」
1 5 7 9 13

たとえば，右の2つのヒストグラムについては，データの分布の全体の様子が似ているとは言い難いが，箱ひげ図は完全に一致する．箱ひげ図はデータのちらばりはよく表すが，全体をおおざっぱに4分割しているだけなので，「Q_1 と Q_2 の間では，Q_2 に近いデータは多いか少ないか？」のようなより細かいことは表現していない．このように，箱ひげ図から何が読み取れて何が読み取れないかは，その都度よく考える必要がある．

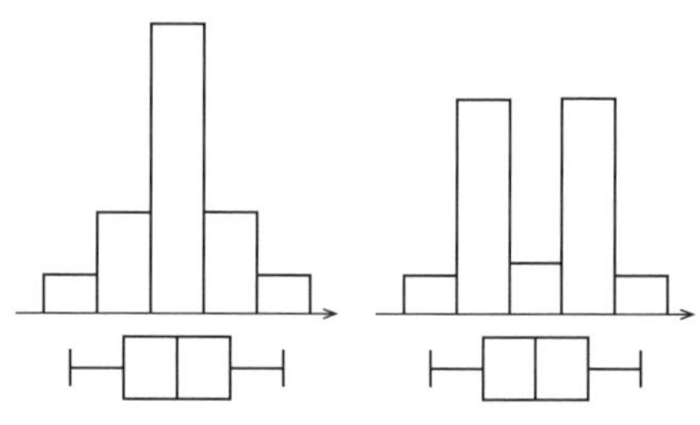

EXERCISE 22 ●箱ひげ図から読むデータの分布

問1　EXERCISE 21 (p.75) に掲げた宿題のページ数に対して，四分位数を求め箱ひげ図をかけ．平均値の位置も書きこめ（＋印を用いよ）．また，範囲，四分位範囲，四分位偏差を求めよ．

問2　箱ひげ図が以下のような特徴を持つとき，データのちらばりにはそれぞれどのような特徴があるか．

(1)　範囲は大きいが四分位範囲は小さい．

(2)　左のひげより右のひげの方がかなり長い．

(3)　平均値の位置を書きこんだところ，右のひげの上に来てしまった．

解説　分布というと，つい中ほどが盛り上がった山のようなヒストグラムを思いがちだが，実際には，深い谷がある分布やギザギザの分布，上り坂だけの分布や平坦な分布など，いろいろあり得る．また，全体の傾向から大きくはずれた値（**はずれ値**）が少しでもあると，**問2**(3)のような一見奇妙なことも起こる．

解答 **問 1**　四分位数，箱ひげ図，平均値は図の通り．範囲は 28－0＝**28**，四分位範囲は 14－7＝**7**，四分位偏差は 7÷2＝**3.5** である（単位はページ）．

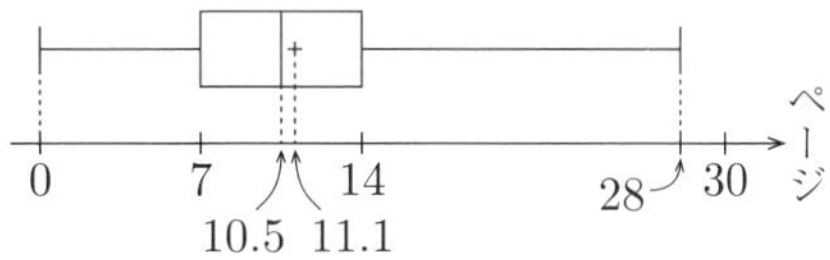

問 2　(1)　全体のちらばりは大きいが，真ん中の 50％ くらいはまとまっている．

(2)　下位 25％ より上位 25％ の方が，ちらばりがかなり大きい．

(3)　データの数値のなかに，きわだって大きいものがある．

➕PLUS　平均値や「ひげ」は，1つのはずれ値に大きな影響を受けます．一方，四分位数や「箱」は，それほどではないことが多いです．

THEME 23 分散と標準偏差

GUIDANCE 偏差の2乗の平均を分散といい，数学的にデータの分析を行うときに，平均値とならんで最も重要な役割を果たすものである．初学者には「2乗」がわずらわしく感じられるかもしれないが，2次式のとりあつかいは数学では多くの手法が確立されているので，かえって便利なくらいで，心配はいらない．

分散と標準偏差は，データのちらばりを表す数値である．

POINT 52 偏差，分散，標準偏差

変量xのデータの値がx_1，x_2，…，x_nのn個であり，その平均値が$\overline{x}$であるとき，$x_1-\overline{x}$，$x_2-\overline{x}$，…，$x_n-\overline{x}$を平均値からの偏差といい，その2乗の平均

$$\frac{1}{n}\left((x_1-\overline{x})^2+(x_2-\overline{x})^2+\cdots+(x_n-\overline{x})^2\right) \quad \cdots ✪$$

をxの分散という．また，分散の負でない平方根を標準偏差という．標準偏差をsと表すと，分散はs^2と表される．

分散・標準偏差が大きい／小さいことは，データのちらばりが大きい／小さいことを表すと考えてよい．

また，式の計算により，✪は

$$\frac{1}{n}(x_1{}^2+x_2{}^2+\cdots+x_n{}^2)-(\overline{x})^2 \quad \cdots ✱$$

に等しいとわかる．よって，xの分散は「(x^2の平均値)$-$(xの平均値)^2」としても計算できる．

以上のことは，変量xの度数分布が与えられても同様である．階級値がx_1，…，x_mでそれぞれの度数がf_1，…，f_mであるとき，xの分散は

$$\frac{1}{n}\left((x_1-\overline{x})^2f_1+\cdots+(x_m-\overline{x})^2f_m\right)$$

で計算する．

POINT 53 変量の変換と平均値・分散・標準偏差の変化

a，bが定数であり，2つの変量x，yの間に常に$y=ax+b$の関係が成立しているとする．x，yの平均を$\overline{x}$，$\overline{y}$とし，分散を$s_x{}^2$，$s_y{}^2$，標準偏差をs_x，s_yとすると，

$$\overline{y}=a\overline{x}+b,\ \ s_y{}^2=a^2s_x{}^2,\ \ s_y=|a|s_x$$

が成り立つ.

EXERCISE 23 ●分散と標準偏差

問1 次のデータA, Bそれぞれに対し, 平均値, 分散, 標準偏差を求めよ. ただし, 標準偏差は小数第1位までの概数値で求めよ.

A「6, 7, 10, 11, 11」　B「2, 5, 10, 13, 15」

問2 変量xのデータの値が $x_1=4$, $x_2=7$, $x_3=8$, $x_4=10$ と与えられている.

(1) xの平均値$\overline{x}$を求めよ.

(2) x^2の平均値$\overline{x^2}$を求めよ.

(3) xの分散s^2を, 小数第2位までの概数値で求めよ.

問3 「1, 2, 2, 2, 4, 7」の平均値は3, 分散は4, 標準偏差は2である. これをもとに, 以下のデータの平均値, 分散, 標準偏差を求めよ.

(1) 「21, 22, 22, 22, 24, 27」

(2) 「10, 20, 20, 20, 40, 70」

(3) 「99, 98, 98, 98, 96, 93」

解説 分散の計算は普通はPOINT 52の✪に従えばよいが, 偏差 $x_i-\overline{x}$ が分数や小数のときはその2乗の計算を何度も行うのが面倒かもしれない. そういうときはPOINT 52の✽を用いるとよいことがある, **問2**はそのような設定である. また, **問3**は実質的にPOINT 53に述べたことの理由説明になっている.

解答 **問1** A 平均値は**9**, 分散は $\frac{1}{5}\left((-3)^2+(-2)^2+1^2+2^2+2^2\right)=\mathbf{4.4}$,

標準偏差は $\sqrt{4.4}=2.0976\cdots\fallingdotseq\mathbf{2.1}$.

B 平均値は**9**, 分散は $\frac{1}{5}\left((-7)^2+(-4)^2+1^2+4^2+6^2\right)=\mathbf{23.6}$,

標準偏差は $\sqrt{23.6}=4.8579\cdots\fallingdotseq\mathbf{4.9}$.

A, Bのデータのちらばり具合の違いが, 分散, 標準偏差に反映されている.

問2 (1) $\overline{x}=\frac{1}{4}(4+7+8+10)=\mathbf{7.25}$.

CHAPTER 4 データの分析

(2) $\overline{x^2}=\dfrac{1}{4}(4^2+7^2+8^2+10^2)=\mathbf{57.25}$.

(3) $s^2=\overline{x^2}-(\overline{x})^2=57.25-7.25^2=4.6875\fallingdotseq\mathbf{4.69}$.

問 3 (1) 元のデータに一律に 20 が加わった．平均も 20 が加わる．そしてそれぞれの値の偏差は変わらないから，分散も標準偏差も変わらない．平均値は **23**，分散は **4**，標準偏差は **2**.

(2) 元のデータが一律 10 倍になった．平均も偏差も 10 倍になる．よって，偏差の 2 乗，及びその平均である分散は 100 倍になる．平均値は **30**，分散は **400**，標準偏差は **20**.

(3) 元のデータを −1 倍して 100 を加えたもの．平均値は 3×(−1)+100，つまり **97**．偏差は −1 倍になり，その 2 乗は 1 倍になる (つまり不変)．よって，分散も標準偏差も不変で，それぞれ **4**，**2**.

PLUS 分散と標準偏差で，データのちらばり具合がすべてわかるわけではありませんが，それでも非常に大切な数量であることは確かです．だから共通テストでも話題になることは多いでしょう．難しい概念ではないのですが，与えられたデータから具体的に計算しようとすると存外めんどうになることも多いので，注意が必要です．

THEME

24 散布図と相関関係

GUIDANCE　「ある人の身長を x cm，体重を y kg とする」のように，2つの変量が組になってデータを構成することはよくある．このとき，2つの変量の関係の傾向は，散布図を作ると視覚的によくわかる．

散布図で，点たちがだいたい直線のように分布しているとき，2つの変量の間には相関関係があるという．相関関係にも「強い相関関係」「弱い相関関係」があるが，これについては THEME 25 で定量的評価の方法を学ぶ．

POINT 54 散布図と相関関係

2つの変量の組 $(x_1,\ y_1)$，$(x_2,\ y_2)$，…，$(x_n,\ y_n)$ からなるデータがあるとき，これらの組を座標だと見なして座標平面上に対応する n 個の点をすべてとってできる図を**散布図**という．

2つの変量の組 $(x_1,\ y_1)$，$(x_2,\ y_2)$，…，$(x_n,\ y_n)$ 全体について，x の値と y の値で，一方が増えると他方も増える傾向があるときには，x と y の間に**正の相関関係**があるという．また，一方が増えると他方が減る傾向があるときには，x と y の間に**負の相関関係**があるという．どちらの傾向もないときには，相関関係がないという（x と y の間に関係があったとしても，それが相関関係であるとは限らない）．

POINT 55 点の散布状況と相関関係

2つの変量 x，y に相関関係があるとき，散布図上の点は全体として直線状の帯型領域に分布する．この帯の幅が狭く点がまとまっていれば，相関関係は強いといい，幅が広く点がちらばっていれば相関関係は弱いという．

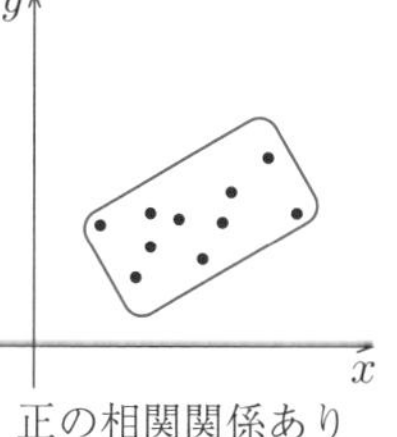

正の相関関係あり

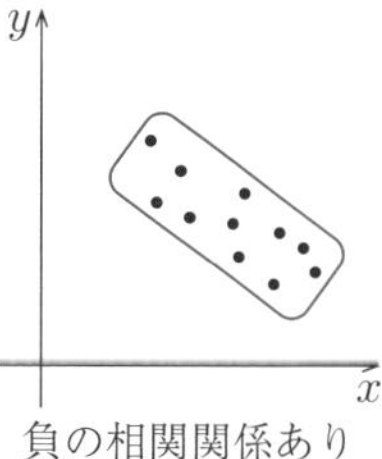

負の相関関係あり

x，y に正の相関関係があれば，散布図上の点は右図の㋐，㋒に多く集まる．よって，

$$(x_i-\overline{x})(y_i-\overline{y})>0$$

となる点 $(x_i,\ y_i)$ が多い．同様に，x，y に負の相関関係があれば，㋑，㋓に位置する点，つまり

$$(x_i-\overline{x})(y_i-\overline{y})<0$$

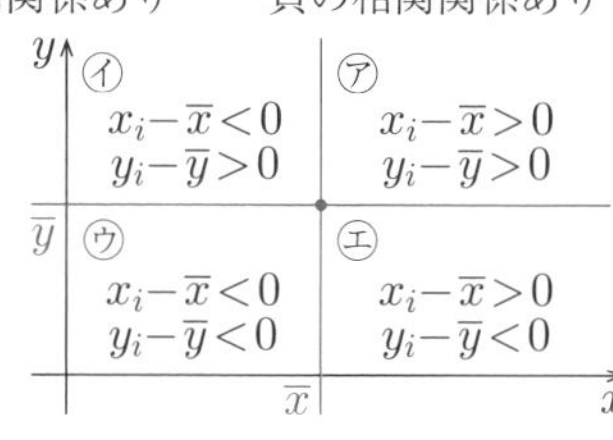

となる点 $(x_i,\ y_i)$ が多い．

【注意】“直線状の帯型領域”について，その傾きが正か負かが，相関関係が正か負かと一致する．しかしその傾きの値の大小は，相関関係の強弱と無関係であるので，注意が必要である．

EXERCISE 24 ●散布図と相関関係

問 1　2 つの変量 x，y の値のデータが以下の通りであるとき，x と y の間の相関関係について最も適切に述べたものを，後の⓪～④から選べ．ただし，同じ選択肢を 2 度選んではいけない．

(1)「(1, 3), (4, 3), (2, 4), (6, 5), (9, 6)」

(2)「(2, 7), (8, 4), (4, 5), (6, 4), (3, 8)」

(3)「(3, 8), (6, 6), (4, 1), (7, 9), (1, 4)」

(4)「(8, 3), (1, 7), (7, 6), (4, 9), (2, 6)」

(5)「(5, 8), (4, 2), (1, 5), (7, 7), (8, 3)」

⓪　正の強い相関関係がある

①　正の弱い相関関係がある

②　相関関係がない

③　負の弱い相関関係がある

④　負の強い相関関係がある

問 2　5 つの変量 x，y，u，v，w があり，常に

$$u=x+4,\quad v=3x,\quad x+w=5$$

が成り立っているという．いま，x と y の間に正の相関関係があるとする．u と y，v と y，w と y，それぞれの間に正や負の相関関係はあるか．

解答　**問 1**　(1)～(5)の散布図は下の通り．答えもその下に示した通り．

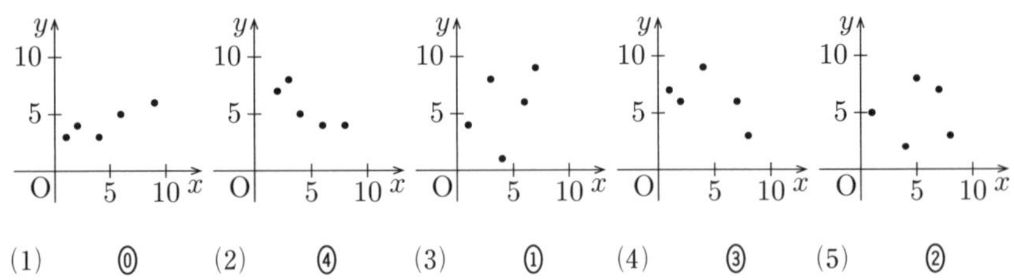

(1)　⓪　(2)　④　(3)　①　(4)　③　(5)　②

問 2　<u>u と y</u>　u が増えると x が増え，したがって y が増える．**正の相関関係がある．**

v と y　v が増えると x が増え，したがって y が増える．**正の相関関係がある．**
w と y　w が増えると x が減り，したがって y が減る．**負の相関関係がある．**

PLUS　もし，データの値が $(x_1,\ y_1)$，$(x_2,\ y_2)$ の 2 つしかないとすると，散布図上には 2 点しかなく，それは必ず一直線上にあるので，$x_1 \neq x_2$ かつ $y_1 \neq y_2$ であるかぎり，（正または負の）非常に強い相関関係が必ずあることになります．一般に，あまりにデータの値の個数が少ないと相関関係を考えてもあまり意味がないのですが，その極端な事例です．この話題は，2018 年の共通テスト試行調査でテーマになっていました．

THEME

25 相関係数

GUIDANCE 散布図を見れば相関関係の有無がわかるとはいうものの，実際には点の配置が微妙で判断に困ることも多い．数学的には相関係数というものを定義して，この値の絶対値によって相関関係の強弱を判断する．明快ではあるが，一方でこの値ははずれ値の影響を受けやすいので，注意も必要である．

POINT 56 共分散，相関係数

$(x_1,\ y_1)$，$(x_2,\ y_2)$，…，$(x_n,\ y_n)$ からなるデータを考える．POINT 55 の通り，$(x_i-\overline{x})(y_i-\overline{y})$ の値は，正の相関関係があれば正になることが多く，負の相関関係があれば負になることが多い．そこで，$(x-\overline{x})(y-\overline{y})$ の平均値，

$$s_{xy}=\frac{1}{n}\left((x_1-\overline{x})(y_1-\overline{y})+(x_2-\overline{x})(y_2-\overline{y})+\cdots+(x_n-\overline{x})(y_n-\overline{y})\right)$$

を考え，これを x と y の**共分散**という．s_{xy} は，正の相関関係があれば正に，負の相関関係があれば負になる．また，相関関係がなければ，s_{xy} は 0 に近い値になる．

〔散布図 1〕では共分散は 1.6，〔散布図 2〕では共分散は 160 である．この 2 つの図では相関関係の強さはまったく同等だと見るべきだろう．しかし共分散の値は 100 倍も違う．つまり，共分散の値を見るだけでは，相関関係の強弱はわからない．

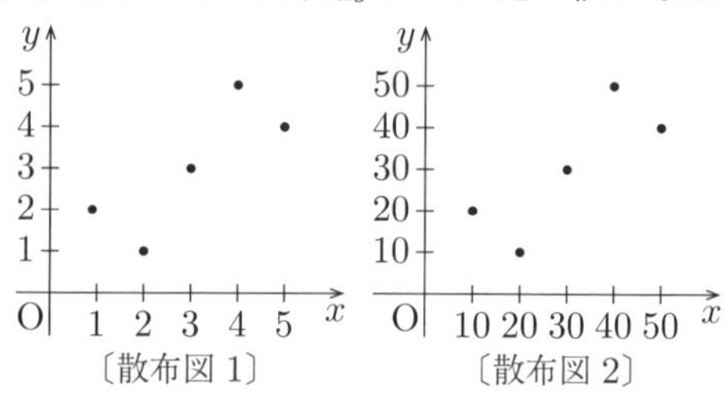

〔散布図 1〕　〔散布図 2〕

そこで，x の標準偏差 s_x と y の標準偏差 s_y を用いて

$$r=\frac{s_{xy}}{s_x s_y}$$

を考え，これを x と y の**相関係数**という．こうすると，散布図の横軸や縦軸の縮尺が変化しても，相関係数の値は変化しない（上の例ではどちらの図でも相関係数は 0.8）．

相関係数 r は，常に $-1\leqq r\leqq 1$ をみたす．正の相関関係が強いほど r の値は 1 に近づき，負の相関関係が強いほど r の値は -1 に近づく．特に，$r=1$ となるのは散布図上のすべての点が傾き正のある直線上にあるときに限り，$r=-1$ となるのはすべての点が傾き負のある直線上にあるときに限る．

【注意】 なぜ相関係数 r は常に $-1\leqq r\leqq 1$ をみたすのか，その理由は教科書

にははっきり述べられていない．これについては後のコラムを参照のこと．

POINT 57 変量の変換と共分散，相関係数の変化

a，b，c，d が定数であり，2組の変量 $(x,\ y)$，$(z,\ w)$ の間に常に $(z,\ w)=(ax+b,\ cy+d)$ の関係が成立しているとする．x と y の共分散 s_{xy} と z と w の共分散 s_{zw} の間には関係 $s_{zw}=acs_{xy}$ が成立する．

一方，$s_z=|a|s_x$，$s_w=|c|s_y$ なので (POINT 53)，$a\neq0$ かつ $c\neq0$ のとき，

$$\frac{s_{zw}}{s_zs_w}=\frac{acs_{xy}}{|a|s_x\cdot|c|s_y}=\frac{ac}{|ac|}\frac{s_{xy}}{s_xs_y}$$

が成り立つ．よって，x と y の相関係数 r_{xy} と，z と w の相関係数 r_{zw} の間には，

a と c が同符号ならば　$r_{zw}=r_{xy}$，a と c が異符号ならば　$r_{zw}=-r_{xy}$

という関係がある．

EXERCISE 25 ●相関係数

問1　5人の生徒A，B，C，D，Eが音楽と美術の小テストを受けたところ，得点は右の通りであった．以下，音楽の得点を x で，美術の得点を y で表す．

	音楽	美術
A	2	4
B	3	7
C	3	4
D	3	4
E	4	6

(1)　平均値 $\overline{x}$，$\overline{y}$，分散 $s_x{}^2$，$s_y{}^2$ を求めよ．

(2)　共分散 s_{xy}，相関係数 r を求めよ．

(3)　美術の得点に全員一律に1点が加えられることになった．相関係数はどう変化するか．

(4)　音楽の得点が全員一律に2倍されることになった．相関係数はどう変化するか．

問2　2つの変量 x，y の値の組として，はじめに $(1,\ 1)$，$(1,\ -1)$，$(3,\ 7)$，$(-5,\ -7)$，$(60,\ 0)$ が与えられていた．

(1)　これに対する，x と y の相関係数を求めよ．

(2)　実は，$(60,\ 0)$ はデータ処理のミスから生じた誤った値で，正しくは存在しなかった．残りの4つの値の組について，正しい x と y の相関係数を求めよ．

解答　**問1**　(1)　$\overline{x}=\frac{1}{5}(2+3+3+3+4)=\mathbf{3}$，$\overline{y}=\frac{1}{5}(4+7+4+4+6)=\mathbf{5}$．

$s_x{}^2=\frac{1}{5}\left((-1)^2+0^2+0^2+0^2+1^2\right)=\mathbf{0.4}$，

$s_y{}^2=\dfrac{1}{5}\left((-1)^2+2^2+(-1)^2+(-1)^2+1^2\right)=\mathbf{1.6}.$

(2) $s_{xy}=\dfrac{1}{5}\left((-1)\cdot(-1)+0\cdot 2+0\cdot(-1)+0\cdot(-1)+1\cdot 1\right)=\mathbf{0.4},$

$r=\dfrac{s_{xy}}{s_x s_y}=\dfrac{0.4}{\sqrt{0.4}\sqrt{1.6}}=\mathbf{0.5}.$

(3) y の偏差は変わらないので，s_y も s_{xy} も不変．また，s_x は当然不変．よって，相関係数も**変わらない**．

(4) x の偏差が 2 倍になり，s_x も s_{xy} も 2 倍になる．一方 s_y は不変．だから，$r=\dfrac{s_{xy}}{s_x s_y}$ の分子分母とも 2 倍になり，結局相関係数は**変わらない**．

問 2 (1) 計算により，x の平均値は 12，y の平均値は 0，x の標準偏差は $\dfrac{54}{\sqrt{5}}$，y の標準偏差は $\dfrac{10}{\sqrt{5}}$，x と y の共分散は $\dfrac{56}{5}$ とわかる．よって求める相関係数は $\dfrac{\frac{56}{5}}{\frac{54}{\sqrt{5}}\cdot\frac{10}{\sqrt{5}}}=\mathbf{\dfrac{14}{135}}$ ($\fallingdotseq 0.10$) である．

(2) 今度は，x の平均値は 0，y の平均値は 0，x の標準偏差は 3，y の標準偏差は 5，x と y の共分散は 14 である．よって求める相関係数は $\dfrac{14}{3\cdot 5}=\mathbf{\dfrac{14}{15}}$ ($\fallingdotseq 0.93$) である．

➕PLUS **問 2**(1)での (60, 0) のように，データのうちに極端に他と異なる値 (はずれ値) があると，相関係数は全体の傾向をよく表しているとは言いにくくなります．**問 2** の(1)と(2)では，相関係数が非常に大きく異なっていますね．

THEME

26 数式計算の詳細，変量の標準化

GUIDANCE ここまでの説明で，数式計算による確認を明示しなかったことがらがいくつかあるので，それをここにまとめた．過去のセンター試験ではこの部分についての出題もあった．一度は見ておきたい．また，変量の標準化についても述べる．

POINT 58 計算：(分散)＝(2 乗の平均)−(平均の 2 乗)

変量 x のデータの値が x_1，…，x_n の n 個であるとする．その平均値は

$$\overline{x}=\frac{1}{n}(x_1+\cdots+x_n)\quad\cdots①$$

である．分散 s^2 は「偏差の 2 乗 $(x_i-\overline{x})^2$ の平均値」であるが，これを

$$s^2=\frac{1}{n}\left((x_1-\overline{x})^2+\cdots+(x_n-\overline{x})^2\right)$$

$$=\frac{1}{n}\left((x_1{}^2-2x_1\overline{x}+(\overline{x})^2)+\cdots+(x_n{}^2-2x_n\overline{x}+(\overline{x})^2)\right)$$

$$=\frac{1}{n}\left((x_1{}^2+\cdots+x_n{}^2)-2(x_1+\cdots+x_n)\overline{x}+n(\overline{x})^2\right)$$

$$=\frac{1}{n}(x_1{}^2+\cdots+x_n{}^2)-2\cdot\frac{x_1+\cdots+x_n}{n}\cdot\overline{x}+(\overline{x})^2$$

$$=\frac{1}{n}(x_1{}^2+\cdots+x_n{}^2)-2\overline{x}\,\overline{x}+(\overline{x})^2 \qquad (①を用いた)$$

$$=\frac{1}{n}(x_1{}^2+\cdots+x_n{}^2)-(\overline{x})^2$$

と計算できる．つまり s^2 は，(x^2 の平均値)−(x の平均値)^2 に等しい
(POINT 52).

POINT 59 計算：変量の変換による諸量の変化

以下，a，b，c，d は定数，x，y，z，w は変量 (個数はどれも n 個) とする．
$z=ax+b$ の関係があるとすると，平均値，偏差，分散，標準偏差について

$$\overline{z}=\frac{1}{n}(z_1+\cdots+z_n)=\frac{1}{n}\left((ax_1+b)+\cdots+(ax_n+b)\right)$$

$$=a\cdot\frac{1}{n}(x_1+\cdots+x_n)+\frac{1}{n}\cdot nb=a\overline{x}+b,$$

$$z_i-\overline{z}=(ax_i+b)-(a\overline{x}+b)=a(x_i-\overline{x})\quad (i=1,\ 2,\ \cdots,\ n),$$

$$s_z{}^2=\frac{1}{n}\left((z_1-\overline{z})^2+\cdots+(z_n-\overline{z})^2\right)=\frac{1}{n}\left((a(x_1-\overline{x}))^2+\cdots+(a(x_n-\overline{x}))^2\right)$$

$$=a^2\cdot\frac{1}{n}\left((x_1-\overline{x})^2+\cdots+(x_n-\overline{x})^2\right)=a^2s_x{}^2,$$

$$s_z=\sqrt{s_z{}^2}=\sqrt{a^2s_x{}^2}=|a||s_x|=|a|s_x$$

が成り立つ．つまり，「a 倍して b を加える」という変量の変換により，平均は「a 倍して b を加える」ことになり，偏差は a 倍に，分散は a^2 倍に，標準偏差は $|a|$ 倍になる (POINT 53).

次に，$z=ax+b$，$w=cy+d$ の関係があるとする．このとき，z と w の共分散 s_{zw} と，($a\neq0$，$c\neq0$ として) 相関係数 r_{zw} について，

$$s_{zw}=\frac{1}{n}\left((z_1-\overline{z})(w_1-\overline{w})+\cdots+(z_n-\overline{z})(w_n-\overline{w})\right)$$

$$=\frac{1}{n}\left(a(x_1-\overline{x})\cdot c(y_1-\overline{y})+\cdots+a(x_n-\overline{x})\cdot c(y_n-\overline{y})\right)$$

$$=ac\cdot\frac{1}{n}\left((x_1-\overline{x})(y_1-\overline{y})+\cdots+(x_n-\overline{x})(y_n-\overline{y})\right)$$

$$=ac\,s_{xy},$$

$$r_{zw}=\frac{s_{zw}}{s_zs_w}=\frac{ac\,s_{xy}}{|a|s_x\cdot|c|s_y}=\frac{ac}{|ac|}r_{xy}$$

$$=\begin{cases} r_{xy} & (a\text{ と }c\text{ が同符号のとき}) \\ -r_{xy} & (a\text{ と }c\text{ が異符号のとき}) \end{cases}$$

と計算できる (POINT 57).

POINT 60 変量の標準化

変量 x の平均値が $\overline{x}$，標準偏差が s で，$s\neq0$ だとする．ここで新しい変量 z を

$$z=\frac{x-\overline{x}}{s}$$

で定める．この z を，x を**標準化**して得られる変量という．

x の偏差 $x-\overline{x}$ の平均値は (もとの平均値 $\overline{x}$ より $\overline{x}$ だけ減るので) 0，標準偏差は変わらず s である．よって，z の平均値は 0 を s で割った 0，標準偏差は s を s で割った 1 である．つまり，

標準化された変量は，いつも，平均値が 0，標準偏差が 1 である．

標準化は，もとの変量の特質を失うことなく，平均値と標準偏差を簡明な定数 (0 と 1) に直して考えることを可能にする，便利な変換である．

➕PLUS　POINT 58 で述べた「分散は，2 乗の平均と平均の 2 乗との差」と類似のこととして，「共分散は，積の平均と平均の積との差」，つまり

$$s_{xy}=\overline{xy}-\overline{x}\,\overline{y}$$

が成り立ちます．この証明では，$s_{xy}=\dfrac{1}{n}\left((x_1-\overline{x})(y_1-\overline{y})+\cdots+(x_n-\overline{x})(y_n-\overline{y})\right)$ を計算して，$\dfrac{1}{n}(x_1y_1+\cdots+x_ny_n)-\overline{x}\,\overline{y}$ に等しいことを確かめることになります．途中，$\overline{x}=\dfrac{1}{n}(x_1+\cdots+x_n)$，$\overline{y}=\dfrac{1}{n}(y_1+\cdots+y_n)$ を用います．この計算を題材とする問題が，2018 年センター試験本試験（数学Ⅰ・数学A）で出題されています．

なお，本 THEME には EXERCISE はありません．

THEME 27 仮説検定の考え方

GUIDANCE あることが起こったとき，それが起こりやすい事情が何かあって起こったのか，それともまったくの偶然だったのかを判断するには，どうすればよいだろうか．それには，「想定外の事情はない」と仮定してみて，そのときにそのことが起こる確率が高いか低いかを見て判断する，仮説検定の考え方が有効である．ただし，このような場合では確率の計算は実際上困難であることも多く，その場合には実験による統計的な結果を利用することがあり，そのような考え方が共通テスト問題でも使われている．

POINT 61 仮説検定の考え方

起こる確率の低いこと（事象）は，起きにくい．だから，ある仮説を立てて，その仮説に基づいた計算や推論により「非常に起こる確率の低いことが起きた」と結論されるときには，その仮定が誤っていたと考えるのが自然である．これが仮説検定の考え方の基本である．

どのくらいの確率のことを「起こる確率が低い」と見なし，その判断が誤るリスクを受け入れるかは，状況に応じて決められるべきことである．数学Ⅰの教科書では，5％より低い確率で起こることを「起こる確率が低い」と見なすことが多い（ただし「5％」が実用上で適切な水準であるかどうかは別問題である）．

POINT 62 仮説検定の方法の例

箱に赤玉と白玉がそれぞれたくさん入っているとする．ある人（Xさん）に，「この箱の中で赤玉が白玉より少ないことはない」と言われた．ところが，「この箱から無作為に玉を1つ取り出し元に戻す」という試行を40回繰り返したところ，赤玉を取り出した回数は14回であった．これは20回（40回の半分）よりかなり少ないように思われる．これではXさんに言われたことが本当かどうか，疑問に感じるだろう．箱を開けて玉の個数を数えればはっきりするが，それが困難であるときにはどう考えればよいだろうか．

以下，POINT 61のように考えて，「5％」を「起こる確率が低い」と見なすしきい値（判断の境目として用いる値）として仮説検定を行うならば，どのようになるかを説明する．

まず，Xさんの言うことを仮説として立て，これが正しいとして，そのもとで「40回玉を取り出して赤玉の出た回数が14回以下である」という事象Aの起こる確率を考える．

仮説のもとでは，事象Aの起こる確率が最も大きくなるのは，赤玉と白玉が箱の中に同数入っているときである．このとき，事象Aの起こる確率は

$$\frac{{}_{40}C_0+{}_{40}C_1+{}_{40}C_2+\cdots+{}_{40}C_{13}+{}_{40}C_{14}}{2^{40}}$$

である．手での計算は難しいが，コンピューターを用いるとこの値は約 4.03％であるとわかる．したがって，仮説のもとでは，事象Aの起こる確率は約 4.03％を超えず，特に，5％より低いとわかる．だから，いま行っている仮説検定では，仮説が正しいとすると起こる確率が低いこと (事象A) が起きたことになってしまう，よって，仮説は正しくないと考えることになる．すなわち，Xさんの言うことは正しくないと判断する．

一方，もしも試行を 40 回繰り返したところ，赤玉を取り出した回数が 15 回であったとしよう．先ほどと同様に考えて，「40 回玉を取り出して赤玉の出た回数が 15 回以下である」確率は約 7.69％を超えないとわかる．しかしこれでは，この確率が 5％より低いとは言い切れない．したがって，Xさんが言うことが正しくないと判断することはできない．

CHAPTER 4 データの分析

POINT 63 確率を求めるために多数回の実験を用いる方法

仮説検定では，仮説のもとであることが起こる確率を求める必要があるが，この計算が容易でないことが多い．このとき，仮説を組み入れた，懸案の状況をシミュレートするモデルを作り，そこで十分多数回の実験を行い，その結果から「そのことが起こる確率」を推定することがある．

EXERCISE 27 ●仮説検定の考え方

問 1　あるサイコロを 120 回振ったところ，1 の目が出た回数は 12 回だった．A 君は「この回数は少なすぎる，このサイコロは正しく作られていないのでは？」と考え，「このサイコロは正しく作られていて，1 の目が出る確率は $\frac{1}{6}$ である」という仮説を立てて仮説検定を行うことにした．ただし，5％より低い確率で起こることは「起きにくい」ことと考える．

そのためにA君はコンピューターを用いて，正しく作られたサイコロを 120 回振ってそのうち 1 の目が何回出るかを調べるシミュレーションを，10000 回繰り返した．その結果，120 回中 12 回以下しか 1 の目が出なかった実験は，10000 回中 275 回あった．

A君が仮説検定により出す結論は何か．

問 2　**問 1**の状況で，あるサイコロを 120 回振って 1 の目が出た回数が 14 回だったとすると，A 君の仮説検定の結果はどうなるか．ただし，コンピューターによる 10000 回のシミュレーションのうち，120 回中ちょうど 13 回 1 の目が出た実験は 226 回，120 回中ちょうど 14 回 1 の目が出た実験は 346 回あった．

解答　**問 1**　コンピューターの実験は十分多数回 (10000 回) 行っているので，120 回中 12 回以下しか 1 の目が出なかった実験の相対頻度である

$\frac{275}{10000}=2.75\%$ を，120 回中 12 回以下しか 1 の目が出ない確率と考えてよい．これは 5% より低い確率である．よって，A 君は「仮説は誤りであり，**このサイコロの 1 の目が出る確率は $\frac{1}{6}$ より低い**」と結論する．

問 2　120 回中 14 回以下しか 1 の目が出なかった実験の相対頻度は

$\frac{275+226+346}{10000}=8.47\%$ であり，これを 120 回中 14 回以下しか 1 の目が出ない確率と考えてよい．これは 5% より高い確率である．よって，A 君は仮説が誤りだと判断できず，といって，仮説が正しいとも判断できないので，**何も結論できない**．

＋PLUS　仮説検定については，数学Bでさらに詳しく学びます．そこでは，確率を実験に頼るのではなく，正規分布というものを用いて求める方法も学びます．またそこでは，仮説検定のために立てる仮説を帰無仮説，「起こりにくい」ことの判定基準とする確率のしきい値 (この本では 5%) のことを有意水準といい，帰無仮説が誤りだと判断することを帰無仮説を棄却するといいます．

帰無仮説が棄却されれば，帰無仮説の否定が正しいと結論するのが仮説検定の考え方です．しかし，帰無仮説が棄却されなかった場合，だからと言って帰無仮説が正しいと言えるわけではなく，したがって，結論できることは何もありません．ここは誤解する人が多いので，注意が必要です．

このほかにも，仮説検定については勘違いしやすいことが多く，慎重な注意と繊細な議論が必要です．数学 I の共通テストに正解するだけならば，この本をよく読めば困難なくできるでしょう．しかし，統計を利用して物事を考えたいというのであれば，ぜひ，統計学を初歩から丁寧に学んでほしいです．

相関係数が −1 以上 1 以下であることの証明

2つの変量 x, y の相関係数 r は，$-1 \leqq r \leqq 1$ をみたす．これはもちろん証明できる数学的事実だが，その証明は教科書には載っていない．しかし，共通テストの形式では，誘導によりこの証明をトレースするような出題もあり得る．試験会場でいきなり見てびっくりするよりは，何となくでもアイディアを知っていたほうがよいだろうと考えるので，以下に証明の概略だけ述べる．

1) 変量 x, y に対して，$u=x-\overline{x}$, $v=y-\overline{y}$ により新しい変量 u, v を定める．$x-\overline{x}$ は x の偏差だからその平均は0，すなわち u の平均は0である．同様に，v の平均も0である．そして，u と v の相関係数は，x と y の相関係数と一致する (POINT 57, 59) ので，以下はこれを考える．

2) $\overline{u}=0$, $\overline{v}=0$ に注意して，

$$s_u=\sqrt{\frac{1}{n}(u_1{}^2+\cdots+u_n{}^2)},\quad s_v=\sqrt{\frac{1}{n}(v_1{}^2+\cdots+v_n{}^2)},$$

$$s_{uv}=\frac{1}{n}(u_1v_1+\cdots+u_nv_n)$$

である．もし $s_u=0$ だと相関係数が定義できないので，以下 $s_u \neq 0$，つまり $u_1{}^2+\cdots+u_n{}^2 \neq 0$ とする．v についても同様．さらに，

$$r^2=\left(\frac{s_{uv}}{s_us_v}\right)^2=\frac{(u_1v_1+\cdots+u_nv_n)^2}{(u_1{}^2+\cdots+u_n{}^2)(v_1{}^2+\cdots+v_n{}^2)}$$

である．$-1 \leqq r \leqq 1$ を示すには $r^2 \leqq 1$ を，つまり

$$(u_1v_1+\cdots+u_nv_n)^2 \leqq (u_1{}^2+\cdots+u_n{}^2)(v_1{}^2+\cdots+v_n{}^2) \quad \cdots(\clubsuit)$$

を示せばよい．

3) さて，実数全体を定義域とする2次関数

$$f(t)=(u_1t-v_1)^2+\cdots+(u_nt-v_n)^2$$

を考える．(実数の2乗は負になり得ないので) $f(t)$ の値は負になり得ない．

また，計算すると

$$f(t)=(u_1{}^2+\cdots+u_n{}^2)t^2-2(u_1v_1+\cdots+u_nv_n)t+(v_1{}^2+\cdots+v_n{}^2)$$

なので，$f(t)$ のグラフは ($u_1{}^2+\cdots+u_n{}^2>0$ より) 下に凸の放物線である．

4) $f(t)$ のグラフの頂点の座標を $(p,\ q)$ とすると，3) より $q \geqq 0$ だとわかる．一方，平方完成 (POINT 21) を用いて計算すると，

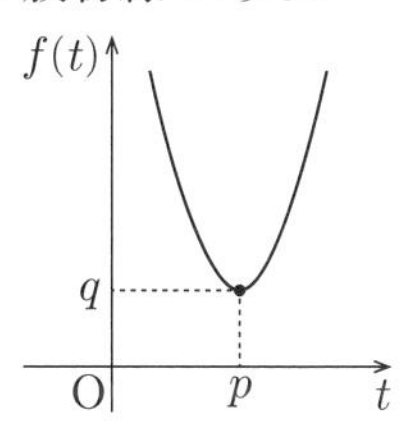

$$q=\frac{-(-2(u_1v_1+\cdots+u_nv_n))^2+4({u_1}^2+\cdots+{u_n}^2)({v_1}^2+\cdots+{v_n}^2)}{4({u_1}^2+\cdots+{u_n}^2)}$$
$$=\frac{-(u_1v_1+\cdots+u_nv_n)^2+({u_1}^2+\cdots+{u_n}^2)({v_1}^2+\cdots+{v_n}^2)}{{u_1}^2+\cdots+{u_n}^2}$$

である．この2つのことを合わせて

$$-(u_1v_1+\cdots+u_nv_n)^2+({u_1}^2+\cdots+{u_n}^2)({v_1}^2+\cdots+{v_n}^2)\geqq 0$$

が，すなわち(♣)が成立するとわかる．

THEME

28 数え上げの基本

GUIDANCE 場合の数をモレなくダブリなく正確に数えることを“数え上げる”という．数え上げには丁寧な実行力と細心の注意力が必要だが，必須となる知識やテクニックはそんなに多くない．基本事項を確実にしたあとは，さまざまな問題に当たり場数を踏むとよい．

POINT 64 樹形図（場合分けの木）

場合分けがいくつか組み合わさってすべての場合が得られるとき，すべての場合をモレなくダブリなく数え上げるための基本ツールが，樹形図（場合分けの木）をかくことである．

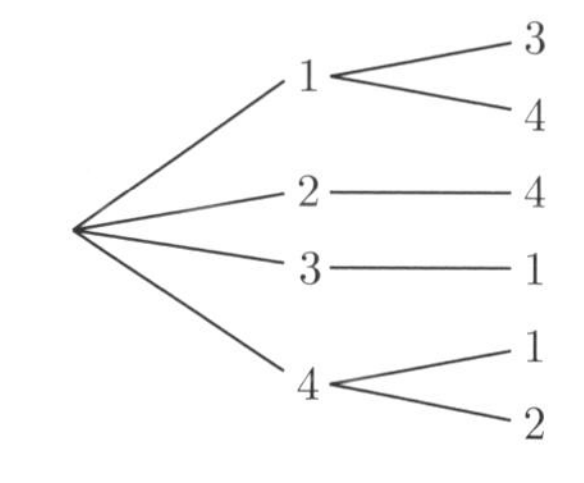

右の樹形図は，1，2，3，4から2数を選んで並べる並べ方のうち「2数の差は2以上でなければならない」という条件をみたすものすべてを数え上げるためのものである．

POINT 65 ダブリの処理方法

以下，集合 X に属する要素の個数を $n(X)$ と表す．

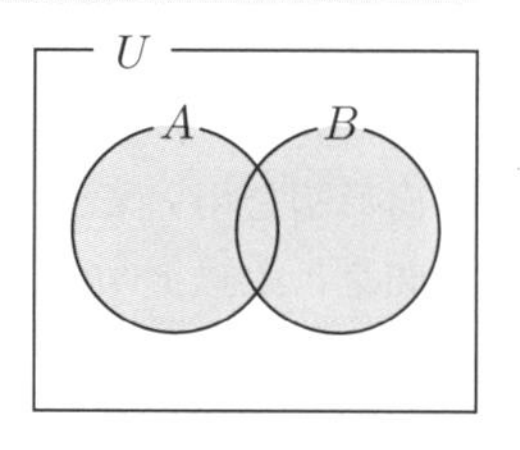

$n(A\cup B)$，すなわち「集合 A，集合 B の少なくとも一方に属する要素」の個数を求めるのに，単に「$n(A)+n(B)$ だ」と言ってしまうと，$n(A\cap B)$ の分だけダブルカウントになる．これを避ける考え方にはいくつかある．

(ア) $n(A\cup B)=n(A)+n(B)-n(A\cap B)$ として数える．

(イ) $n(A\cup B)=n(A)+n(\overline{A}\cap B)$ として数える．

(ウ) $n(A\cup B)=n(A\cap\overline{B})+n(A\cap B)+n(\overline{A}\cap B)$ として数える．

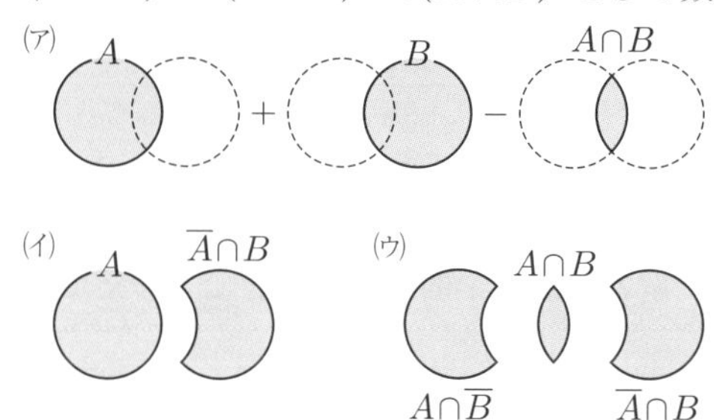

POINT 66 和の法則，補集合の要素数

POINT 65(ア)より，$A\cap B=\varnothing$ **であれば** $\boldsymbol{n(A\cup B)=n(A)+n(B)}$ が成り立つ．すなわち，A，B の両方に属する要素がなければ，A，B の少なくとも一方に属する要素の個数は単に $n(A)+n(B)$ として求まる．これを**和の法則**という．

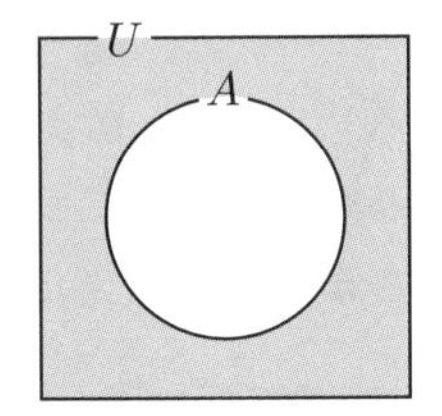

特に，U を全体集合，A を U の部分集合とするとき，$A\cup\overline{A}=U$, $A\cap\overline{A}=\varnothing$ であるから，$n(A)+n(\overline{A})=n(U)$ である．すなわち，$\boldsymbol{n(A)=n(U)-n(\overline{A})}$ が成り立つ．これは，$n(A)$ より $n(\overline{A})$ のほうが求めやすいとき，便利に使える公式である．

POINT 67 積の法則

集合 A から要素 a を，集合 B から要素 b を選び，組 $(a,\ b)$ を作る．この作り方は，$\boldsymbol{n(A)\cdot n(B)}$ **通り**ある．これを**積の法則**という．

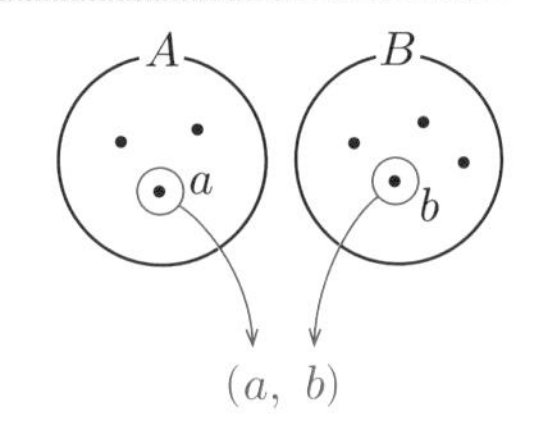

EXERCISE 28 ●数え上げの基本

問 1　1，2，3，4 を一列に並べるが，1 は 1 番目以外，2 は 2 番目以外，3 は 3 番目以外，4 は 4 番目以外に置くことにする．このような並べ方を樹形図を用いてすべて書き上げ，全部でいくつあるか数えよ．

問 2　1 以上 100 以下の自然数のうち，2 か 5 で割り切れるものはいくつあるか．

問 3　大中小 3 つのサイコロを振り，出た目のうち最大のものを M とする．

(1)　$M\leqq 3$ となる目の出方は何通りあるか．

(2)　$M=3$ となる目の出方は何通りあるか．

問 4　$(p+q+r+s)(x+y+z)$ を展開すると，項はいくつ生じるか．

解説　数え上げの問題は，とにかくやみくもに，思いつくままに適当に書き出していっては，勉強にならない．問題としては答えを「求めよ」であっても，出題者の目的は，解答者が数学的によい道筋で「考えて」くれることである．

解答 **問1**　右図の通り（×をつけたところは4番目に4を置かざるを得なくなり適さない），**9個**.

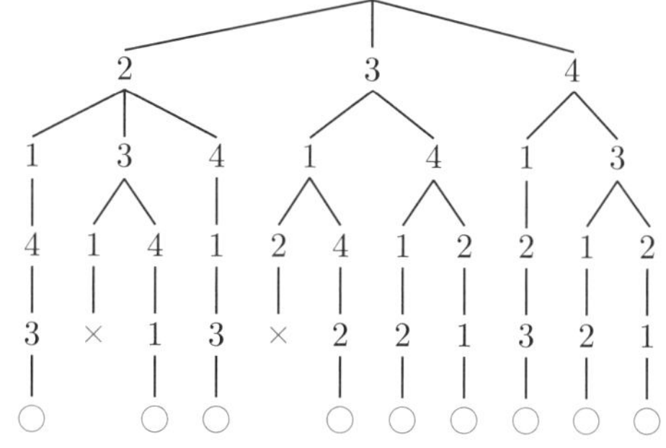

問2　2で割り切れるものの個数が $100\div2=50$，5で割り切れるものの個数が $100\div5=20$，両方で割り切れるものの個数が $100\div(2\times5)=10$ である．求める個数は $50+20-10=\mathbf{60}$ である．

【別解】5の倍数のうち，2の倍数でないものが半分ある．求める個数は $50+20\div2=\mathbf{60}$.

問3　(1)　すべての目が3以下である場合は，$3\times3\times3=27$ より，**27通り**.

(2)　(1)の場合から，$M\leqq2$ となる場合を除けばよい．$27-2\times2\times2=19$ より，**19通り**.

問4　$\{p,\ q,\ r,\ s\}$ から1つ，$\{x,\ y,\ z\}$ から1つを選び，組を作る作り方の総数．$4\times3=12$ より，**12個**.

PLUS　このTHEME 28で取り上げた内容は，どれもまさに“基本”なので，こんなの易しいや……と軽んじたくなる人もきっといると思います．しかし，実際に「がんばって練習しているのに場合の数や確率の問題がうまく解けないんです……」と相談しに来る人の多くは，この基本事項が（本人は理解できているつもりでも）正しく使いこなせていないのです．この本のこの後に出てくるPOINTやEXERCISEで，“基本”がいかに何度も何度も登場することか，よく確認しながら読み進んでいってください．

THEME
29 順列と組合せ

GUIDANCE “場合の数” といえば $_n\mathrm{P}_r$, $_n\mathrm{C}_r$ をまず思い浮かべる人も多いだろう．順列の数，組合せの数として有名で，計算のための公式も誰もがよく知っている．しかし，$_n\mathrm{P}_r$, $_n\mathrm{C}_r$ を本当に使いこなすには，これが使える場面を多く学び，“順列” や “組合せ” の概念を一見「並べる」や「選ぶ」が現れていない状況に適用する力を養わなければならない．

POINT 68 階乗と順列の総数，組合せの総数

正の整数 n に対し，n から 1 までの整数すべての積を $n!$ と表す．また，$0!=1$ と規約する．

n 個の相異なるものから r 個を選んで並べる並べ方の総数を $_n\mathrm{P}_r$ と表す．

$_n\mathrm{P}_r=n\cdot(n-1)\cdot\cdots\cdot(n-r+1)=\dfrac{n!}{(n-r)!}$ が成り立つ．特に $_n\mathrm{P}_n=n!$ である．

n 個の相異なるものから r 個を選ぶ（並べない）選び方の総数を $_n\mathrm{C}_r$ と表す．

$_n\mathrm{C}_r=\dfrac{_n\mathrm{P}_r}{r!}=\dfrac{n!}{r!(n-r)!}$ が成り立つ．

POINT 69 $_n\mathrm{P}_r$, $_n\mathrm{C}_r$ の使い方

ものを「並べる」「選ぶ」ことそのものでなくても，そう解釈できる，そう見立てられることには，$_n\mathrm{P}_r$, $_n\mathrm{C}_r$ を使える．

例 1： 10 人の社員から，東京へ 1 人，大阪へ 1 人，名古屋へ 1 人が行く（同じ人が 2 か所以上には行かない）．10 人から 3 人を選び，「東京へ行く人」「大阪へ行く人」「名古屋へ行く人」を一列に並べる，という状況と解釈できる（実際に人間を並べる必要はない）．社員の選び方は $_{10}\mathrm{P}_3$ 通りある．

例 2： 8 人の生徒を 3 人と 5 人に分ける．「分ける」であって「選ぶ」とは言っていないが，8 人から 3 人を「選ぶ」とそれは 8 人を 3 人と 5 人に「分けた」ことになる．分け方は $_8\mathrm{C}_3$ 通り．なお，5 人を「選ぶ」と解釈して，$_8\mathrm{C}_5$ 通りとも考えられる．

EXERCISE 29 ●順列と組合せ

問 1 正の整数 n と，$0\leqq r\leqq n$ をみたす整数 r に対して，$_n\mathrm{P}_r$, $_n\mathrm{C}_r$ の求め

方を以下のように説明した．空欄に数式を適切に補え．

● n 個の相異なるものから r 個を選んで並べるのに，まず１個を選び，次にその残りから１個を選びはじめの１個の右隣に並べ，さらにその残りから１個を選びはじめの２個の右隣に並べ，…と考える．最初は ア 個のものから１個を選ぶので選び方は ア 通りあり，次は残り (イ) 個のものから１個を選ぶので選び方は (イ) 通りあり，… 最後は残り (ウ) 個のものから１個を選ぶので選び方は (ウ) 通りある．だから，順次場合分けを考えていくと ${}_nP_r$＝ア・(イ)・…・(ウ) がわかる．ここで

$$\text{ア}\cdot(\text{イ})\cdot\cdots\cdot(\text{ウ})=\frac{\text{ア}\cdot(\text{イ})\cdot\cdots\cdot(\text{ウ})\cdot(n-r)\cdot(n-r-1)\cdot\cdots\cdot2\cdot1}{(n-r)\cdot(n-r-1)\cdot\cdots\cdot2\cdot1}=\frac{\text{エ}\,!}{(\text{オ})\,!}$$

と計算すると，${}_nP_r=\dfrac{\text{エ}\,!}{(\text{オ})\,!}$ が得られる．

● n 個の相異なるものから r 個を選ぶ (並べない) 選び方の総数が ${}_nC_r$ である．そして，選んだ r 個をさらに一列に並べるとすると，${}_nC_r$ 通りの選び方それぞれに対し並べ方が ${}_rP_r$＝ カ！ 通りであり，その総計が ${}_nP_r$ である．だから，${}_nC_r\cdot$ カ！$={}_nP_r$ であり，

$${}_nC_r=\frac{{}_nP_r}{\text{カ}\,!}=\frac{\text{エ}\,!}{\text{カ}\,!(\text{オ})\,!}$$

である．

● なお，これらの考え方は，$r=0$ の場合については，「０個選ぶ」，「０個を選んで並べる」ことを，「何も選ばない」という選び方が１通り，「何も選ばず並べない」という並べ方が１通り，と考えると通用する．これは ${}_nP_r$ や ${}_nC_r$ を n，r の式で表した場合についても，$0!=$ キ と規約したことにより，うまくいく：つまり ${}_nP_0=1$，${}_nC_0=1$ と考えるとよい．また，${}_nP_n=n!$，${}_nC_n=$ ク であるが，これも $0!$ の規約と話が合う．

問２ A♠，2♠，3♠，4♠，5♡，6♡，7♡の７枚のトランプがある．次の場合の数をそれぞれ求めよ．

(1) ７枚から４枚を選んで並べる並べ方．

(2) ７枚から４枚を選ぶ選び方．

(3) ♠２枚，♡２枚の計４枚を選んで並べる並べ方．

(4) ７枚すべてを並べる並べ方のうち，♡３枚が隣接しているもの．

(5) ７枚すべてを並べる並べ方のうち，♠どうしが隣り合っているところがない並べ方．

(6) ７枚すべてを並べる並べ方のうち，♡どうしが隣り合っているところがない並べ方．

問3 (1) コインを5回投げるとき，表が3回，裏が2回出るような，コインの表裏のパターンは何通りあるか．

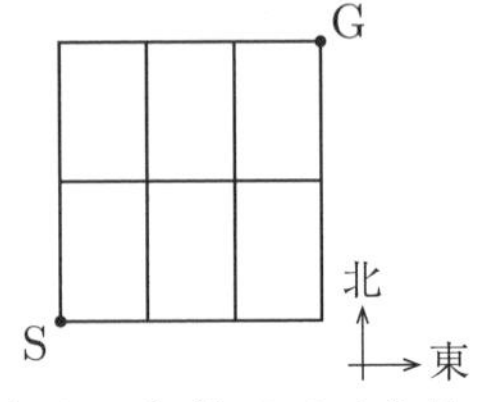

(2) 図のような街路で，SからGまで遠回りをせずに至る道筋は何通りあるか．

問4 0，1，2，3，4，5の6つの数字のうち相異なる4つを並べてできる4桁の偶数はいくつあるか．ただし，千の位の数が0であるものは4桁とは見なさない．

解答 **問1** ア $\boldsymbol{n}$ イ $\boldsymbol{n-1}$ ウ $\boldsymbol{n-r+1}$ エ $\boldsymbol{n}$ オ $\boldsymbol{n-r}$ カ $\boldsymbol{r}$ キ **1** ク **1**

問2 (1) ${}_7P_4=$**840**. (2) ${}_7C_4=$**35**.

(3) まず2枚ずつを選び，そして4枚を並べる．${}_4C_2\times{}_3C_2\times{}_4P_4=$**432**.

(4) ♡3枚が固まったものを“1つ”と考え，それと♠4枚，計“5つ”のものをまず並べ，それから♡3枚の内部の並べ方を考える．${}_5P_5\times{}_3P_3=$**720**.

(5) ♠♡♠♡♠♡♠と並べるしかない．そして，♠4枚の並べ方と♡3の並べ方は，独立に定められる．${}_4P_4\times{}_3P_3=$**144**.

(6) まず♠4枚を並べ，そのすき間(両端を含めて5か所ある)のうち3か所に5♡，6♡，7♡を順に挿入する，と考える，${}_4P_4\times{}_5P_3=$**1440**.

↑ ♠ ↑ ♠ ↑ ♠ ↑ ♠ ↑

問3 (1) 5回ある「コインの表裏のチェック」のうち，どの3回が表であるか，そのパターンは${}_5C_3$通りある．${}_5C_3=10$ より，答えは**10通り**.

(2) SからGに至るまでに，西から東へ3区画分，南から北へ2区画分，計5区画分進む．5回のうちどの3回が「西から東へ」であるか，が道筋がどうであるかに対応する．${}_5C_3=10$ より，答えは**10通り**.

問4 一の位は0, 2, 4のうちどれかである．0のときは，残りの5つの数字から3つを選び千，百，十の位に並べられる．2，4のときは，千の位は0以外の4つの数字から選んで置き，残りの4つの数字から2つを選んで百の位，十の位に並べる．$1\times{}_5P_3+2\times{}_4P_1\times{}_4P_2=156$ より，答えは**156個**.

PLUS コインや道筋が何かを「選んで」はいないし，数字を桁の順番通りに「並べて」考えてもいない，でも ${}_nP_r$ や ${}_nC_r$ は使えます．なお**問4**には ${}_5P_1\times{}_5P_3-3\times{}_4P_1\times{}_4P_2$ という，“奇数を数える”別解があります．

THEME

30 「同じものとみなす」の処理

GUIDANCE 場合の数を数えるとき，「回転して重なり合う並べ方は同じものとみなす」「同じ色の球どうしは区別しない」など，いくつかの状況を同一視して考えることは多い．処理の方針としては主に，「同一視しないですべての場合を数え上げたあと，同一視できるものをまとめる」「はじめから同一視のもとで数え上げる」の2通りがあり，どちらも重要である．

POINT 70 円順列

相異なるn個のものを，机の上に円形に並べるが，回転して重なり合う並べ方は同じものとみなすとする．このような並べ方を**円順列**という．その総数は次のように考えて$(n-1)!$通りだとわかる．

〈考え方1〉 回転のことを考えずに並べるとそれは${}_n\mathrm{P}_n$通りある．そしてこのうち，n通りずつが，回転により同一視される．よって，円順列は，

$\dfrac{{}_n\mathrm{P}_n}{n}=\dfrac{n!}{n}=(n-1)!$ より，$(n-1)!$通りある．

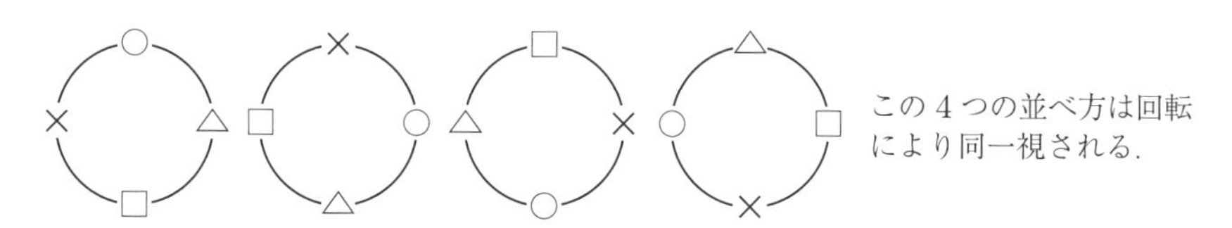

〈考え方2〉 n個のうち1つを特に選び，その隣から残りの$(n-1)$個を順にぐるりと並べる．回転による同一視をするので，はじめに選んだ1つをどこに置いていても，円順列としては同じである．よって，円順列は${}_{n-1}\mathrm{P}_{n-1}$通り，すなわち$(n-1)!$通りある．

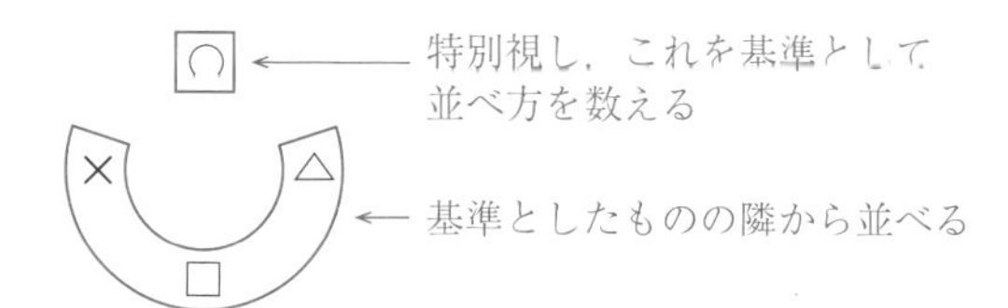

POINT 71 同じものを含む順列

文字Aがp個，Bがq個，Cがr個，計n個あるとする$(p+q+r=n)$．同じ文字どうしを区別しないとして，このn個の文字の並べ方は，次のように考えて $\dfrac{n!}{p!q!r!}$ 通りあるとわかる．

〈考え方1〉 すべての文字を区別して考えると並べ方は$n!$通りある．これが，Aどうしを同一視することにより$p!$個ずつがまとめて1つと見なされる．さらにこれが$q!$個ずつまとめられ，さらにそれが$r!$個ずつまとめられる．

〈考え方2〉 n個並んだ空席に文字を置くと考える．まず，Aを置く場所の選択が${}_n\mathrm{C}_p$通りある．次に，残った$(n-p)$か所の空席からBを置く場所をどう選ぶかが${}_{n-p}\mathrm{C}_q$通りある．これでCを置く場所は決まる．よって，並べ方は${}_n\mathrm{C}_p\times{}_{n-p}\mathrm{C}_q$通りある．そして

$${}_n\mathrm{C}_p\times{}_{n-p}\mathrm{C}_q=\frac{n!}{p!(n-p)!}\times\frac{(n-p)!}{q!(n-p-q)!}=\frac{n!}{p!q!r!}$$

である$(n-p-q=r$ に注意)．

EXERCISE 30 ●「同じものとみなす」の処理

問1 父，母，子ども4人の計6人が円卓を囲んで座る．回転により重なり合う座り方は同じものとみなす．

(1) 座り方は何通りあるか．

(2) 父と母が隣り合う座り方は何通りあるか．

問2 文字Xが4個，Yが3個，Zが3個ある．これを一列に並べるが，同種の文字は区別しないとする．

(1) 並べ方は何通りあるか．

(2) Xがすべて列の前半(前から5番目以内)にある並べ方は何通りあるか．

問3 白石2つ，黒石4つを一列に並べるが，左右反転により同じになる並べ方は同一視する(同色の石どうしは区別しない)．この並べ方の総数を求めようと，A君は次のように考えて，困っている．A君の誤りを指摘せよ．

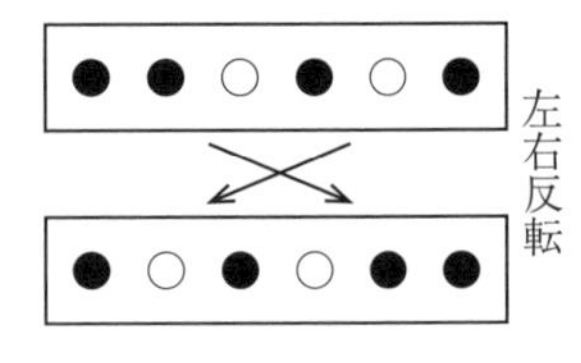

A君「左右反転のことを考えなければ並べ方は${}_6\mathrm{C}_2$通りある．左右反転で2通りずつが1つにまとまるから答えは${}_6\mathrm{C}_2\div2$通りだな．それで，${}_6\mathrm{C}_2=\dfrac{6\cdot5}{2\cdot1}=15$ だから…あれ？答えが整数じゃない…」

解答 **問 1** (1) 6 個のものの円順列．$(6-1)!=120$ より，答えは **120 通り**．

(2) 父母をひとかたまりだと考える．そして，父母 2 人の位置関係が $2!$ 通りある．$(5-1)!\times 2!=48$ より，答えは **48 通り**．

問 2 (1) $\dfrac{10!}{4!3!3!}=4200$ より，答えは **4200 通り**．

(2) 前半 5 か所のうち 1 か所だけが Y か Z である．この場所と文字の選び方が 5×2 通り．後半は $\dfrac{5!}{2!3!}$ 通り．答えは $(5\times 2)\times\dfrac{5!}{2!3!}=100$ より，**100 通り**．

問 3 (左右反転を考えない) 石の並べ方 15 通りのうち，図の 3 通りは，左右反転したものが自分自身と一致する．A 君の言う「左右反転で 2 通りずつが 1 つにまとまる」のは，これ以外の 12 通りのみについて正しいことである．よって，正しい答えは，$(3+12\div 2)$ 通り，すなわち 9 通りである．

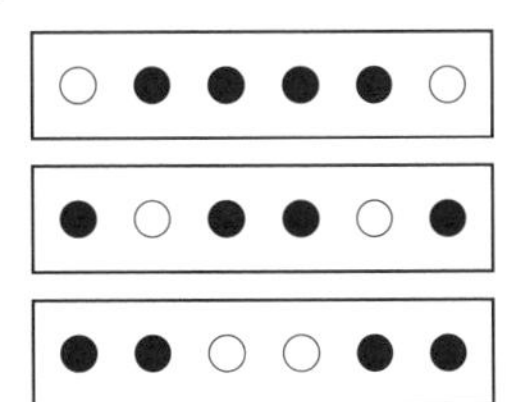

PLUS 場合の数の単元というと，並べ方や選び方，集合の要素の個数などばかり考えるように思う人もいるでしょうが，数学はすべての分野がつながっていますから，一見「場合の数」と関係がなさそうなところに場合の数が現れます．たとえば「$(x+y+z)^{10}$ を展開し整理したとき，$x^4y^3z^3$ の係数はいくらか」という問題は，数学Ⅱで学ぶことですが，答えは EXERCISE 30 の**問 2**(1)と同じく，$\dfrac{10!}{4!3!3!}=4200$ です．その理由をいま考えてみるのも，よい勉強でしょう．

THEME 31 見かたを変えて数える

GUIDANCE 問題文にはじめに与えられた設定そのままに考えると苦労しそうな数え上げが，それと同じ答えの出る別の設定の問題に置き換えるとかんたんに解けることがある．もし共通テストでそのような出題があれば必ず思考の誘導が問題文中に用意されるだろうから「見つけねば！」と気負う必要はないが，そういった議論の展開に慣れておくのはよいことだろう．

POINT 72 ある条件をみたす順列の数え方について

4つの数字1，2，3，4から成る順列のうち，「1番目が1でないものの総数」を問われたならば，図1のような樹形図をかくのが自然だろう．しかし「2番目が1でないものの総数」を求めるのには，図2のような樹形図をかいてもよいが，枝の伸び方が不均一で数え上げが少々やっかいになる．

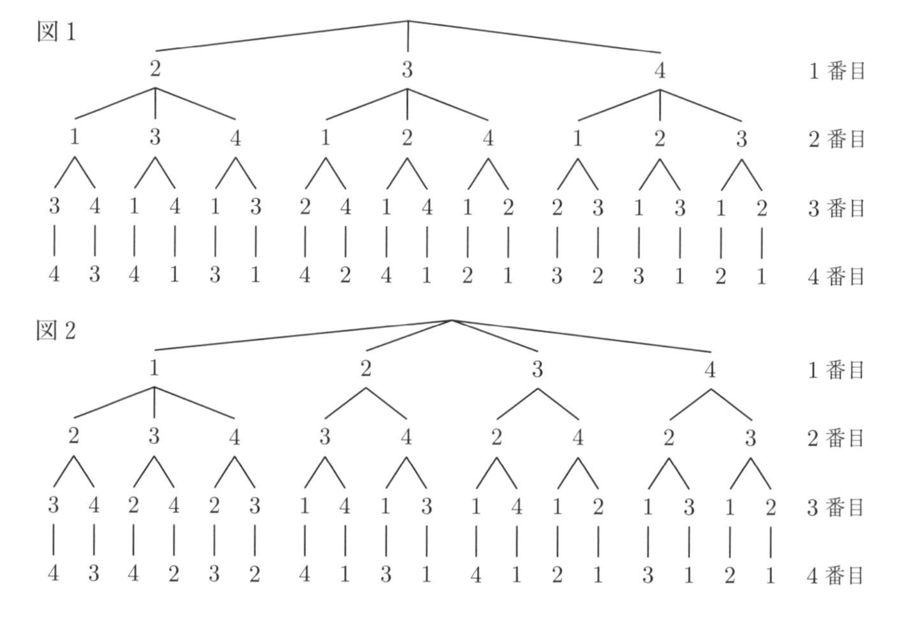

必ずしも，“列の1番目”を“樹形図の1番目”にしなくてもよい．図3のように“列の2番目”から樹形図をかけば状況は図2より明快にわかる．また，図3の考え方により「$3\times3!=18$ が求める場合の数だ」と計算もできる．

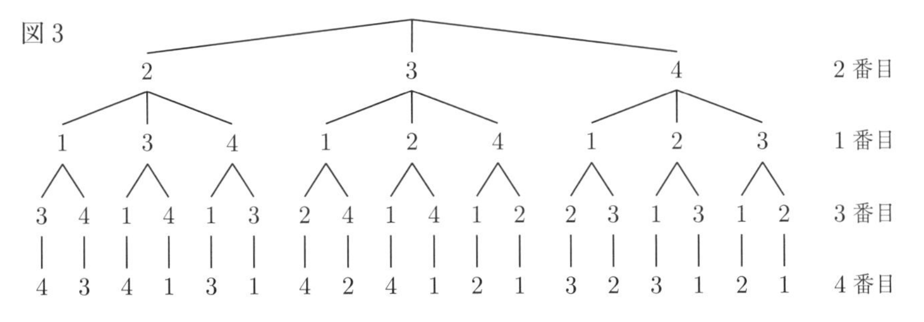

図 3

POINT 73 ○と｜で考えることについて

「0以上の整数 x, y, z の組で $x+y+z=5$ をみたすものは何組あるか」という問題は，まず x の値で場合分けし，次に y の値で…と考えて解ける．しかし下に示すように,「5つの○を2本の仕切り棒で3つに区切る」問題であると解釈することもできる．

○ ○ ○ ○ ○
｜ ｜ →

○ ○ ｜ ○ ○ ｜ ○ … $(x, y, z)=(2, 2, 1)$

○ ○ ○ ｜ ｜ ○ ○ … $(x, y, z)=(3, 0, 2)$

｜ ｜ ○ ○ ○ ○ ○ … $(x, y, z)=(0, 0, 5)$

すると，この問題の答えは○5つ，｜2つを並べる順列の総数で，$\dfrac{7!}{5!2!}=21$ より21組だとわかる．

EXERCISE 31 ●見かたを変えて数える

問1　袋の中に5つの球があり，それぞれに1，2，3，4，5と書かれている．ここから球を順に5つ取り出す．4番目に取り出した球が4の球であるような取り出し方の総数を，以下のそれぞれのときについて求めよ．

(1)　取り出した球をそのつど袋に戻すとき．

(2)　取り出した球は袋に戻さないとき．

問2　こんぶ，うめぼし，おかかのおにぎりがそれぞれたくさん売っている．おにぎりを計10個買う買い方は何通りあるか．

問3　円周上に11個の点がある．このうちの2個を端点とする線分をすべて考える．これらの線分のうち3本以上が同じ点で交わることはないとするとき，2本の線分の交点はいくつあるか．ただし，2本の線分が端点を共有しているときは，それは交点とは考えない．

解答 **問1**　まず4番目の球が4の球であると決めてしまって，そのほかの球について場合分けしていけば易しい．(1)　$1\times5^4=$**625**．(2)　$1\times{}_4\mathrm{P}_4=$**24**．

問2　10個の○を2本の仕切り棒で区切り，左の区画から順にこんぶ，うめぼし，おかかのおにぎりを表すと考えればよい．${}_{12}\mathrm{C}_2=66$ より，答えは**66通り**．

○○○ | ○○○○○ | ○○
こんぶ　うめぼし　おかか

問3　交点を作る2本の線分の両端の点は4つある．逆に，4点をとればそれを端点とする2本の線分の交点が1つだけ定まる．よって，この問題は，11点から4点を選ぶ問題と同じであり，${}_{11}\mathrm{C}_4=330$ より，答えは**330個**である．

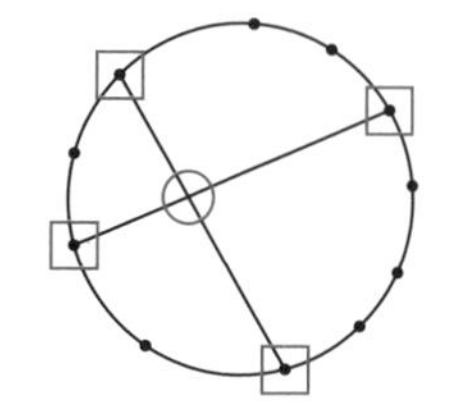

PLUS　「見かたを変えて数える」ことは，かなり高度なテーマで，本来はこの本の内容のうちでも難しいほうに属します．さまざまな「見かたの変えかた」があるのですが，そのすべてを高校生が自力で理解できなければならないわけではないでしょう．ここでは，ぜひとも習得してほしい考え方をPOINT 72，POINT 73として掲げました．

THEME
32 確率とは

GUIDANCE 確率とは何か？を数学的にきちんと考えるのは易しいことではないが，高校生としては，確率とは「長期的に見たときの，事象がだいたいどのくらいの割合（頻度）で起こるかを示した値」であると理解し，その値の定め方の基本（根元事象の確率の設定）に3通りの方法があると知れば十分だろう．

POINT 74 確率とは

ある試行の結果として起こり得ることがN通りあり，1回の試行では必ずこのうちの1つだけが起こるとする．このN個のできごとを**根元事象**という．

- どの根元事象も，その起こりやすさが同程度である（**同様に確からしい**）と考えられるときは，それぞれの根元事象が起こる確率は$\dfrac{1}{N}$であると考え，N個のうちの特定のk個のうちどれかが起こる確率は$\dfrac{k}{N}$であると考える．
- それぞれの根元事象が同様に確からしくなく，その起こりやすさが確率の値としてはじめから与えられている場合もある．
- 試行が十分多数回行われそのデータがあるときには，それぞれの根元事象が起こった相対度数を，その根元事象の起こる確率の値として使用することもある．

POINT 75 事象と集合

試行の結果として起こることがらを**事象**という．事象とその起こる確率を考えるには，集合の記号を用いると便利である．

ことがらω_1，ω_2，…，ω_Nのうちどれか1つだけが必ず起こるとする．たとえば「ω_1が起こる」事象は$\{\omega_1\}$と表し，「ω_1かω_2かω_3が起こる」事象は$\{\omega_1, \omega_2, \omega_3\}$と表す．$\{\omega_1\}$，$\{\omega_2\}$，$\{\omega_3\}$，…，$\{\omega_N\}$が根元事象になる．

集合 $U=\{\omega_1, \omega_2, \cdots, \omega_N\}$ を**全事象**という．すべての事象はUの部分集合として表される．また，「ω_1とω_2の両方が起こる」のように決して起こり得ない事象は空集合$\varnothing$で表されるが，これを**空事象**という．

2つの事象A，Bに対して，事象 $A\cap B$ は「A，B両方が起こる」事象であり，これをA，Bの**積事象**という．また，事象 $A\cup B$ は「A，Bの少なくとも一方が起こる」事象であり，これをA，Bの**和事象**という．さらに，事象Aに対して，事象 $\overline{A}$ は「Aが起こらない」事象であり，これをAの余事象という．

EXERCISE 32 ●確率とは

問 1 (1) 10 円玉 1 枚と 100 円玉 1 枚を同時に投げる．どちらのコインも表か裏を出すとして，この試行の根元事象をすべて挙げよ (なお，この根元事象はすべて同様に確からしいと考える)．

(2) 10 円玉 2 枚を同時に投げる試行について，太郎君は

《根元事象は「2 枚とも表」「1 枚は表でもう 1 枚は裏」「2 枚とも裏」の 3 つで，すべて同様に確からしい》

と考えた．(1)と比較して，太郎君の考えの問題点を指摘せよ．

問 2 ある三叉路でたくさんの自動車を観察したところ，左折する自動車と右折する自動車の台数の比は 13 : 7 であった．このことから，この三叉路に来た自動車が左折する確率をいくらだと考えるとよいか．

問 3 6 面サイコロを投げる試行で，x の目が出るということがらを，ここでは簡単にxと書くことにする．

(1) 全事象Uを書け．

(2) 「目が偶数である」事象 A，「目が 4 以上である」事象Bを，要素をすべて書き並べる集合の記法を用いて表せ．

(3) $A \cap B$，$A \cup B$，$\overline{A}$ を求めよ．

(4) 「目が 3 以下である」事象をCとする．$B \cap C$，$B \cup C$ を求めよ．

解答 **問 1** (1) $\{\omega_1\}$＝「**10 円玉が表，100 円玉も表**」，
$\{\omega_2\}$＝「**10 円玉が表，100 円玉は裏**」，$\{\omega_3\}$＝「**10 円玉が裏，100 円玉は表**」，
$\{\omega_4\}$＝「**10 円玉が裏，100 円玉も裏**」の 4 つ．

(2) 2 枚のコインは別々の物体であり，10 円玉も 100 円玉も形状に大差はない．だから，(2)の試行に用いるコインのうち 1 枚を 100 円玉にとりかえても，コインの表裏の出かたに違いは生じないはずである．このとき，太郎君の言う根元事象は

(ア) 「2 枚とも表」 ——→ (あ) ω_1 が起こる

(イ) 「1 枚は表で 1 枚は裏」 ——→ (い) ω_2 か ω_3 が起こる

と変わる．しかし，ω_1，ω_2，ω_3 が同様に確からしいのだから，(あ)と(い)は同様に確からしくなく，したがって(ア)と(イ)も同様に確からしくない．

問 2　$\dfrac{13}{13+7}=0.65$ より，**65%** と考えてよい．

問 3　(1)　$U=\{\mathbf{1},\ \mathbf{2},\ \mathbf{3},\ \mathbf{4},\ \mathbf{5},\ \mathbf{6}\}$．(2)　$A=\{\mathbf{2},\ \mathbf{4},\ \mathbf{6}\}$，$B=\{\mathbf{4},\ \mathbf{5},\ \mathbf{6}\}$．
(3)　$A\cap B=\{\mathbf{4},\ \mathbf{6}\}$，$A\cup B=\{\mathbf{2},\ \mathbf{4},\ \mathbf{5},\ \mathbf{6}\}$，$\overline{A}=\{\mathbf{1},\ \mathbf{3},\ \mathbf{5}\}$．
(4)　$B\cap C=\varnothing$，$B\cup C=\boldsymbol{U}$．

PLUS　確率の学習は場合の数の学習のすぐあとに行われることが多く，内容的にも場合の数についての知識を用いて確率の問題を解くことが多いため，高校生には「確率」は「場合の数」の話の一部だと思ってしまう人が多いかもしれません．そのような誤解から，たとえば

《10 円玉 2 枚を同時に投げる試行では，結果は「2 枚とも表」「1 枚は表で 1 枚は裏」「2 枚とも裏」の 3 通りである．よって，「2 枚とも裏」になる確率は $\dfrac{1}{3}$ である．》

というような誤答をしてしまう人もいます．

この誤りは，「起こり得ることがらが何通りあるか」だけを（場合の数を数えて）調べただけにとどまり，それらが「同様に確からしいか」をよく考えず，本来は同様に確からしいとは考えにくいことがらをあたかも同様に確からしいかのように扱ってしまったために生じたものです．つまり，**問 1**(2)の太郎君の誤りと同じことです．

根元事象が N 個あり，それらがすべて同様に確からしいならば，確率の計算は「N 個のうちこのことが起こる根元事象はいくつあるか」を数え上げるだけですべてできます．しかし，根元事象が同様に確からしくないならば，そうはいきません．よく注意しましょう．

THEME 33 基本的な確率の計算

GUIDANCE 根元事象とそれが起こる確率の設定が終われば，あとは，基本的な法則を組み合わせて，さまざまな事象の起こる確率を計算できる．そこでは，THEME 28～31 で学んだ数え上げのテクニックが大いに役立つ．

POINT 76 同様に確からしい根元事象があるときの確率の計算

試行Tの全事象が $U=\{\omega_1,\ \omega_2,\ \cdots,\ \omega_N\}$ であり，根元事象 $\{\omega_1\}$，$\{\omega_2\}$，$\cdots$，$\{\omega_N\}$ がすべて同様に確からしいならば，事象 $A(\subset U)$ の起こる確率 $P(A)$ は，$P(A)=\dfrac{n(A)}{n(U)}$ で与えられる．すなわち，事象 A が「$\omega_{\bigcirc}$，$\omega_{\triangle}$，$\cdots$，$\omega_{\square}$ の k 個のうちどれかが起こる」ことであるとして，$P(A)=\dfrac{k}{N}$ である．

このとき，$0\leqq k\leqq N$ だから

(あ) $0\leqq P(A)\leqq 1$

である．また，$n(U)=N$，$n(\varnothing)=0$ より

(い) $P(U)=1$，$P(\varnothing)=0$

である．さらに，POINT 65，66 の集合の要素数についての公式より

(う) $P(A\cup B)=P(A)+P(B)-P(A\cap B)$，
特に $A\cap B=\varnothing$ であれば $P(A\cup B)=P(A)+P(B)$，

(え) $P(A)=1-P(\overline{A})$

も成り立つとわかる．

POINT 77 確率の基本性質

同様に確からしい根元事象の設定ができない場合は，POINT 76 のように集合の要素数をもとに確率を考えることはできないが，それでも(あ)～(え)に相当する以下のことが成り立つ．

〔1〕 任意の事象 A に対して $0\leqq P(A)\leqq 1$ である．

〔2〕 全事象 U に対して $P(U)=1$，空事象 $\varnothing$ に対して $P(\varnothing)=0$ である．

〔3〕 任意の事象 A，B に対して $P(A\cup B)=P(A)+P(B)-P(A\cap B)$ である．

$A\cap B=\varnothing$ であれば $P(A\cup B)=P(A)+P(B)$ である．

〔4〕 任意の事象 A に対して $P(A)=1-P(\overline{A})$ である．

また，事象 A_1，A_2，…，A_l が「$i \neq j$ ならば $A_i \cap A_j = \varnothing$」をみたすとき，これらの事象は**排反**であるという．実は〔3〕は次の〔5〕から，そして〔4〕は〔5〕と〔2〕の組み合わせから，導き出される．

〔5〕　事象 A_1，A_2，…，A_l が排反であれば，次の等式が成り立つ：

$$P(A_1 \cup A_2 \cup \cdots \cup A_l) = P(A_1) + P(A_2) + \cdots + P(A_l).$$

EXERCISE 33 ●基本的な確率の計算

問 1　(1)　2つの事象 A，B について，$P(A)=\frac{2}{5}$，$P(B)=\frac{1}{2}$，

$P(A \cap B)=\frac{1}{5}$ である．$P(A \cup B)$ を求めよ．

(2)　20 面サイコロ（1 以上 20 以下の整数の目が同様に確からしく出る）を 1 回振るとき，出る目が素数であるかまたは 10 以下である確率を求めよ．

問 2　3◇，4♣，5◇，5♣の 4 枚のトランプから無作為に，まず 1 枚引き，それをもどさずにさらに 1 枚引く（計 2 枚引く）．

(1)　引いた 2 枚がどちらも♣のカードである確率を求めよ．

(2)　引いた 1 枚目の数値より 2 枚目の数値が大きい確率を求めよ．

問 3　赤球 4 つ，白球 3 つが袋に入っている．ここから球を 3 つ，無作為に取り出すとき，少なくとも 1 つは白球が含まれている確率を求めよ．

CHAPTER 5　場合の数と確率

解説　同様に確からしい根元事象が設定できる問題では，確率の計算を根元事象を数えて行ってもよい（POINT 76）し，確率の基本性質を用いてもよい（POINT 77）．また，同様に確からしい根元事象の設定方法もいろいろある．しかし，共通テストの出題形式では，設問の都合上，解法が問題文により限定されることがある．だから，解答者はいろいろな考え方ができる必要がある．

解答　**問 1**　(1)　$P(A \cup B)=P(A)+P(B)-P(A \cap B)=\frac{2}{5}+\frac{1}{2}-\frac{1}{5}=\boldsymbol{\frac{7}{10}}$.

(2)　〈解 1〉　素数，または 10 以下である目は，20 個のうち 14 個ある（1 ～10，11，13，17，19）．求める確率は $\frac{14}{20}=\boldsymbol{\frac{7}{10}}$ である．

〈解 2〉　事象 A を「素数の目が出る」とし，事象 B を「10 以下の目が出る」とすると，(1)の状況になる．答えは(1)と同じ．

問 2　(1)　引く 2 枚に順序をつければ「同様に確からしい 12 通りのうち 2 通

り」，順序をつけなければ「同様に確からしい6通りのうち1通り」が，2枚とも♣である．いずれにせよ，求める確率は $\frac{1}{6}$ である．

(2) これは2枚に順序をつけて考えなければならない．12通りのうち5通り((3◇，4♣)，(3◇，5◇)，(3◇，5♣)，(4♣，5◇)，(4♣，5♣))の割合，$\frac{5}{12}$ が答え．

問3 ${}_7C_3$ 通りの同様に確からしい取り出し方のうち，白球が1つも含まれないものが ${}_4C_3$ 通りある．求める確率は $\frac{{}_7C_3-{}_4C_3}{{}_7C_3}$ としても $1-\frac{{}_4C_3}{{}_7C_3}$ としても，$\frac{31}{35}$ だとわかる．

➕PLUS **問3**の解答では，4つの赤球どうし，3つの白球どうしを区別して取り出し方を数えていますが，そのことをはっきりとはことわっていません．そのかわりに，「${}_7C_3$ 通りの同様に確からしい取り出し方」と書いています．区別しなければ ${}_7C_3$ 通りにもならないし同様に確からしくもならないので，これでよいでしょう．

THEME

34 独立な試行とその反復

GUIDANCE 2つ以上の試行を行うと，起こる事象は，それぞれの試行で起こる事象の組み合わせとして表される．では，組み合わされた事象の起こる確率は，もともとの試行での事象の起こる確率とどのような関係があるだろうか．一概には言えないが，もし，行われる試行が“独立”であれば，そこには簡明な関係が存在する．

POINT 78 独立な試行

2つ以上の試行 T_1，T_2，…，T_l について，どの試行の結果も他の試行の結果に影響を及ぼさないとき，これらの試行は**独立**であるという．

試行 T_1，T_2，…，T_l が独立であれば，「試行 T_1 で事象 A_1 が，試行 T_2 で事象 A_2 が，…，試行 T_l で事象 A_l が起こる確率」は，各事象が起こる確率の積，$\boldsymbol{P(A_1)P(A_2)\cdots P(A_l)}$ に等しい．

POINT 79 独立反復試行の確率

同一の試行Tを（同条件で）くり返し行うことを考える．各回の試行が独立であるとき，これを**独立反復試行**（または**反復試行**）という．

1回の試行Tで，事象Aが起こる確率がp，事象$\overline{A}$が起こる確率がqであるとする（$p+q=1$）．試行Tをn回くり返す独立反復試行で，事象Aがちょうどk回起きる確率は，$\boldsymbol{{}_n\mathrm{C}_k p^k q^{n-k}}$ である．ただしkは0以上n以下の整数とする．

EXERCISE 34 ●独立な試行とその反復

問1 (1) 1枚のコインを2回投げて表裏を見る．これを2つの試行とみなすとき，2つの試行は独立だといえるか．

(2) ある野球チームが2日連続で試合をして勝敗を見る．これを2つの試行とみなすとき，2つの試行は独立だといえるか．

問2 2つのゲームA，Bがある．Aでは1点，3点，5点をとる確率がそれぞれ60%，30%，10%である．Bでは0点，4点をとる確率がそれぞれ90%，10%である．一方のゲームの結果は他方のゲームの結果に影響を及ぼさないものとして，以下の問いに答えよ．

(1) 「Aでx点，Bでy点をとる」ことを(x, y)と表記するとして，起こり得る結果をすべて挙げよ．

(2)　2つのゲームでの得点の合計が5点になる確率を求めよ．

問3　2つの6面サイコロを振る．その一方の目が1であり，他方の目が5以上である確率を求めよ．

問4　確率40％で当たるくじを5回ひく．各回のくじびきは独立であるとして，以下の問いに答えよ．

(1)　(a)　5回中ちょうど2回当たるような，5回の当たりはずれのパターンは何通りあるか．

　(b)　5回中ちょうど2回当たる確率を求めよ．

(2)　5回中4回以上当たる確率を求めよ．

問5　A，Bの2人が同じゲームを何回かくり返して行う．各回のゲームでどちらが勝つかは互いに独立で，毎回，Aの勝つ確率は $\frac{1}{3}$，Bの勝つ確率は $\frac{2}{3}$ で，引き分けは生じないものとする．A，Bどちらかが3勝すればその時点でその人の優勝と定め，それ以上のゲームは行われない．

(1)　Aが3勝1敗で優勝する確率を求めよ．

(2)　Aが優勝する確率を求めよ．

解説　独立な試行の組み合わせであれば，確率の計算はかけ算を主体に容易にできる．だから，まず「試行が独立かどうか」をきちんと確認する習慣を身につけたい．

解答　**問1**　(1)　コインを1回投げても，コインの大きな変形など，状況の大幅な変化はないだろう．また，コインが1回目の結果を内部記憶装置に記録して，それを2回目の試行に反映させるとも思えない．独立だと**いえる**．

(2)　1日目の勝敗やゲーム展開が2日目の選手の体調や心理に影響を与えることは十分あり得る．また，1日目に先発した投手が2日目には投げられない，などのこともあるだろう．独立だとみなせることもあるだろうが，一般には独立だとは**いえない**．

問2　(1)　**(1，0)，(3，0)，(5，0)，(1，4)，(3，4)，(5，4)**．

(2)　合計点が5点になるのは(5，0)か(1，4)のときで，それぞれの起こる確率は $0.1\times0.9=0.09$，$0.6\times0.1=0.06$ である．(5，0)と(1，4)は同時には起こらないから，求める確率はこの2つの和で，**15％**である．

問 3　〈解 1〉 36 通りの同様に確からしい根元事象があり，そのうち 4 通りが問題文の言う状況である．よって，求める確率は $\frac{4}{36}=\mathbf{\frac{1}{9}}$ である．

	1	2	3	4	5	6
1					○	○
2						
3						
4						
5	○					
6	○					

〈解 2〉 それぞれのサイコロを振る試行が独立であることに注意して，求める確率は

$\frac{1}{6}\times\frac{2}{6}+\frac{2}{6}\times\frac{1}{6}=\mathbf{\frac{1}{9}}$ と計算できる．

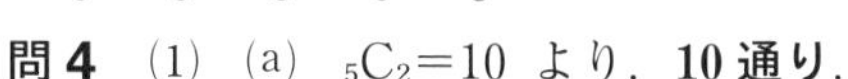

問 4　(1)　(a)　${}_5C_2=10$ より，**10 通り**．

(b)　(a)のどのパターンも，起こる確率は $\left(\frac{2}{5}\right)^2\left(\frac{3}{5}\right)^3$ である．求める確率は

$10\left(\frac{2}{5}\right)^2\left(\frac{3}{5}\right)^3=\mathbf{\frac{216}{625}}$.

(2)　${}_5C_4\left(\frac{2}{5}\right)^4\left(\frac{3}{5}\right)^1+{}_5C_5\left(\frac{2}{5}\right)^5\left(\frac{3}{5}\right)^0=\mathbf{\frac{272}{3125}}$.

問 5　(1)　はじめの 3 ゲームのうち A がちょうど 2 ゲーム勝ち，そのあと A が 1 ゲーム勝つ確率を求めればよい．それは

$${}_3C_2\left(\frac{1}{3}\right)^2\left(\frac{2}{3}\right)^1\times\frac{1}{3}=\frac{6}{27}\times\frac{1}{3}=\mathbf{\frac{2}{27}}$$

である．

(2)　(1)の結果に，A が 3 勝 0 敗で優勝する確率と，A が 3 勝 2 敗で優勝する確率とを加えればよい．答えは

$${}_2C_2\left(\frac{1}{3}\right)^2\left(\frac{2}{3}\right)^0\times\frac{1}{3}+{}_3C_2\left(\frac{1}{3}\right)^2\left(\frac{2}{3}\right)^1\times\frac{1}{3}+{}_4C_2\left(\frac{1}{3}\right)^2\left(\frac{2}{3}\right)^2\times\frac{1}{3}$$

$$=\left(\frac{1}{3^2}+\frac{6}{3^3}+\frac{24}{3^4}\right)\times\frac{1}{3}$$

$$=\frac{9+18+24}{3^4}\times\frac{1}{3}$$

$$=\mathbf{\frac{17}{81}}$$

である．

PLUS　**問 5**の(1)で，うっかり「4 ゲームのうち A がちょうど 3 ゲーム勝つ確率だから ${}_4C_3\left(\frac{1}{3}\right)^3\left(\frac{2}{3}\right)^1$」としてしまうと失敗です，A がはじめからいきなり 3 連勝してしまうとそこでゲーム全体が終わってしまうことに注意しましょう．実生活でも出てきそうな設定の問題では，このようなうっかりが生じやすいので気をつけましょう．

THEME

35 条件つき確率

GUIDANCE 事象Aが起こるか起こらないかが，事象Bの起こりやすさに影響を与えるのは，よくあることである．「よく勉強する」という事象が起これば「成績が上がる」という事象は起きやすくなるだろう．このように，ある事象が起こったという条件下で考える確率を条件つき確率という．その考察にあたっては，当然，ある事象が起こったことによる状況の変化が何であるかを正確に見きわめなければならない．

POINT 80 条件つき確率とは

事象Aが起きているという条件（情報，前提）のもとで考える，事象Bが起こる確率を**条件つき確率**といい，$P_A(B)$ と書き表す．一般には $P_A(B)=P(B)$ は成り立たない．

$P_A(B)$ を考えるとき，必ずしも時系列的に「Aが起こり得る試行が先に，Bが起こり得る試行が後に」行われるとは限らない．２つの試行の順は逆かもしれないし，同時に行われるものかもしれない．さらに，同一の試行であることもある．

POINT 81 数式での条件つき確率の定義

２つの事象 A，B があるとき，全事象は $A\cap B$，$A\cap\overline{B}$，$\overline{A}\cap B$，$\overline{A}\cap\overline{B}$ の排反な４つの事象に分けられる．条件つき確率 $P_A(B)$ とは，このうち $A\cap B$ か $A\cap\overline{B}$ だけが起こり得る（すなわちAが起こる）と限定したときの，$A\cap B$ が起こる（すなわちBが起こる）確率である．全事象のうちで，$A\cap B$ または $A\cap\overline{B}$ が起こる割合は$P(A)$であり，$A\cap B$ が起こる割合は $P(A\cap B)$ であるから，

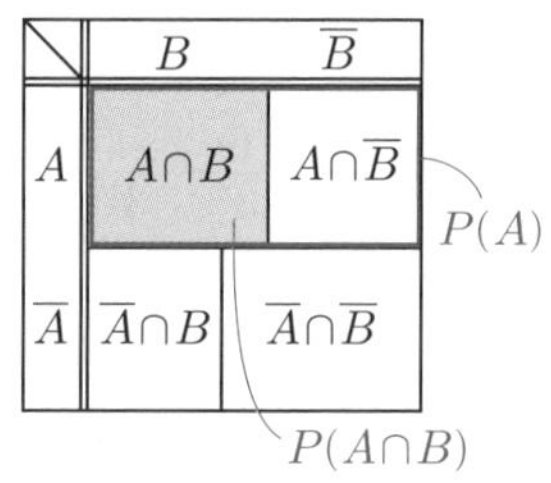

$$P_A(B)=\frac{P(A\cap B)}{P(A)}$$

が成り立つ．この等式を，条件つき確率 $P_A(B)$ の定義とする．ここから直ちに

$$P(A\cap B)=P(A)\cdot P_A(B)$$

の成立がわかる．

EXERCISE 35 ●条件つき確率

問 1　袋の中に赤球が 2 つ，白球が 2 つある．この袋から球を，まず 1 つ無作為に取り出し，それを袋に戻さずにもう 1 つ取り出す．1 つ目が赤球であるという事象を A，2 つ目が赤球であるという事象を B とする．

(1)　$P(A)$，$P(A\cap B)$，$P(B)$ の値をそれぞれ求めよ．

(2)　$P_A(B)$ の値を，〔ア〕事象 A が起きた後の袋の中の状況を考えて，〔イ〕条件つき確率の定義式から，それぞれ求めよ．

(3)　$P_B(A)$ の値を求めよ．

問 2　箱 1 には青球が 1 つ，黒球が 2 つ入っていて，箱 2 には青球が 3 つ，黒球が 1 つ入っている．6 面サイコロを 1 つ振り，出た目が 5 以下であれば箱 1 を，6 であれば箱 2 を選び，そこから球を 1 つ無作為に取り出す．

取り出した球が青球であるという事象を A，選んだ箱が箱 1 であるという事象を B とする．以下の値を求めよ．

(1)　$P(B)$，$P(\overline{B})$　　(2)　$P_B(A)$，$P_{\overline{B}}(A)$

(3)　$P(A\cap B)$，$P(A\cap\overline{B})$　　(4)　$P(A)$

(5)　$P_A(B)$

問 3　ある家の長男，次男，三男は，帰宅したときに食卓上にお菓子があると，確率 30％ ですべて食べてしまう（まったく食べない確率が 70％ である）．ある日，三男，次男，長男の順に帰宅したあとで見ると，食卓上のお菓子はなくなっていた．三人の帰宅前に食卓上にお菓子があったことは確かであり，ほかの家族はお菓子を食べないものとして，食べたのが長男である確率を百分率で，整数値で概算せよ．

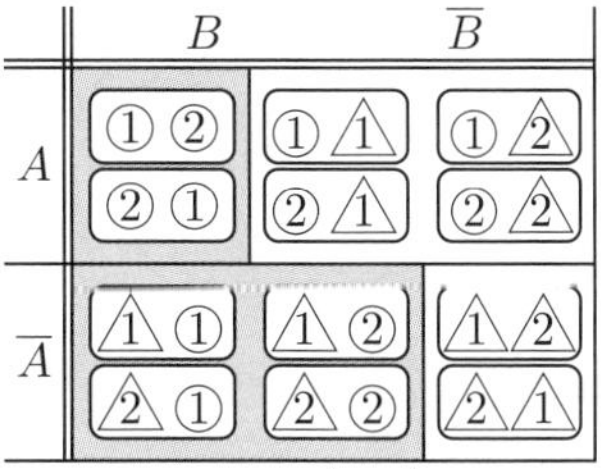

解答　**問 1**　(1)　4 つの球をすべて区別して考えると，球の取り出し方は ${}_4\mathrm{P}_2$ 通り，すなわち 12 通りあり（右表，1 つ目の球が x，2 つ目の球が y であることを $\boxed{x\ y}$ として表している），すべて同様に確からしい．この表から $P(A)=\dfrac{6}{12}=\boldsymbol{\dfrac{1}{2}}$，$P(A\cap B)=\dfrac{2}{12}=\boldsymbol{\dfrac{1}{6}}$，$P(B)=\dfrac{6}{12}=\boldsymbol{\dfrac{1}{2}}$ がわかる．

	B		$\overline{B}$	
A	①② / ②①		①△1 / ②△1	①△2 / ②△2
$\overline{A}$	△1① / △2①	△1② / △2②	△1△2 / △2△1	

①②は赤球，△1 △2は白球，青く塗った部分が B.

(2)　〔ア〕　A が起きた後，袋の中には赤球が 1 つ，白球が 2 つ入っている．この状態からBが起こる確率は $\mathbf{\frac{1}{3}}$ である．

〔イ〕 $P_A(B)=\dfrac{P(A\cap B)}{P(A)}=\dfrac{\frac{1}{6}}{\frac{1}{2}}=\mathbf{\frac{1}{3}}$.

(3) 表の青い部分を見て，$P_B(A)=\dfrac{2}{6}=\mathbf{\frac{1}{3}}$. ほかの考え方もある．

問 2 (1) $P(B)=\mathbf{\frac{5}{6}}$, $P(\overline{B})=\mathbf{\frac{1}{6}}$. (2) $P_B(A)=\mathbf{\frac{1}{3}}$, $P_{\overline{B}}(A)=\mathbf{\frac{3}{4}}$.

(3) $P(A\cap B)=P(B)P_B(A)=\dfrac{5}{6}\cdot\dfrac{1}{3}=\mathbf{\frac{5}{18}}$,

$P(A\cap\overline{B})=P(\overline{B})P_{\overline{B}}(A)=\dfrac{1}{6}\cdot\dfrac{3}{4}=\mathbf{\frac{1}{8}}$.

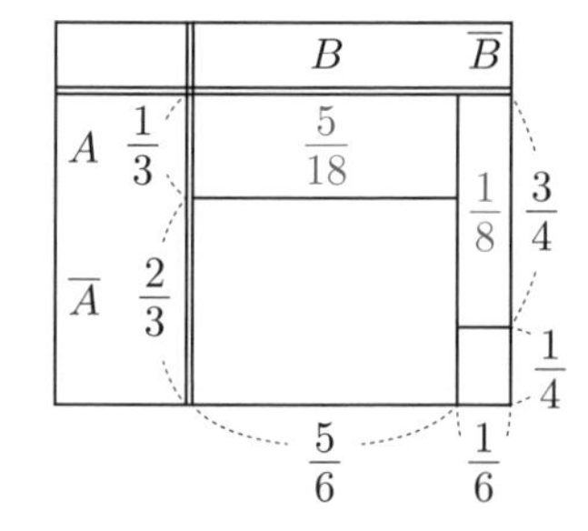

(4) $P(A)=P(A\cap B)+P(A\cap\overline{B})$

$=\dfrac{5}{18}+\dfrac{1}{8}=\mathbf{\frac{29}{72}}$.

(5) $P_A(B)=\dfrac{P(A\cap B)}{P(A)}=\dfrac{\frac{5}{18}}{\frac{29}{72}}=\mathbf{\frac{20}{29}}$.

問 3 三人の帰宅後のお菓子の状況について何の条件も与えられていなければ，三男，次男，長男がお菓子を食べた確率はそれぞれ 0.3, $(1-0.3)\times0.3=0.21$, $(1-0.3-0.21)\times0.3=0.147$ である．求める確率は，三人のうちだれかがお菓子を食べたという条件下での，長男がお菓子を食べた条件つき確率であるから，

$$\frac{0.147}{0.3+0.21+0.147}=\frac{0.147}{0.657}=0.223\cdots\fallingdotseq\mathbf{22\%}.$$

➕PLUS **問 3**で，「食卓上のお菓子はなくなっていた」という情報を得ていない状況で長男がお菓子を食べた確率を考えたならば，それは 0.147 だということになったでしょう．しかし，この情報を得た時点で，3 人ともお菓子を食べていないという可能性がなくなっているので，その分，長男が食べた確率が 0.147 から 0.223… に上がっているのです．

このように，条件つき確率は「情報を得たために変化した確率」と見ることもできるので，情報つき確率と呼んでもよいと，私は思っています．

THEME
36 期待値

GUIDANCE ランダムに決まる数量の値を事前に知ることはもちろんできない．しかし，「この値をとる確率はこうである」ということがすべてわかっているならば，同じ試行を何回も繰り返すとき，その数量がとる値の平均がどのくらいになるかは予測できる．これを期待値という．事前に期待値を知ることによって，試行の結果として生じることをある程度予期した上で，物事を判断できる．

POINT 82 期待値

試行により値がランダムに定まる数量 X があるとする．試行により互いに排反な事象 A_1，A_2，…，A_n のうちただ1つが必ず起こり，そして事象 A_i が起こるときには $X=x_i$ となるものとする $(i=1,\ 2,\ \cdots,\ n)$．このとき，$\boldsymbol{x_1P(A_1)+x_2P(A_2)+\cdots+x_nP(A_n)}$ を X の**期待値**という．$P(A_i)=p_i$ $(i=1,\ 2,\ \cdots,\ n)$ と書けば，これは $\boldsymbol{x_1p_1+x_2p_2+\cdots+x_np_n}$ とも書ける．

同じ試行を十分多数回繰り返すときの X の値の平均は，次のように考えて，およそ，X の期待値になると考えられる．この試行を N 回行うとする．N が十分大きければ，事象 A_1，A_2，…，A_n が起こる回数はおよそ p_1N，p_2N，…，p_nN だと考えられる．これは X の値が x_1，x_2，…，x_n になる回数でもある．よって，N 回にわたる X の平均はおよそ

$$\frac{x_1\cdot p_1N+x_2\cdot p_2N+\cdots+x_n\cdot p_nN}{N}=x_1p_1+x_2p_2+\cdots+x_np_n$$

になると考えられる．

※上の議論は，もし x_1，x_2，…，x_n のなかに値が等しいものがある場合も考えに入れると，記述の修正が必要になる．しかし，本質的な問題はない．

POINT 83 期待値を用いた判断

試行により値がランダムに定まる数量 X の期待値が m であるとする．試行を十分多数回行うとき，いろいろになる X の値の平均が m だと考えられる．このことから，試行を少ない回数（1回など）行うときにも，X の期待値 m を判断の材料として，行動を決定することがある．

たとえば，あるゲームを1回するのにコイン2枚が必要であり，かつ，1回のゲームで獲得できるコインの枚数の期待値が1.8枚だとしよう．期待値だけを判断の根拠とするならば，このゲームは1回当たりコインを「2枚失い1.8枚

得る」ので，コインを損するゲームだと考えられる．しかし，期待値以外のこと，たとえば「なかなか勝たないが勝ったときにとてもたくさんコインを得られる」とか「このゲームはとても楽しい」とかのことを考えに入れて別の判断をすることも，もちろんあり得る．

EXERCISE 36 ●期待値

問 1　サイコロを 1 個振り，その目が 1，2，3 であれば $X=1$ とし，4，5 であれば $X=4$ とし，6 であれば $X=6$ とする．次の 2 通りの考え方により，X の期待値 m を求めよ．

(1)　起こりうるすべての (互いに排反な) 事象として

A_i：サイコロの目が i である　　$(i=1,\ 2,\ \cdots,\ 6)$

を考える．

(2)　起こりうるすべての (互いに排反な) 事象として

B_k：X の値が k に等しい　　$(k=1,\ 4,\ 6)$

を考える．

問 2　袋の中に赤玉が 4 つ，白玉が 3 つ入っている．

(1)　袋からまず玉を 1 つ無作為に取り出し，それを袋に戻し，さらに 1 つ玉を無作為に取り出す．赤玉を取り出した回数 X の期待値 m_1 を求めよ．

(2)　袋からまず玉を 1 つ無作為に取り出し，それを袋に戻さず，さらに 1 つ玉を無作為に取り出す．赤玉を取り出した回数 Y の期待値 m_2 を求めよ．

問 3　2 つのサイコロを振り，出た目のうち小さくない方の目を得点とするゲームを考える．

(1)　このゲームの得点 X の期待値 m を求めよ．

(2)　コインを 4 枚消費すればこのゲームが 1 回できて，X 枚のコインを獲得できるという．期待値だけを判断の根拠とするとき，このゲームをやってみるのは得か損か．

解答　**問 1**　(1)　$P(A_1)=P(A_2)=\cdots=P(A_6)=\dfrac{1}{6}$ だから，

$$\boldsymbol{m}=1\times\frac{1}{6}+1\times\frac{1}{6}+1\times\frac{1}{6}+4\times\frac{1}{6}+4\times\frac{1}{6}+6\times\frac{1}{6}=\boldsymbol{\frac{17}{6}}.$$

(2)　$P(B_1)=\dfrac{3}{6}$，$P(B_4)=\dfrac{2}{6}$，$P(B_6)=\dfrac{1}{6}$ だから，

$$\boldsymbol{m}=1\times\frac{3}{6}+4\times\frac{2}{6}+6\times\frac{1}{6}=\mathbf{\frac{17}{6}}.$$

問 2　(1)　3つの互いに排反な事象「$X=2$」「$X=1$」「$X=0$」のうち1つだけが必ず起こる．それぞれの起こる確率を p，q，r とすると

$$p=\frac{4}{7}\times\frac{4}{7}=\frac{16}{49},\quad q=\frac{4}{7}\times\frac{3}{7}+\frac{3}{7}\times\frac{4}{7}=\frac{24}{49},\quad r=\frac{3}{7}\times\frac{3}{7}=\frac{9}{49}$$

である．よって，

$$\boldsymbol{m}_1=2p+1q+0r=2\times\frac{16}{49}+1\times\frac{24}{49}=\mathbf{\frac{8}{7}}.$$

(2)　3つの互いに排反な事象「$Y=2$」「$Y=1$」「$Y=0$」のうち1つだけが必ず起こる．それぞれの起こる確率を s，t，u とすると

$$s=\frac{{}_4C_2}{{}_7C_2}=\frac{6}{21}=\frac{2}{7},\quad t=\frac{{}_4C_1\times{}_3C_1}{{}_7C_2}=\frac{4\times3}{21}=\frac{4}{7},\quad u=\frac{{}_3C_2}{{}_7C_2}=\frac{3}{21}=\frac{1}{7}$$

である．よって，

$$\boldsymbol{m}_2=2s+1t+0u=2\times\frac{2}{7}+1\times\frac{4}{7}=\mathbf{\frac{8}{7}}.$$

問 3　(1)　$X=1,\ 2,\ 3,\ 4,\ 5,\ 6$ となる確率がそれぞれ $\frac{1}{36}$，$\frac{3}{36}$，$\frac{5}{36}$，$\frac{7}{36}$，$\frac{9}{36}$，$\frac{11}{36}$ だから，

$$\boldsymbol{m}=1\times\frac{1}{36}+2\times\frac{3}{36}+3\times\frac{5}{36}+4\times\frac{7}{36}+5\times\frac{9}{36}+6\times\frac{11}{36}=\mathbf{\frac{161}{36}}.$$

	1	2	3	4	5	6
1	1	2	3	4	5	6
2	2	2	3	4	5	6
3	3	3	3	4	5	6
4	4	4	4	4	5	6
5	5	5	5	5	5	6
6	6	6	6	6	6	6

2つのサイコロの目に対する X の値

(2)　$m=\frac{161}{36}=4.47\cdots$ は4より大きい．よって，期待値だけを用いて判断すると，このゲームをやってみるのは**得**である．

PLUS　**問 2**で，m_1 と m_2 が等しくなるのは不思議な感じがします．しかし，玉全体（7つ）のうちに赤玉（4つ）が占める割合が $\frac{4}{7}$ なのだから，どのように取り出そうと1回当たり平均で赤玉は $\frac{4}{7}$ 回取り出される，だから2回取り出せば赤玉は平均して $\frac{4}{7}$ 回$\times2=\frac{8}{7}$ 回 取り出されるのだ，と考えれば，今度は至って自然なことのように思えます．数学Bでは，この感覚を裏づける理論が学べます．

CHAPTER 5　場合の数と確率

コラム くじをひく順番に有利不利はあるか？

10 本のくじのうち 2 本だけが当たりだとする．これを 10 人が順に 1 本ずつひく（ひいたくじは戻さない）．このとき，何番目にひく人が最も有利だろうか．あるいは，ひく順番による有利不利は生じないのだろうか．これは日頃の生活でもよく話題になることであり，有名な話でもあるが，共通テストではこのような日常的なことと関連する問題が出る可能性もあるので，ひととおりのことは述べておこう．

この話の面白いのは，いろいろな人に「どう思う？」と尋ねると，答えがまちまちであるところだ．「先手必勝」とばかり早い順番でひきたがる人もいれば，「残り物には福がある」と遅めにひくのが有利と感じる人もいる．早くひきたい人は，自分がひく前にだれかが当たりくじをひき切ってしまうことをいやがり，遅くひきたい人は出やすいはずれくじをほかの人がどんどんひいてくれることを期待しているのだろう．人の感覚であるからどちらが正しいとか誤りとかの話ではないが，数学的にはもちろん，自分の順番が早かったり遅かったりすることにより有利になる展開も不利になる展開もあり，そのバランスを考えるべきだ，ということになる．

例として 2 番目にひく人のことを考えよう．1 番目にひく人が当たる確率は $\frac{2}{10}$，はずれる確率は $\frac{8}{10}$ である．そしてそのそれぞれの場合について，2 番目にひく人が当たる確率はそれぞれ $\frac{1}{9}$，$\frac{2}{9}$ である．当然ながら，1 番目の人が当たれば 2 番目の人は $\left(\text{確率 } \frac{2}{10} \text{ より}\right)$ 不利になり，はずれれば有利になる．そしてこれを総合して，2 番目の人が当たる確率を計算すると

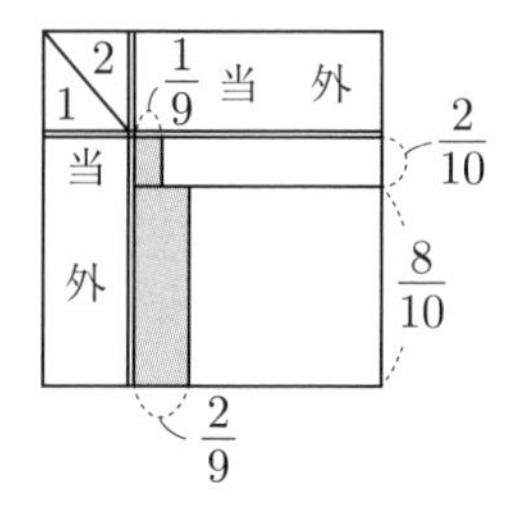

$$\frac{2}{10}\times\frac{1}{9}+\frac{8}{10}\times\frac{2}{9}=\frac{2}{90}+\frac{16}{90}=\frac{18}{90}=\frac{2}{10}$$

となり，これは 1 番目の人が当たる確率と等しいとわかる．このように，条件つき確率を用いた計算により，順番による有利不利がないことを，1 番目，2 番目以外でも同様に示すことができる．

もっともこれは，「くじのひき方は 10! 通りありすべて同様に確からしい，そのうち 2 番目の人が当たるのは 2×9! 通りだから…」と考えても，すぐわかることである．共通テストでは考え方も問題文で指定されるので，いろいろな考え方に慣れておくのがよい．

THEME
37 平面幾何の基本的な定理

GUIDANCE 共通テストの「図形の性質」の問題を解くには，さまざまな定理を問題に即して次々と的確に選び，どんどん適用していくことになる．そのためには，基本的な定理を熟知して臨むことが，絶対に必要である．まず，中学校で習った，高校生は当たり前に使うはずの定理をいくつか確認しておこう．

POINT 84 三角形の合同と相似

● 2つの三角形 $\triangle ABC$，$\triangle A'B'C'$ は，次の条件のどれかが成り立つとき，合同である（すなわち，対応する3辺3角がすべて等しい）．

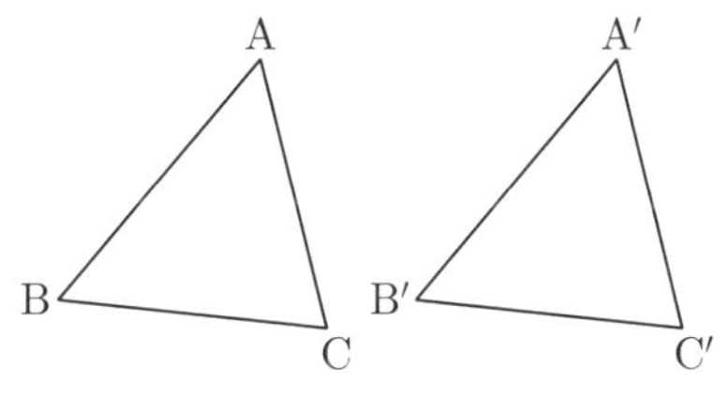

(1) （三辺相等） $AB=A'B'$，$AC=A'C'$，$BC=B'C'$．
(2) （二辺夾角相等） $AB=A'B'$，$AC=A'C'$，$\angle A=\angle A'$．
(3) （二角夾辺相等） $AB=A'B'$，$\angle A=\angle A'$，$\angle B=\angle B'$．
(4) （斜辺一辺相等） $\angle A=\angle A'=90°$，$BC=B'C'$，$AB=A'B'$．
(5) （斜辺一角相等） $\angle A=\angle A'=90°$，$BC=B'C'$，$\angle B=\angle B'$．

● 2つの三角形 $\triangle ABC$，$\triangle A'B'C'$ は，次のどれかが成り立つとき，相似である（すなわち，対応する3辺の比と3角がすべて等しい）．

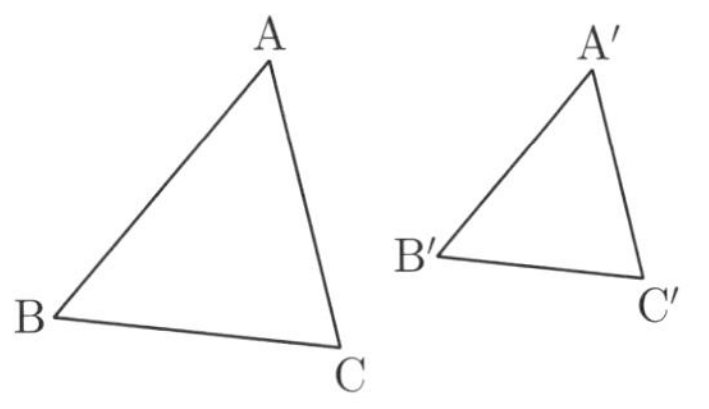

(1) （三辺比相等） $AB:A'B'=AC:A'C'=BC:B'C'$．
(2) （二辺比夾角相等） $AB:A'B'=AC:A'C'$，$\angle A=\angle A'$．
(3) （二角相等） $\angle A=\angle A'$，$\angle B=\angle B'$．
(4) （斜辺一辺比相等） $\angle A=\angle A'=90°$，$BC:B'C'=AB:A'B'$．

POINT 85 平行線と線分比

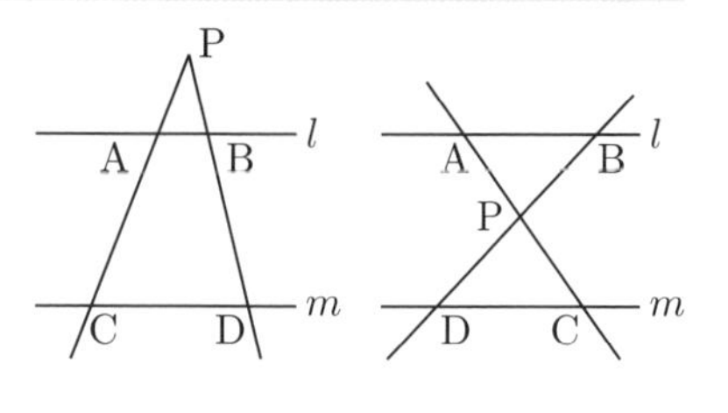

- **図で，l と m が平行であれば，同位角や錯角が等しいことから** $\triangle PAB \backsim \triangle PCD$ である．よって，

  $PA : PC = PB : PD$ …①，

  $PA : PC = AB : CD$ …②

  などが成り立ち，さらに

  $PA : AC = PB : BD$ …③

  が成り立つ．

  逆に，図で①か③が成り立てば，$l /\!/ m$ である．

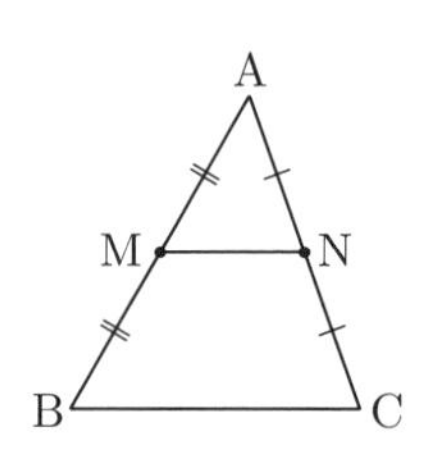

- **中点連結定理**：$\triangle ABC$ の辺 AB，AC の中点をそれぞれ M，N とすると，$MN /\!/ BC$，$MN = \frac{1}{2}BC$ である．

POINT 86 特別な三角形，四角形

- **二等辺三角形の底角は等しい．また，2 角が等しい三角形は二等辺三角形**である．
- $\angle C = 90^\circ$ の**直角三角形** $\triangle ABC$ では，$AB^2 = AC^2 + BC^2$ …$(*)$ が成り立つ（**三平方の定理，ピタゴラスの定理**）．逆に，$(*)$ をみたす $\triangle ABC$ は $\angle C = 90^\circ$ の直角三角形である．
- 四角形 ABCD について，以下の 5 つの条件は互いに同値である．

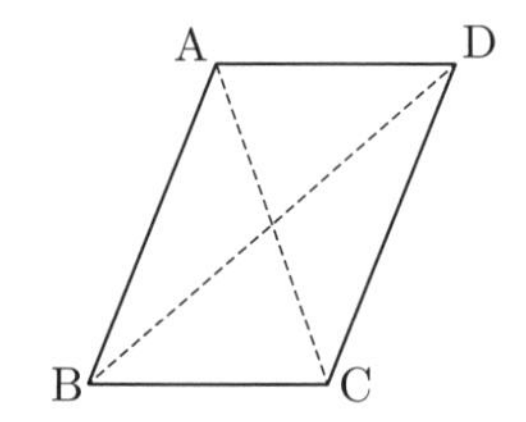

〔1〕 $AB /\!/ CD$ かつ $AD /\!/ BC$（四角形 ABCD は**平行四辺形**である）．

〔2〕 $AB = CD$ かつ $AD = BC$．

〔3〕 $\angle A = \angle C$ かつ $\angle B = \angle D$．

〔4〕 $AB /\!/ CD$ かつ $AB = CD$．

〔5〕 対角線 AC，BD が互いに他を 2 等分する．

- 4 辺が等しい四角形を**ひし形**といい，4 角が（直角に）等しい四角形を**長方形**という．ひし形でも長方形でもある四角形を**正方形**という．ひし形，長方形，正方形はどれも平行四辺形の一種である．

POINT 87 多角形の内角の和・外角の和

n 角形の内角の和は $(n-2) \times 180^\circ$，外角の和 は 360° である．

POINT 88 円周角の定理とその逆

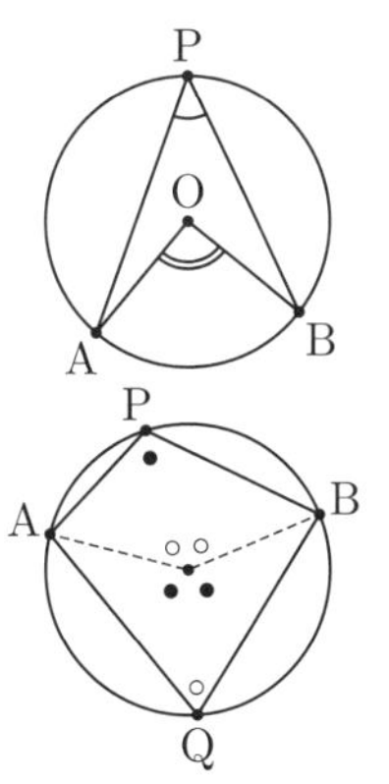

- 1つの円において，弧 AB に対する**中心角**（図の ∠AOB）は弧 AB の長さに比例する．そして，弧 AB に対する**円周角**（図の ∠APB）は中心角の半分の大きさである．したがって，1つの円の1つの弧に対する円周角は，頂点Pのとり方によらず大きさが一定である．

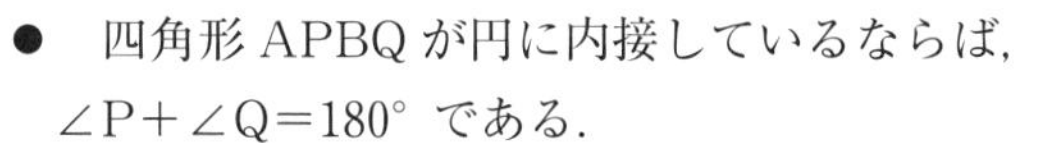

- 四角形 APBQ が円に内接しているならば，∠P＋∠Q＝180° である．
- 直線 AB に対して2点 P，Q が同じ側にあり ∠APB＝∠AQB であれば，4点 A，B，P，Q は同一円周上にある．
- 四角形 APBQ が ∠P＋∠Q＝180° をみたすならば，四角形 APBQ は円に内接する．

POINT 89 面積について

- 2つの図形が相似で，相似比が $a:b$ であれば，面積比は $a^2:b^2$ である．
- 以下のそれぞれの図において，その下に書いたことが成り立つ．

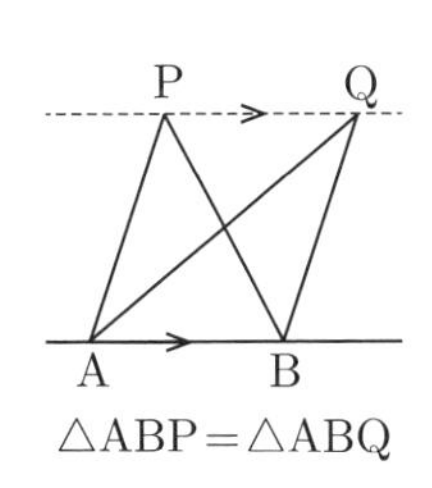

△ABP＝△ABQ

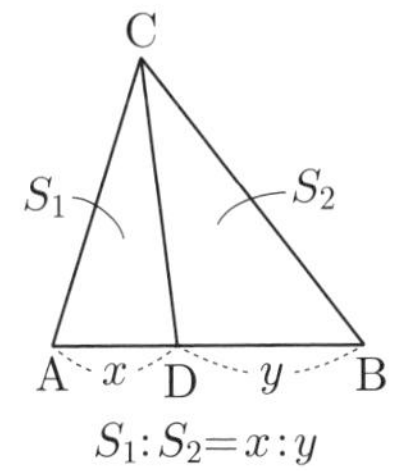

$S_1:S_2=x:y$

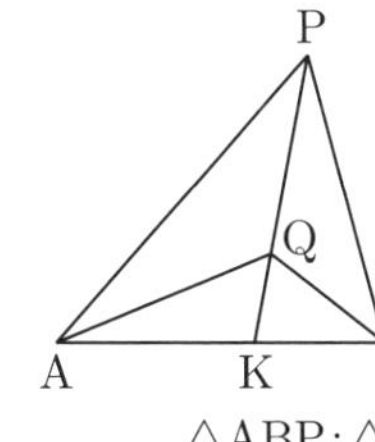

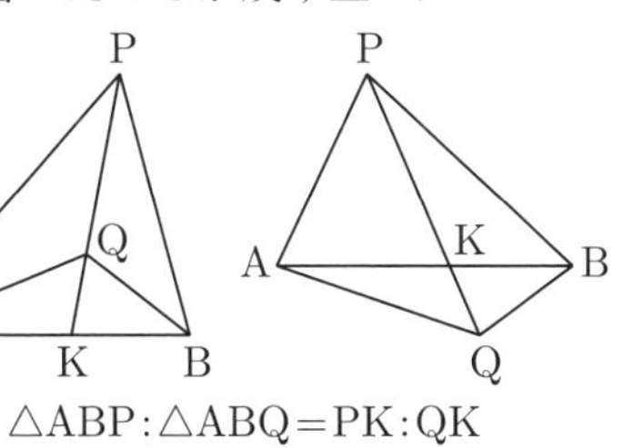

△ABP:△ABQ＝PK:QK

PLUS 易しい定理でも，組み合わせて使うには理解と練習が必要です．なお，本 THEME には EXERCISE はありません．

THEME

38 三角形の辺・角

GUIDANCE 平面図形の基本となるのは三角形と円であり，これについて成り立つことを多く知っていることが，問題をはやく明快に解くのに有効である．ここで三角形の辺の長さ・角の大きさに関連することをいくつか述べる．

POINT 90 三角形の角の二等分線に関する定理

● m，n を正数とする．直線 AB 上には，AP：PB＝m：n となる点が，$m \neq n$ のときには 2 つ，$m=n$ のときには 1 つだけある．このうち，線分 AB 上にあるものを「AB を m：n に**内分**する点」，線分 AB の外にあるものを「AB を m：n に**外分**する点」という．

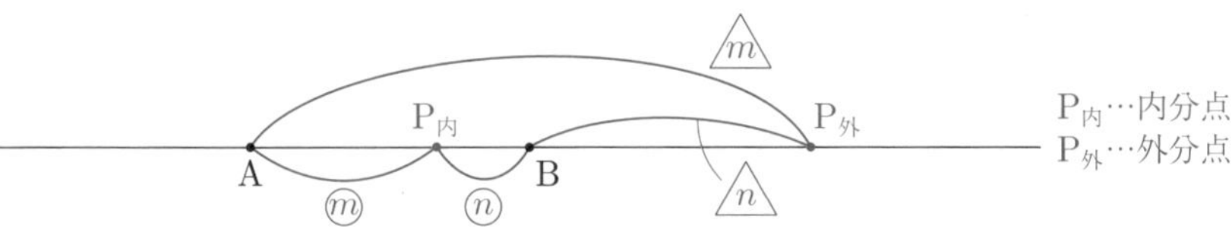

● △ABC の辺 BC 上に点 D があるとき，次の 2 つの条件は同値である．

(ア) AD は内角 ∠A の二等分線である．

(イ) D は BC を AB：AC に内分する．

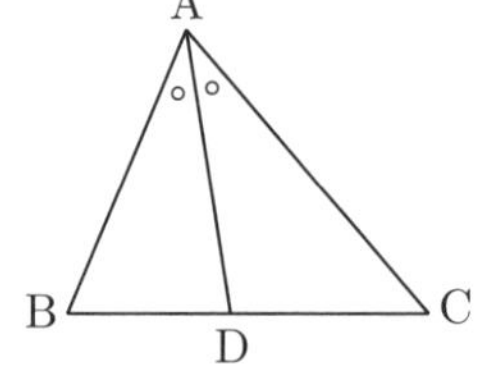

● △ABC の辺 BC の延長上に点 E があるとき，次の 2 つの条件は同値である．

(あ) AE は外角 ∠A の二等分線である．

(い) E は BC を AB：AC に外分する．

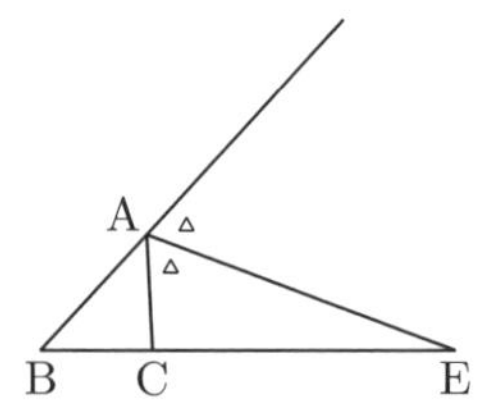

POINT 91 中線定理

△ABC で，辺 BC の中点を M とするとき，

$$AB^2+AC^2=2(AM^2+BM^2)$$

が成り立つ．

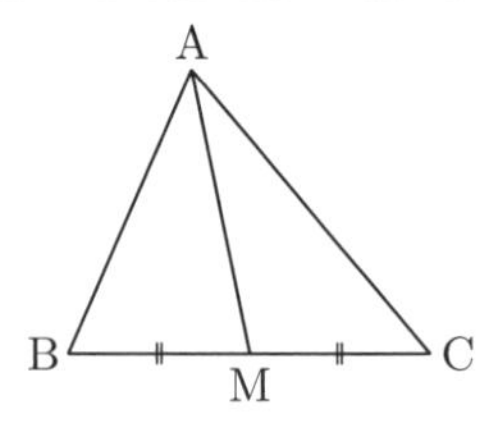

POINT 92 三角形の辺・角の大きさの比較

△ABC の辺の長さと内角の大きさについて，

$$\angle B > \angle C \iff AC > AB$$

が成り立つ．

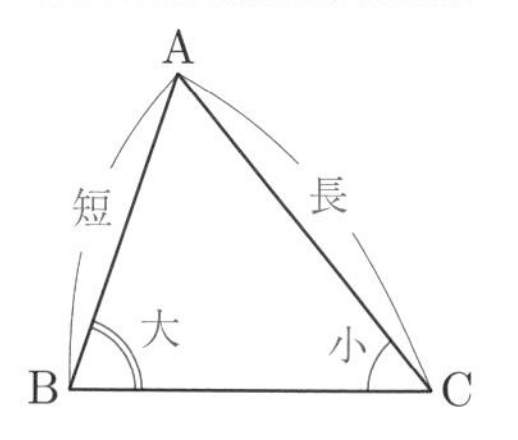

POINT 93 三角不等式

- 三角形の 1 辺の長さは，他の 2 辺の長さの和よりも，小さい．
- 実数 a, b, c が $a<b+c$, $b<c+a$, $c<a+b$ をみたせば，a, b, c を三辺の長さとする三角形が存在する．

EXERCISE 38 ●三角形の辺・角

問 1 △ABC は $\angle B=90^\circ$ の直角三角形で，AB=5，BC=12 である．内角 ∠A の二等分線と辺 BC の交点を D とする．BD，AD の長さを求めよ．

問 2 平行四辺形 ABCD について，AB=5，AD=7，BD=6 である．対角線 AC の長さを求めよ．

問 3 △ABC について AB=5，BC=9，$\angle B=60^\circ$ である．∠A，∠B，∠C の大小を判定せよ．

問 4 6，7，x を 3 辺の長さとするような三角形が存在するのは，正数 x がどのような範囲の値であるときか．

解答 **問 1** まず，$AC=\sqrt{AB^2+BC^2}=\sqrt{5^2+12^2}=13$ である．そして，内角の二等分線に関する定理より BD：DC=AB：AC，よって，BD：DC=5：13 である．これと BD+DC=BC=12 より $BD=12\times\frac{5}{5+13}=\mathbf{\frac{10}{3}}$．

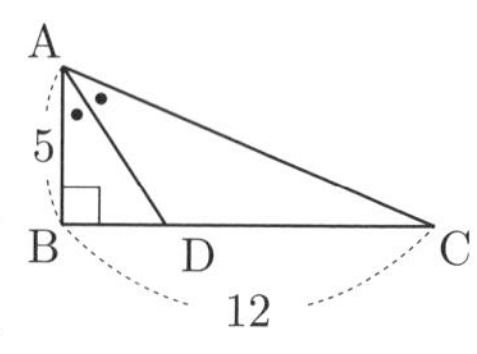

したがって，$AD=\sqrt{AB^2+BD^2}=\sqrt{5^2+\left(\frac{10}{3}\right)^2}=\mathbf{\frac{5\sqrt{13}}{3}}$．

問 2 対角線 AC，BD の交点を O とする．O は BD の中点だから，$BO=\frac{1}{2}BD=3$ である．△ABD に中線定理を用いて，$AB^2+AD^2=2(AO^2+BO^2)$，すなわち

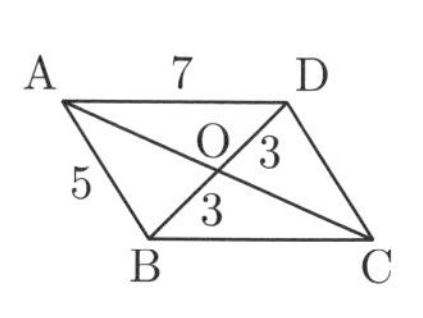

CHAPTER 6 図形の性質

$5^2+7^2=2(\mathrm{AO}^2+3^2)$ であり，したがって，$\mathrm{AO}^2=28$，よって $\mathrm{AO}=2\sqrt{7}$ である．ゆえに，$\mathrm{AC}=2\mathrm{AO}=\mathbf{4\sqrt{7}}$ である．

問 3　$\mathrm{AB}<\mathrm{BC}$ なので，(辺 AB の対角)<(辺 BC の対角)，つまり $\angle\mathrm{C}<\angle\mathrm{A}$ である．ここで，$\angle\mathrm{B}\leqq\angle\mathrm{C}<\angle\mathrm{A}$ と仮定すると

$$180^\circ=3\times60^\circ=\angle\mathrm{B}+\angle\mathrm{B}+\angle\mathrm{B}<\angle\mathrm{B}+\angle\mathrm{C}+\angle\mathrm{A}=180^\circ$$

となり矛盾，また $\angle\mathrm{C}<\angle\mathrm{A}\leqq\angle\mathrm{B}$ と仮定すると

$$180^\circ=3\times60^\circ=\angle\mathrm{B}+\angle\mathrm{B}+\angle\mathrm{B}>\angle\mathrm{B}+\angle\mathrm{C}+\angle\mathrm{A}=180^\circ$$

となり矛盾，よって，$\boldsymbol{\angle\mathrm{C}<\angle\mathrm{B}<\angle\mathrm{A}}$ である．

問 4　$6<7+x$，$7<6+x$，$x<6+7$ のすべてが成立することが，6，7，x を 3 辺の長さとする三角形が存在する必要十分条件である．連立不等式としてこれを解いて，求める範囲は $\boldsymbol{1<x<13}$ である．

✚PLUS　共通テストに臨んで，すべての定理の証明を精密に記憶する必要はありませんが，証明自体が共通テストで話題になることは十分あり得るので，だいたいのこと，たとえば POINT 90 の定理について右図をイメージしておくなどのことは，日頃の学習のなかでしておくとよいでしょう．

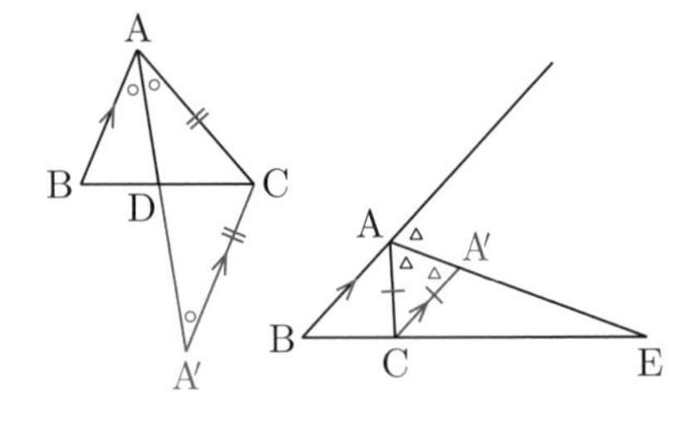

THEME
39 チェバの定理・メネラウスの定理

GUIDANCE チェバの定理・メネラウスの定理は，三角形の辺，またはその延長上に点があり，それらが特別な位置にあれば，内分比や外分比について等式が成り立つと主張する定理である．この“特別な位置”が，平面図形の問題を考えると頻出するので，これらの定理は有効なのだ．また，どちらの定理についてもその逆といえることが成立し，これもまた使い道が多い．

POINT 94 チェバの定理

△ABC の内部に点 Z があるとし，直線 AZ と辺 BC の交点を P，直線 BZ と辺 CA の交点を Q，直線 CZ と辺 AB の交点を R とする．このとき，3 辺の内分点 P，Q，R の内分比について等式

$$\frac{PC}{BP}\cdot\frac{QA}{CQ}\cdot\frac{RB}{AR}=1$$

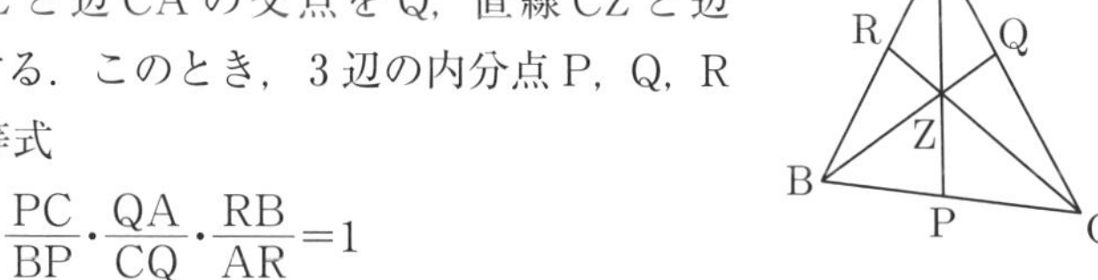

が成り立つ．

POINT 95 チェバの定理の逆

△ABC の辺 BC，CA，AB 上にそれぞれ点 P，Q，R があり，内分比についての等式

$$\frac{PC}{BP}\cdot\frac{QA}{CQ}\cdot\frac{RB}{AR}=1$$

が成り立っているとする．このとき，3 線分 AP，BQ，CR は △ABC の内部の 1 点 Z で交わる．

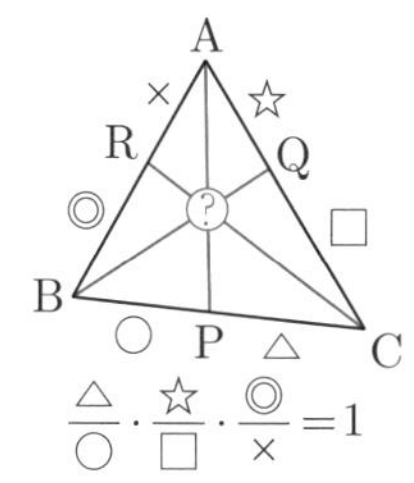

POINT 96 メネラウスの定理

△ABC とその頂点を通らない直線 l があり，l と辺 BC またはその延長が点 P で，l と辺 CA またはその延長が点 Q で，l と辺 AB またはその延長が点 R で交わるとする．このとき，3 辺の内分比または外分比について等式

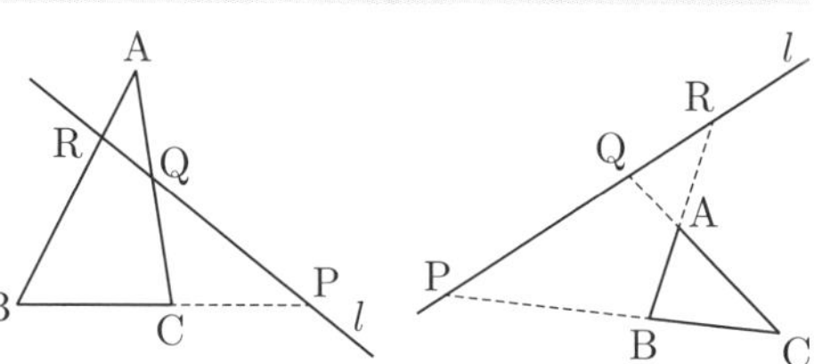

$$\frac{PC}{BP}\cdot\frac{QA}{CQ}\cdot\frac{RB}{AR}=1$$

が成り立つ.

POINT 97 メネラウスの定理の逆

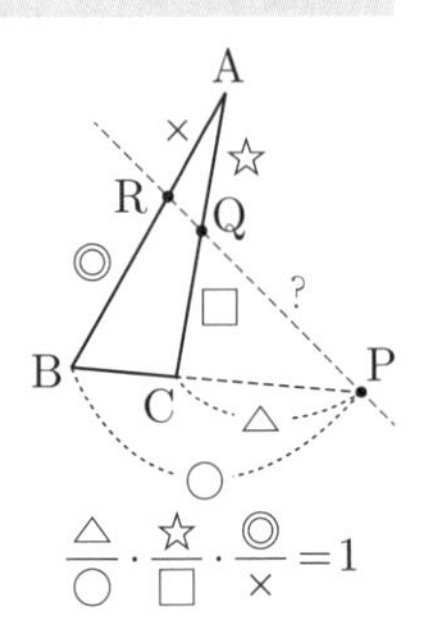

△ABC の 3 辺 BC, CA, AB それぞれに対して内分点または外分点として P, Q, R があり, そのうち外分点は 1 つまたは 3 つであり, さらに内分比または外分比についての等式

$$\frac{PC}{BP}\cdot\frac{QA}{CQ}\cdot\frac{RB}{AR}=1$$

が成り立っているとする. このとき, 3 点 P, Q, R はある直線 l 上にある.

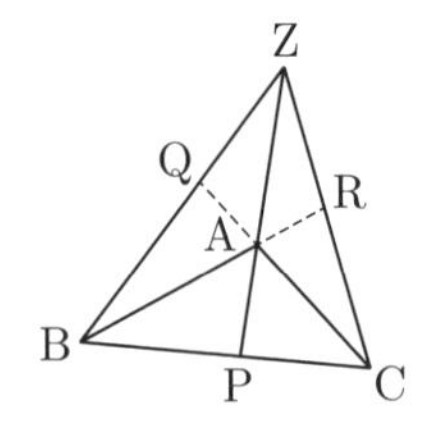

〔注〕 チェバの定理 (POINT 94) は点 Z が △ABC の外部にある (ただし △ABC の各辺の延長上にはない) ときにも成り立つ. このときは, P, Q, R のうち 2 つが辺の外分点となる. また, P, Q, R のうち 2 つが辺の外分点であるときについてもチェバの定理の逆 (POINT 95) はだいたい成立するが, 少し補正が必要である.

EXERCISE 39 ●チェバの定理・メネラウスの定理

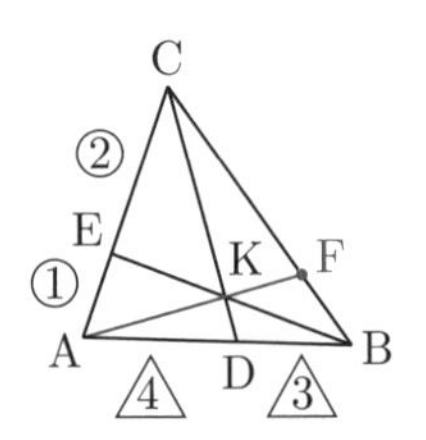

問 1 △ABC について, AB を 4 : 3 に内分する点を D, AC を 1 : 2 に内分する点を E とする. 2 つの線分 BE, CD の交点を K とし, 直線 AK と辺 BC の交点を F とする.

(1) BF : FC を求めよ.

(2) AK : KF を求めよ.

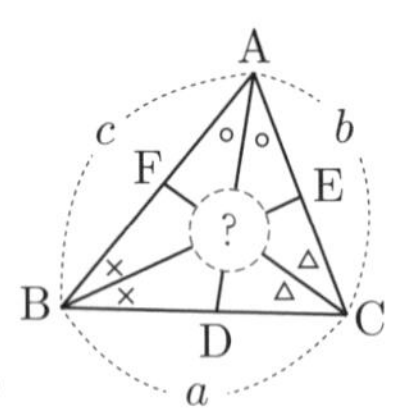

問 2 △ABC の 3 辺の長さを BC$=a$, CA$=b$, AB$=c$ とする. 3 つの内角 ∠A, ∠B, ∠C について, それぞれの二等分線と対辺の交点を, それぞれ D, E, F とする.

(1) BD : DC, CE : EA, AF : FB を a, b, c で表せ.

(2) 3 つの線分 AD, BE, CF は 1 点で交わることを示せ.

問3　図で，AB，HF，DC は平行であり，AD，EG，BC は平行である．もし BD が FG とも EH とも平行でないならば，3 直線 BD，FG，EH は 1 点で交わることを示せ (図に示した長さ x，y，z，w は証明に用いてよい)．

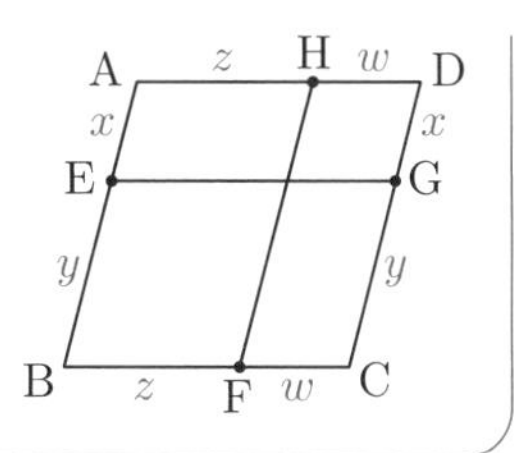

解答　**問1**　(1)　△ABC と点 K にチェバの定理を適用して，$\dfrac{\mathrm{DB}}{\mathrm{AD}}\cdot\dfrac{\mathrm{FC}}{\mathrm{BF}}\cdot\dfrac{\mathrm{EA}}{\mathrm{CE}}=1$，

よって，$\dfrac{\mathrm{FC}}{\mathrm{BF}}=\dfrac{\mathrm{AD}}{\mathrm{DB}}\cdot\dfrac{\mathrm{CE}}{\mathrm{EA}}=\dfrac{4}{3}\cdot\dfrac{2}{1}=\dfrac{8}{3}$，ゆえに，BF：FC＝**3**：**8**.

(2)　△AFC と 3 点 K，B，E を通る直線にメネラウスの定理を適用して，

$\dfrac{\mathrm{KF}}{\mathrm{AK}}\cdot\dfrac{\mathrm{BC}}{\mathrm{FB}}\cdot\dfrac{\mathrm{EA}}{\mathrm{CE}}=1$，よって，$\dfrac{\mathrm{KF}}{\mathrm{AK}}=\dfrac{\mathrm{FB}}{\mathrm{BC}}\cdot\dfrac{\mathrm{CE}}{\mathrm{EA}}=\dfrac{3}{3+8}\cdot\dfrac{2}{1}=\dfrac{6}{11}$，ゆえに，

AK：KF＝**11**：**6**.

問2　(1)　三角形の角の二等分線に関する定理 (POINT 90) より，

BD：DC＝AB：AC＝$\boldsymbol{c}$：$\boldsymbol{b}$．同様に，CE：EA＝$\boldsymbol{a}$：$\boldsymbol{c}$，AF：FB＝$\boldsymbol{b}$：$\boldsymbol{a}$.

(2)　$\dfrac{\mathrm{DC}}{\mathrm{BD}}\cdot\dfrac{\mathrm{EA}}{\mathrm{CE}}\cdot\dfrac{\mathrm{FB}}{\mathrm{AF}}=\dfrac{b}{c}\cdot\dfrac{c}{a}\cdot\dfrac{a}{b}=1$ だから，チェバの定理の逆より，AD，BE，CF は 1 点で交わる．

問3　BD と FG の交点を P とすると，P は BD の外分点で，メネラウスの定理を △BDC と 3 点 P，G，F を通る直線に適用することにより

$\dfrac{\mathrm{PD}}{\mathrm{BP}}\cdot\dfrac{\mathrm{GC}}{\mathrm{DG}}\cdot\dfrac{\mathrm{FB}}{\mathrm{CF}}=1$，すなわち $\dfrac{\mathrm{PD}}{\mathrm{BP}}\cdot\dfrac{y}{x}\cdot\dfrac{z}{w}=1$，つまり BP：PD＝$yz$：$xw$ を得る．同様に，BD と EH の交点を Q とすると，Q は BD の外分点で，

BQ：QD＝yz：xw である．よって，P と Q は，BD を同一の比に外分する点なので，一致する．したがって，BD，FG，EH は 1 点で交わる．

PLUS　チェバの定理・メネラウスの定理は，「適用できる図形のかたち」に目が慣れていないと，いざというときにうまく使えない傾向があります．平易な問題を丁寧に考えて，力を蓄えましょう．

THEME 40

三角形の外心，内心，重心，垂心

GUIDANCE 三角形には必ず，その外心，内心，重心，垂心と呼ばれる点がある．どれも数学的に豊富な内容を持つが，共通テストへの対策としては，まずそれぞれの心の定義を正確に理解し，なぜそれが存在するのかを，その基本的性質とともに知っておくことが大切である．

POINT 98 三角形の外心

△ABC で，AB の垂直二等分線と AC の垂直二等分線の交点をOとすると，Oは A，B から等距離にあり，かつ，A，C から等距離にあるから，3 点 A，B，C から等距離にあり，△ABC の**外接円**の中心になる．点Oを △ABC の**外心**という．点Oは BC の垂直二等分線上の点でもある．つまり，三角形の外心とは，3 辺の垂直二等分線の交点である．

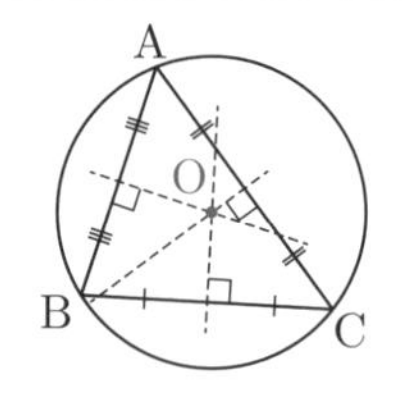

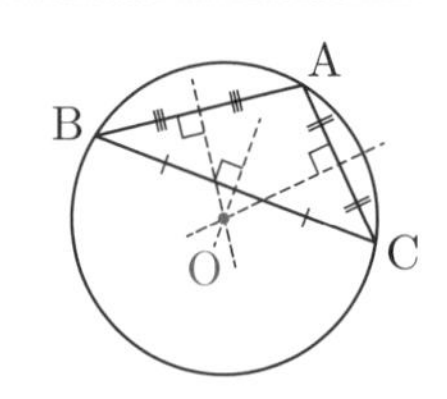

鋭角三角形の外心は三角形の内部に，鈍角三角形の外心は三角形の外部にある．直角三角形の外心は斜辺の中点である．

POINT 99 三角形の内心

△ABC で，内角 ∠B の二等分線と内角 ∠C の二等分線の交点を I とすると，I は BA，BC から等距離にあり，かつ，CA，CB から等距離にあるから，3 辺 AB，AC，BC から等距離にあり，△ABC の**内接円**の中心になる．I を △ABC の**内心**という．点 I は内角 ∠A の二等分線上の点でもある．つまり，三角形の内心とは，3 内角の二等分線の交点である．

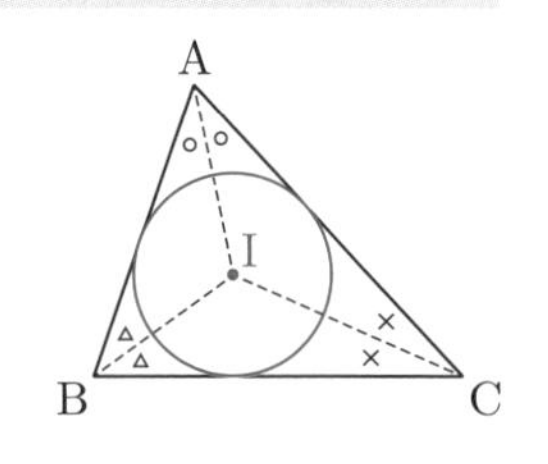

どんな三角形でも，内心はその内部にある．

POINT 100 三角形の重心

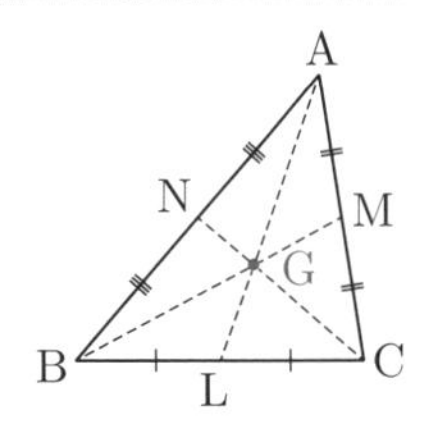

△ABCで，3辺BC，CA，ABの中点をL，M，Nとすると，$\frac{LC}{BL}\cdot\frac{MA}{CM}\cdot\frac{NB}{AN}=\frac{1}{1}\cdot\frac{1}{1}\cdot\frac{1}{1}=1$ だから，チェバの定理の逆より線分AL，BM，CN（これらを△ABCの**中線**という）は1点Gで交わる．このGを△ABCの**重心**という．ここで△ALBと3点G，C，Nを通る直線にメネラウスの定理を用いると $\frac{GL}{AG}\cdot\frac{CB}{LC}\cdot\frac{NA}{BN}=1$，よって，

$\frac{GL}{AG}=\frac{LC}{CB}\cdot\frac{BN}{NA}=\frac{1}{2}\cdot\frac{1}{1}=\frac{1}{2}$ であるから，AG：GL＝2：1 である．同様に，BG：GM＝2：1，CG：GN＝2：1 である．

どんな三角形でも，重心はその内部にある．

POINT 101 三角形の垂心

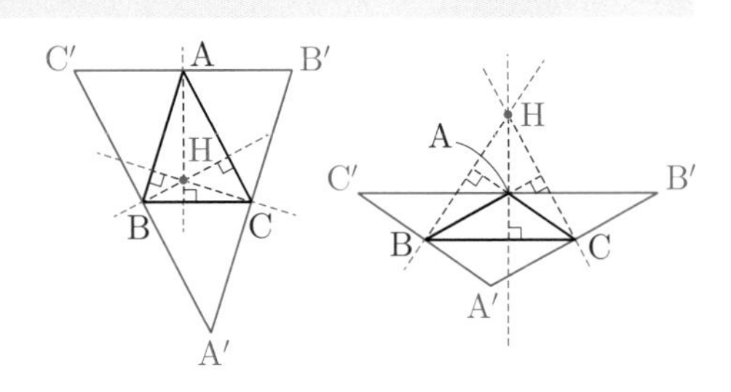

△ABCに対し，それと合同な三角形を3つはりつけて，ひとまわり大きい△A′B′C′を作る．

△A′B′C′の外心Hは，△ABCにとっては「頂点から対辺へ下ろした垂線3本の交点」である．Hを△ABCの**垂心**という．

鋭角三角形の垂心は三角形の内部に，鈍角三角形の垂心は三角形の外部にある．∠A＝90° の直角三角形の垂心は頂点Aである．

EXERCISE 40 ●三角形の外心，内心，重心，垂心

問1 △ABCは ∠A＝90° の直角三角形で，AB＝12，AC＝5 である．△ABCの内心をIとし，内接円と辺BC，CA，ABとの接点をそれぞれT，U，Vとする．このとき，△CITの3辺の長さを求めよ．

問2 △ABCの辺BCの中点をMとする．△ABC，△ABM，△ACMの重心をそれぞれG，G_1，G_2とする．このとき，Gは線分G_1G_2の中点であることを示せ．

問3 △ABCの外心Oと垂心Hが一致するならば，△ABCは正三角形であることを示せ．

解説 共通テストやセンター試験では，三角形の内心や内接円が題材になる問題がよくあり，そこでは**問 1** に見るような基礎知識が使われる．必修と考えてよい．

解答 **問 1** まず，$BC=\sqrt{AB^2+AC^2}=13$．
次に，AU，AV はともに A から内接円へひいた接線の長さ (POINT 105 参照) なので
$AU=AV=x$ とおける．同様に y, z をおいて右図を得る．

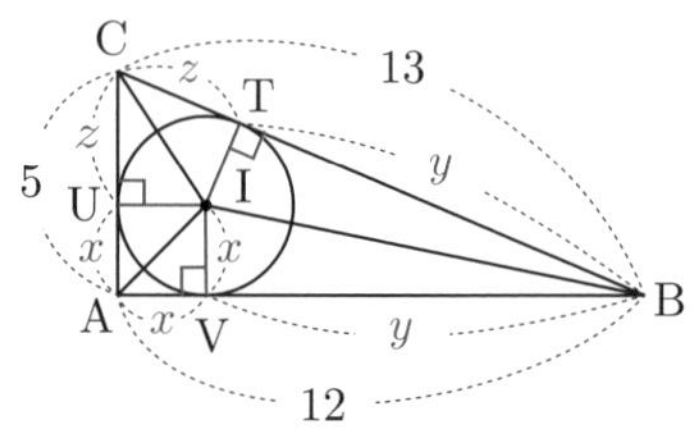

- $x+y=12$，$x+z=5$，$y+z=13$ より，$CT=z=\mathbf{3}$ がわかる．
- POINT 44〔2〕より，$\frac{1}{2}\cdot 12\cdot 5=\frac{1}{2}(12+5+13)\cdot IT$，よって，$IT=\mathbf{2}$．

（なお，IT は内接円の半径でこれは x に等しいので，x の値を求めてもよかった．）

- したがって，$CI=\sqrt{CT^2+IT^2}=\sqrt{\mathbf{13}}$．

問 2 BM の中点を M_1，CM の中点を M_2 とする．重心の性質より，G，G_1，G_2 はそれぞれ AM，AM_1，AM_2 を同じ比 2 : 1 に内分する．だから，GG_1，GG_2 は辺 BC に平行で，長さはそれぞれ MM_1，MM_2 の $\frac{2}{3}$ である．したがって，3 点 G，G_1，G_2 は一直線上にあり，GG_1 と GG_2 は（$MM_1=MM_2$ より）長さが等しい．よって，G は G_1G_2 の中点である．

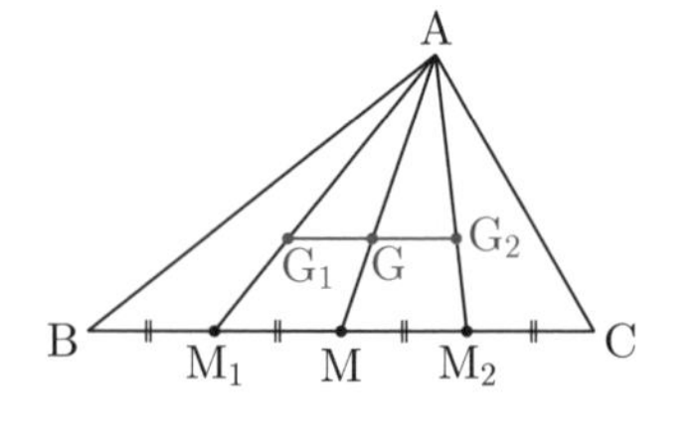

問 3 辺 BC の中点を M とする．直線 OM，直線 AH はどちらも辺 BC に垂直だが，O と H が一致するので，同一直線であるしかない．よって，$AM\perp BC$ であり，△ABC は $AB=AC$ の二等辺三角形である．同様に $BA=BC$ も得られる．ゆえに △ABC は正三角形である．

PLUS 三角形の外心，内心，重心，垂心についてぜひともわかっていてほしいことは，すべて POINT 98 ～ POINT 101 にコンパクトに書きました．何回も読んで完全にマスターしてください．なお，あとに載せたコラム (p. 153) では，三角形の傍心について触れています．

THEME
41 直線や円の位置関係，接すること

GUIDANCE 「円と直線が接する」「2つの円が接する」ことは，図を見てすぐ直観的に把握できることだったが，それを計算や論理を用いて議論できる形にするには，決まったコツがある．多くの場合，「円の中心と直線との距離」「2円の中心間の距離」への着目が重要で，共通テストでももちろんそうである．

POINT 102 点と直線との距離，平行線の距離

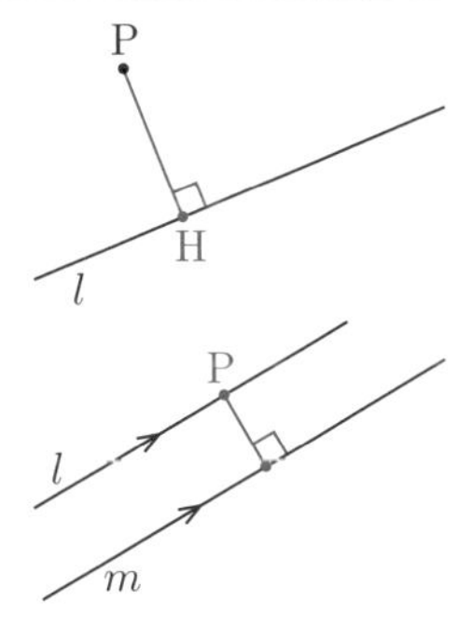

- 点Pと直線 l に対して，Pを通り l に垂直な直線と l との交点Hを垂線の足といい，PHの長さをPと l の距離という．なお，Pが l 上にあるときは，Pと l の距離は0と考える．
- 2直線 l，m が平行であるとき，l 上の点Pと m の距離は，Pのとりかたによらず一定である．この一定の値を，l と m の距離という．

POINT 103 円と直線の位置関係

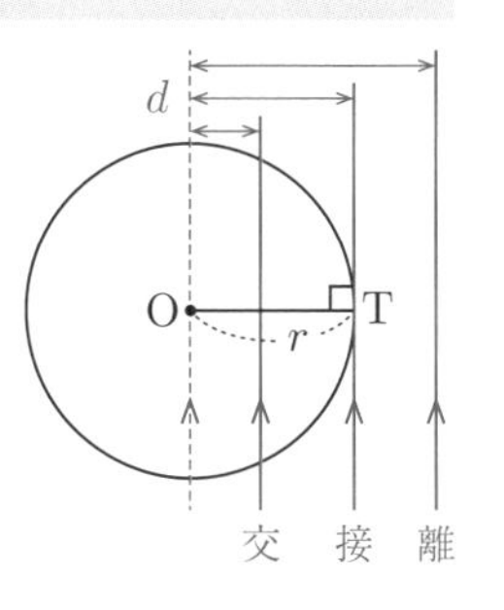

平面上の，中心O，半径 r の円 C と，直線 l について，Oと l の距離が d だとする．このとき，

$0 \leqq d < r \iff$ C と l の共有点は2個（交わる）

$d = r \iff$ C と l の共有点は1個（接する）

$r < d \iff$ C と l の共有点はない（離れている）

である．また $d=r$ のとき，C と l の共有点Tを接点といい，l は（Tでの）C の接線であるという．このときOTは円 C の半径であり，$\mathrm{OT} \perp l$ である．

POINT 104 2円の位置関係

平面上の，中心 O_1，半径 r_1 の円 C_1 と，中心 O_2，半径 r_2 の円 C_2 について，O_1 と O_2 の距離が d だとする．$r_1 > r_2$ のとき，2円の位置関係は次の5通りに分類できる（$r_1 = r_2$ のときは〔1〕がなく，〔2〕が「〔2′〕一致する」になる）．

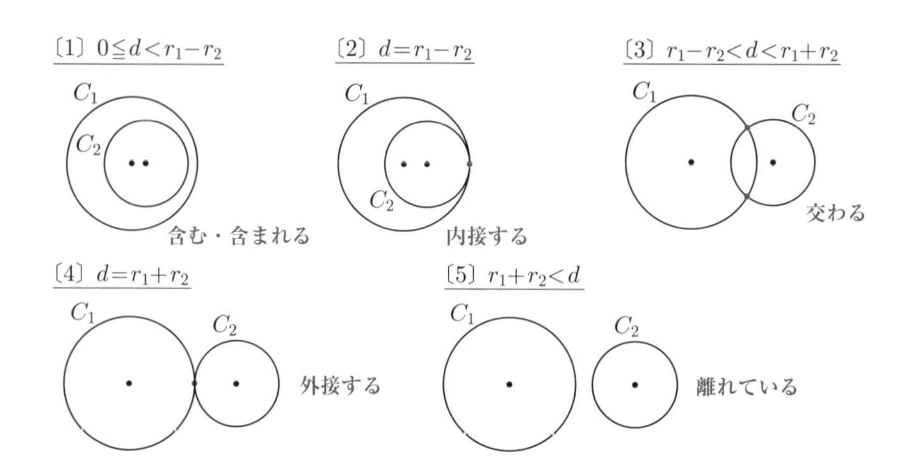

POINT 105 円の接線

● 平面上に中心O，半径rの円Cと，Cの外部の点Pがあるとき，Pを通るCの接線は2本ある．その接点をT_1，T_2とすると，$\triangle OPT_1 \equiv \triangle OPT_2$ なので，$PT_1 = PT_2$ である．この長さを，PからCへひいた**接線の長さ**という．

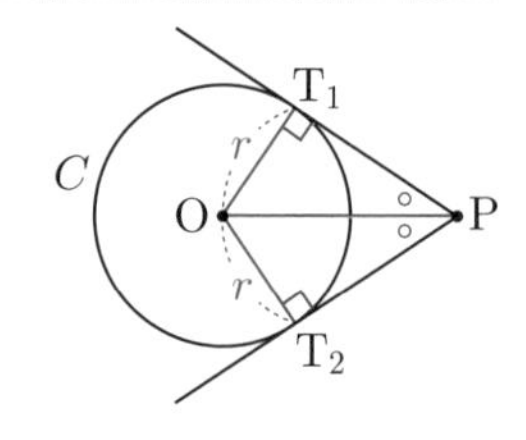

接線の長さは $PT_1 = \sqrt{OP^2 - r^2}$ から求められる．

● POINT 104 の〔1〕,〔2〕,〔3〕,〔4〕,〔5〕について，2円C_1，C_2の両方に接する直線(**共通接線**)は，それぞれ0本，1本，2本，3本，4本ある．

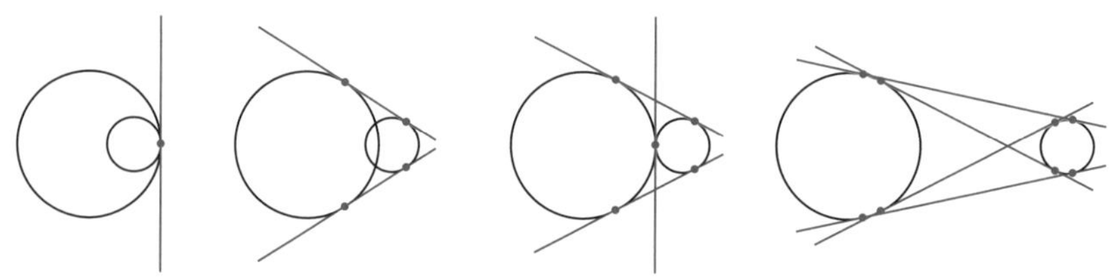

2円の共通接線のうち，その接線に対して同じ側に2円があるものを**共通外接線**，反対側にあるものを**共通内接線**という．

EXERCISE 41 ●直線や円の位置関係，接すること

問1 ある木の頂上Pは，地面上の点A，Bからの距離がそれぞれ10.4 m，8.5 mである．AB間の距離が17.1 mだとして，Pの高さを求めよ．

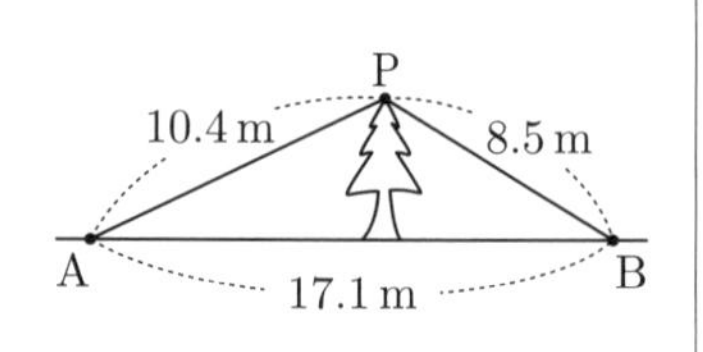

問 2　半直線 PO と，O を中心とする半径 r の円 C がある．半直線 PQ が円 C と交わるのは，$\angle$OPQ がどのような条件をみたすときか．ただし，OP$=p$ とし，$r<p$ だとして，$0° \leqq \angle \mathrm{OPQ} \leqq 90°$ の範囲で考える．

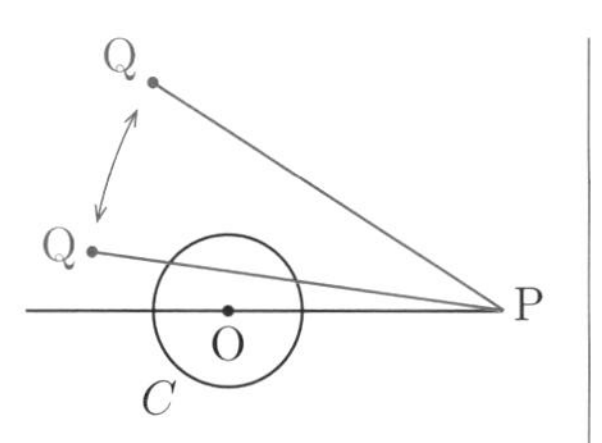

問 3　図で，直線 l は 2 円 C_1，C_2 の共通外接線である．C_1 の半径が 15，C_2 の半径が 6，$O_1O_2=41$ のとき，T_1T_2 および T_2P の長さを求めよ．

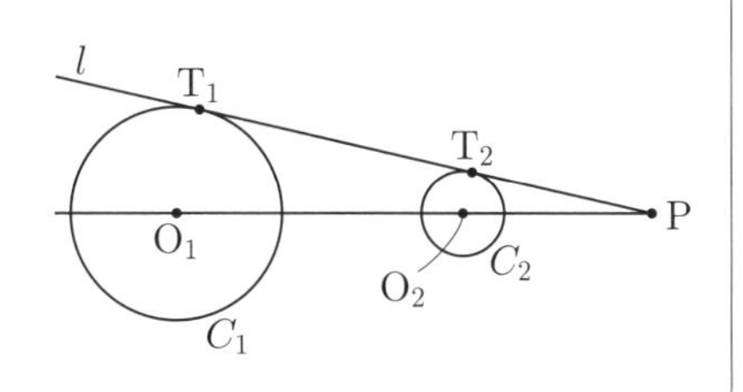

解答　**問 1**　P から直線 AB へ下ろした垂線の足を H とする．PH$=h$ を求めたい．そこで AH$=x$ とおき，三平方の定理を用いると $x^2+h^2=10.4^2$，$(17.1-x)^2+h^2=8.5^2$ を得る．これを辺々ひいて $x=9.6$ を得る．よって，$9.6^2+h^2=10.4^2$，ゆえに，$h=4$．答えは **4 m** である．

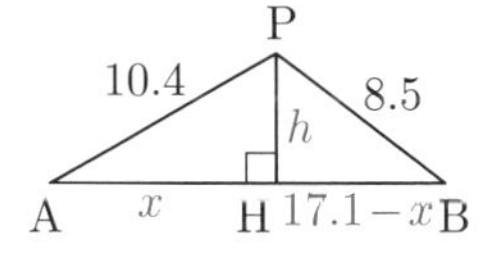

問 2　図の角 α より $\angle$OPQ が小さいことが，求める条件である．それは（鋭角の大小はその正弦の大小と一致するので）$\sin\angle\mathrm{OPQ}<\sin\alpha$，つまり $\boldsymbol{\sin\angle\mathrm{OPQ}<\dfrac{r}{p}}$ ということである．

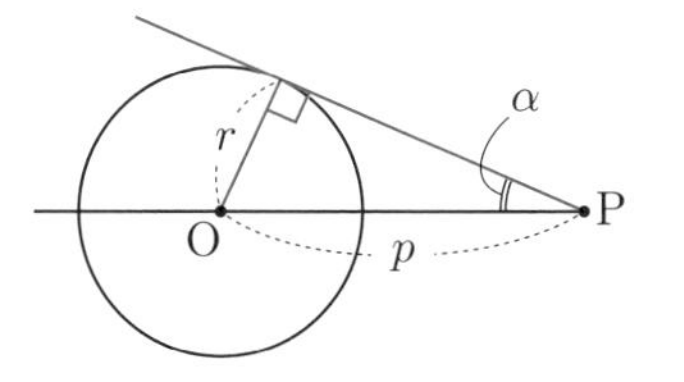

問 3　O_2 から O_1T_1 へ下ろした垂線の足を U とする．$O_1U=O_1T_1-UT_1=15-6=9$．したがって，

$T_1T_2=UO_2=\sqrt{O_1O_2{}^2-O_1U^2}=\sqrt{41^2-9^2}=\mathbf{40}$．

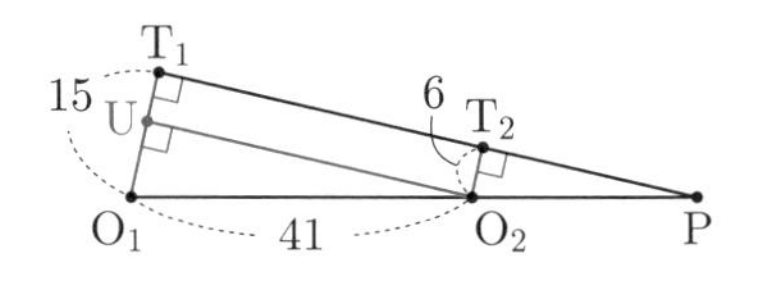

そして $\triangle O_1UO_2 \backsim \triangle O_2T_2P$ より $T_2P=UO_2\times\dfrac{O_2T_2}{O_1U}=40\times\dfrac{6}{9}=\boldsymbol{\dfrac{80}{3}}$．

✚PLUS　この THEME 41 全体を通じて，直角，直交，垂直などがとても多く登場しています．円はきれいな図形でいろいろな性質を持っていますが，その本質の解明には直角が活躍します．

THEME 42 円と角に関する定理

GUIDANCE 円は，角に関するさまざまな性質を持つ図形である．その源泉は円周角の定理とその逆（POINT 88）である．ここではこれをより使いやすい形にグレードアップした上で，ここから得られる定理，接弦定理を確認する．

POINT 106 円周角の定理とその逆・強化版

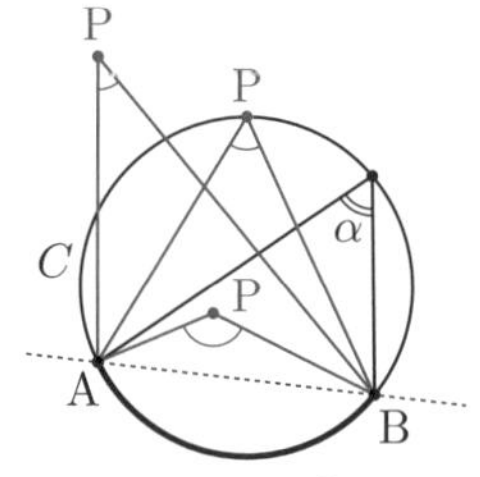

- 円C上の弧 AB を考え，点 P は直線 AB に関して弧 AB と反対側にあるものとする．弧 AB に対する円周角をαとするとき，

  $\angle APB < \alpha \iff$ P は円Cの外部にある

  $\angle APB = \alpha \iff$ P は円Cの周上にある

  $\angle APB > \alpha \iff$ P は円Cの内部にある

  が成り立つ．

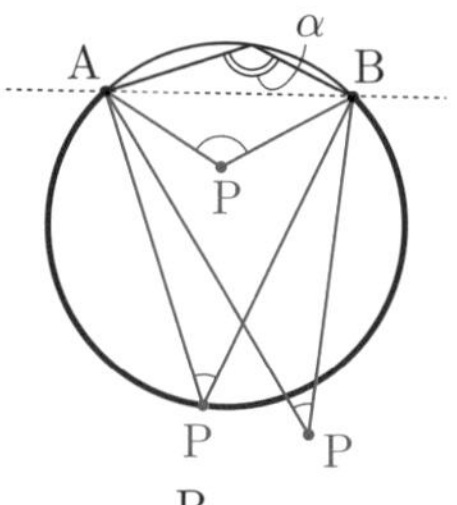

- 円C上の弧 AB を考え，点 P は直線 AB に関して弧 AB と同じ側にあるものとする．弧 AB に対する円周角をαとするとき，

  $\angle APB + \alpha < 180^\circ \iff$ P は円Cの外部にある

  $\angle APB + \alpha = 180^\circ \iff$ P は円Cの周上にある

  $\angle APB + \alpha > 180^\circ \iff$ P は円Cの内部にある

  が成り立つ．

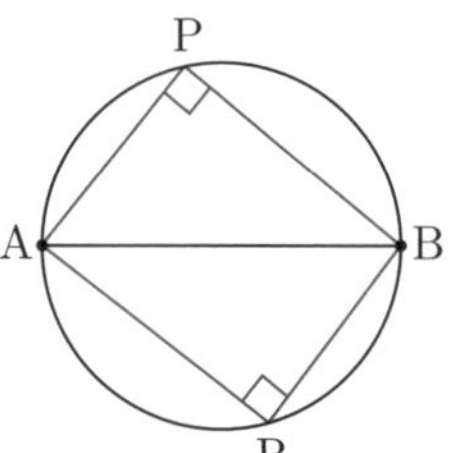

- 相異なる 3 点 A，B，P について，

  $\angle APB = 90^\circ \iff$ P が AB を直径とする円周上にある

  が成り立つ．

POINT 107 円に内接する四角形

凸四角形 ABCD について，以下の 4 条件は同値である．

〔ア〕 四角形 ABCD は円に内接する．

〔イ〕 $\angle BAC = \angle BDC$．

〔ウ〕 $\angle BAD + \angle BCD = 180^\circ$．

〔エ〕 内角 $\angle A =$ 外角 $\angle C$．

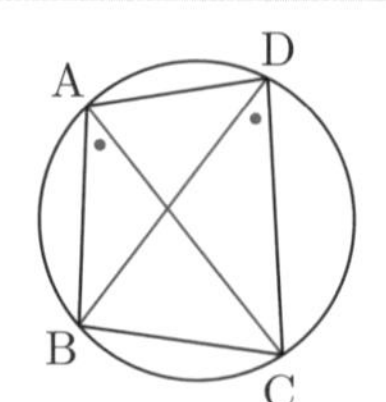

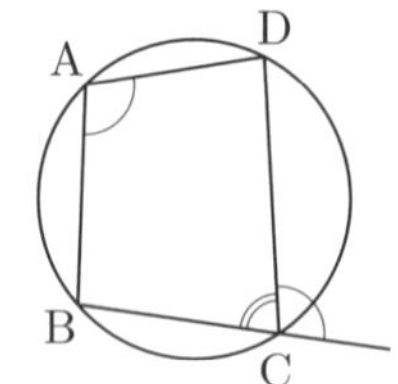

POINT 108 接弦定理とその逆

円周上の 2 点 A，T と半直線 TE を考える．弧 AT として，∠ATE の内部に含まれる方の弧をとる．このとき，

TE が円の接線である
⟺ 弧 AT に対する円周角が
∠ATE に等しい

が成り立つ．⟹ を**接弦定理**という．

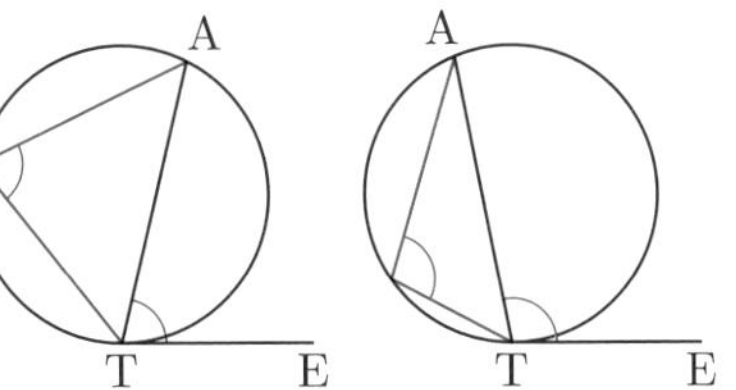

EXERCISE 42 ●円と角に関する定理

問 1　AB＝AC である二等辺三角形 ABC の辺 BC 上に，点 P をとる．直線 AP と △ABC の外接円との A 以外の交点を Q とし，△BPQ の外接円を K とする．このとき，AB は円 K の接線となることを示せ．

問 2　半直線 OX と半直線 OY について ∠XOY＝90° である．半直線 OY 上に 2 点 A，B がある．半直線 OX 上を点 P が動くとき，∠APB を最大にしたい．それには，2 点 A，B を通り半直線 OX に接する円をかき，この円と半直線 OX の接点 P_0 を P とすればよい．このことを示せ．

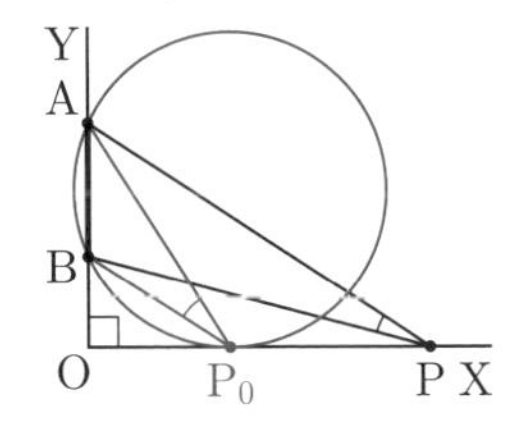

問 3　△ABC の外接円上の点 P から 3 直線 AB，BC，CA に垂線を下ろし，その足をそれぞれ D，E，F とすると，3 点 D，E，F は一直線上にある．このことを，右図のような状況である場合について，証明せよ．
(ヒント：∠PDE＋∠PDF＝180° を示せばよい．)

問 4　△ABC に対して，

- 辺 BC，CA，AB の中点をそれぞれ L，M，N とし，
- 頂点 A，B，C から対辺へ下ろした垂線の足をそれぞれ D，E，F とし，
- △ABC の垂心を H として，AH，BH，CH の中点をそれぞれ U，V，W とする．

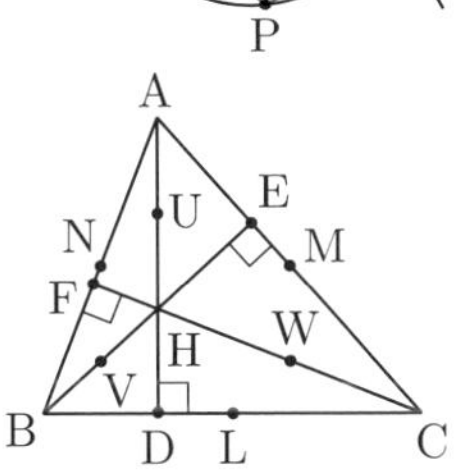

以下の問に，上図のような状況の場合について，答えよ．

(1)　∠LDU，∠LMU，∠LNU を求めよ．

(2)　9 点 L，M，N，D，E，F，U，V，W は同一円周上にあることを示せ．

解答 **問1**　AB＝AC より $\angle ABC=\angle ACB$．また，円周角の定理より $\angle ACB=\angle AQB$．よって，$\angle ABC=\angle AQB$，すなわち $\angle ABP=\angle PQB$ である．よって，接弦定理の逆より，AB は円 K の接線である．

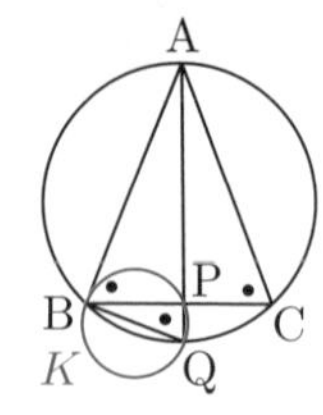

問2　P_0 は円周上にある．半直線 OX 上の点 P が P_0 と異なればそれは必ず円の外部にある．また，2 点 P_0，P はどちらも $\angle AP_0B$ を円周角に持つ弧 AB と直線 AB について反対側にある．よって，$\angle APB$ は円周角 $\angle AP_0B$ より小さい．

問3　まず，四角形 PDBE は $\angle D+\angle E=90^\circ+90^\circ=180^\circ$ をみたすので，円に内接する．よって，円周角の定理より，$\angle PDE=\angle PBE$　…① が成り立つ．

次に，$\angle PBE$ は円に内接する四角形 PBCA の外角 $\angle B$ だから，内角 $\angle A$ に等しい．よって，$\angle PBE=\angle PAF$　…② である．

さらに，$\angle AFP=\angle ADP=90^\circ$ より 四角形 AFDP が円に内接するので，$\angle A+\angle D=180^\circ$，すなわち $\angle PAF+\angle PDF=180^\circ$　…③ である．

①，②，③をあわせて，$\angle PDE+\angle PDF=180^\circ$ がわかる．よって，3 点 D，E，F は一直線上にある．

問4　(1)　まず $\angle LDU=\mathbf{90^\circ}$．次に，△ABC での中点連結定理より LM∥BA，△AHC での中点連結定理より MU∥CH で，さらに BA⊥CH だから，LM⊥MU，すなわち，$\angle LMU=\mathbf{90^\circ}$．同様に，$\angle LNU=\mathbf{90^\circ}$．

(2)　(1)より，D，M，N は LU を直径とする円上にある．だから，D，U は △LMN の外接円上にあるとわかった．そして，これまでの議論と同様にして，E，V や F，W も △LMN の外接円上にあるとわかる．

PLUS　**問4**(2)で存在が示された，9 点，L，M，N，D，E，F，U，V，W を通る円は，△ABC の九点円と呼ばれる有名なものです．さらに，「任意の三角形について，九点円は内接円に内接する」というフォイエルバッハの定理は，その内容だけではなく，証明が難しいことでも有名です．

THEME

43 方べきの定理とその逆

GUIDANCE 円にまつわるさまざまな定理のうちでも，方べきの定理とその逆はまさに花形役者で，おぼえやすく応用も広い．センター試験でも毎回のように出題されていた．使いこなせるように，十分練習して慣れよう．

POINT 109 円と直線が作る三角形の相似

- 図1で，△PAD と △PCB について ∠APD＝∠CPB，∠PAD＝∠PCB なので，△PAD∽△PCB である．
- 図2で，PT が点Tで円に接しているとき，△PAT と △PTB について ∠APT＝∠TPB，∠PAT＝∠PTB なので，△PAT∽△PTB である．

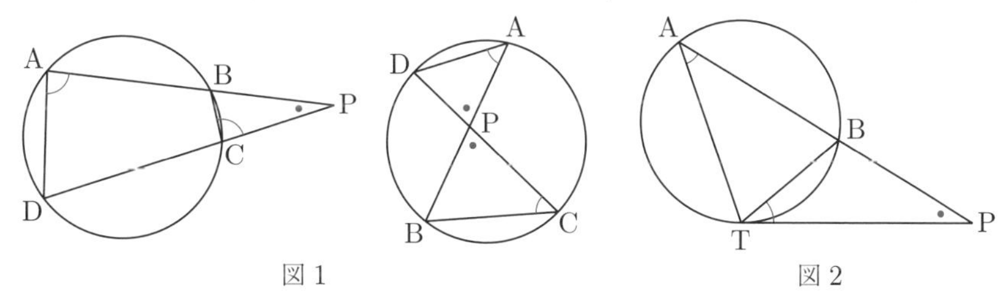

図1　　図2

POINT 110 方べきの定理

- 円とその上にない点Pがあり，Pを通る2直線のうち一方が円と2点A，Bで，他方が2点C，Dで交わるとする．このとき，PA･PB＝PC･PD が成り立つ．
- 円とその外部にある点Pがあり，Pを通る2直線のうち一方が円と2点A，Bで交わり，他方が1点Tで接するとする．このとき，$PA \cdot PB = PT^2$ が成り立つ．

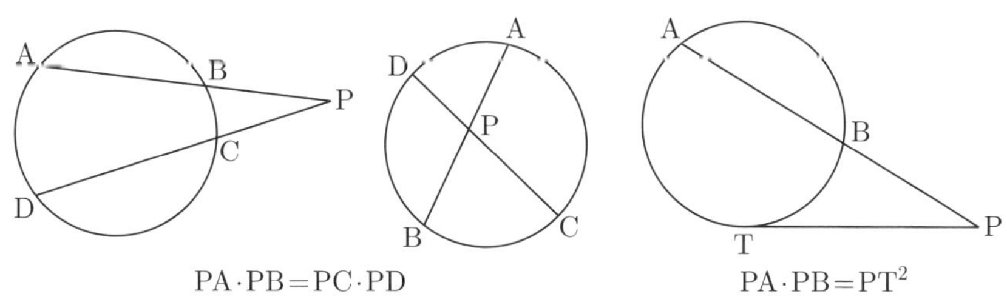

PA･PB＝PC･PD　　$PA \cdot PB = PT^2$

いずれも POINT 109 の三角形の相似から証明される．

POINT 111 方べきの定理の逆

- 直線ABと直線CDが点Pで交わり，「PはAB，CD両方を内分する」かまたは「PはAB，CD両方を外分する」が成立しているとする．このとき，PA・PB＝PC・PD であるならば，4点A，B，C，Dは同一円周上にある．
- 一直線上にない3点A，B，Tと ABを外分する点Pについて，PA・PB＝PT^2 であるならば，直線PTは，△ABTの外接円の接線である．

EXERCISE 43 ●方べきの定理とその逆

問1　点Oを中心とする半径rの円周上に2点A，Bがあり，弦ABは点Oを通らないとする．弦AB上に点Pがあるとするとき，PA・PB＝r^2－OP^2 が成り立つことを示せ．

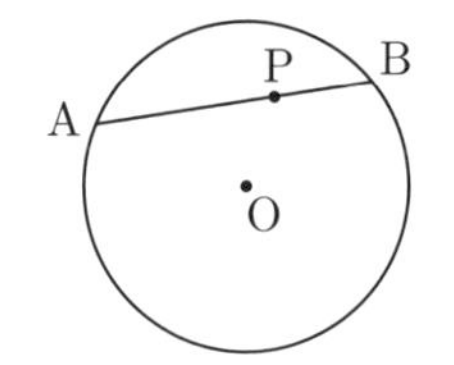

問2　交わる2円の共通弦ABについて，その延長上に点Pをとり，Pを通る直線を2本，2円それぞれと交わるようにひく．それぞれの円と直線の交点をC，DおよびE，Fとする．このとき，4点C，D，E，Fは同じ円周上にあることを示せ．

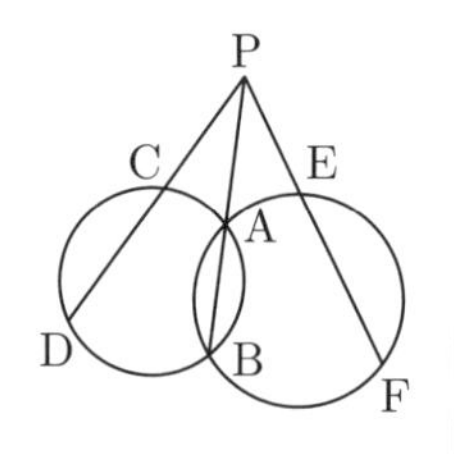

問3　交わる2円の共通接線について，これとそれぞれの円との接点をA，Bとする．2円の交点をC，Dとし，直線ABと直線CDの交点をEとする．このとき，EはABの中点であることを示せ．

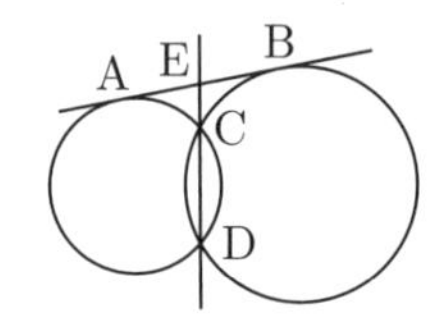

問4　3つの円K_1，K_2，K_3があり，K_2とK_3は2点A，Bで，K_3とK_1は2点C，Dで，K_1とK_2は2点E，Fで交わっている．

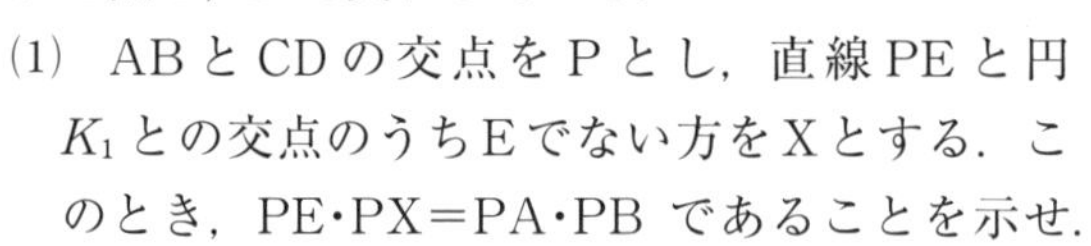
(1)　ABとCDの交点をPとし，直線PEと円K_1との交点のうちEでない方をXとする．このとき，PE・PX＝PA・PB であることを示せ．

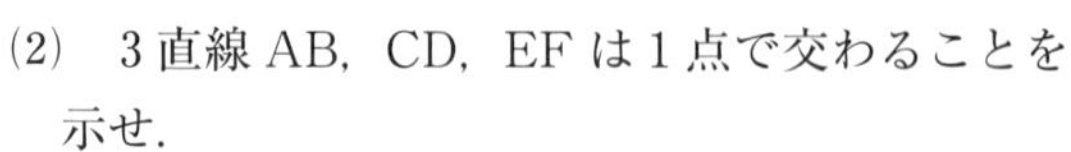
(2)　3直線AB，CD，EFは1点で交わることを示せ．

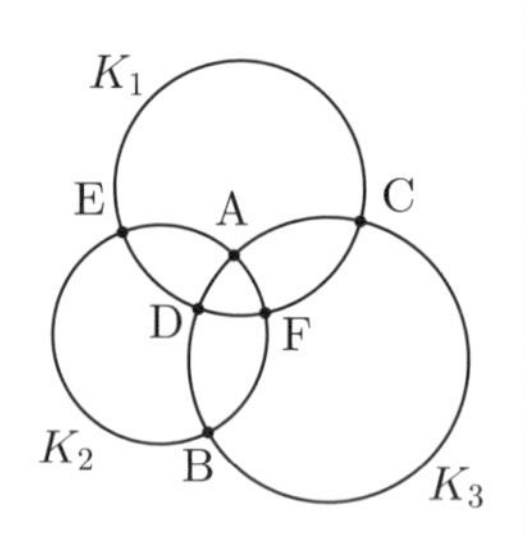

解答 **問 1**　P を通る円の直径を線分 CD とすると，PC，PD の長さのうち一方は $r-\mathrm{OP}$，他方は $r+\mathrm{OP}$ である．これと方べきの定理より，

$$\mathrm{PA}\cdot\mathrm{PB}=\mathrm{PC}\cdot\mathrm{PD}=(r-\mathrm{OP})(r+\mathrm{OP})=r^2-\mathrm{OP}^2$$

である．

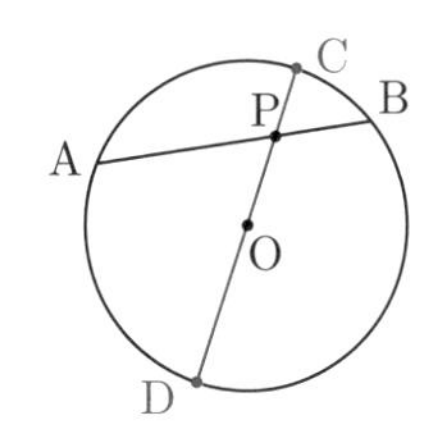

問 2　2 円について方べきの定理を考えて，$\mathrm{PA}\cdot\mathrm{PB}=\mathrm{PC}\cdot\mathrm{PD}$ かつ $\mathrm{PA}\cdot\mathrm{PB}=\mathrm{PE}\cdot\mathrm{PF}$ だから，$\mathrm{PC}\cdot\mathrm{PD}=\mathrm{PE}\cdot\mathrm{PF}$ が成り立っている．よって，方べきの定理の逆より，4 点 C，D，E，F は同じ円周上にある．

問 3　2 円について方べきの定理を考えて，$\mathrm{EC}\cdot\mathrm{ED}=\mathrm{EA}^2$ かつ $\mathrm{EC}\cdot\mathrm{ED}=\mathrm{EB}^2$ だから，$\mathrm{EA}^2=\mathrm{EB}^2$，すなわち $\mathrm{EA}=\mathrm{EB}$ であり，E は AB の中点である．

問 4　(1)　円 K_1 について，方べきの定理を考えて，$\mathrm{PE}\cdot\mathrm{PX}=\mathrm{PC}\cdot\mathrm{PD}$ である．また，円 K_3 について，方べきの定理を考えて，$\mathrm{PC}\cdot\mathrm{PD}=\mathrm{PA}\cdot\mathrm{PB}$ である．よって，$\mathrm{PE}\cdot\mathrm{PX}=\mathrm{PA}\cdot\mathrm{PB}$ である．

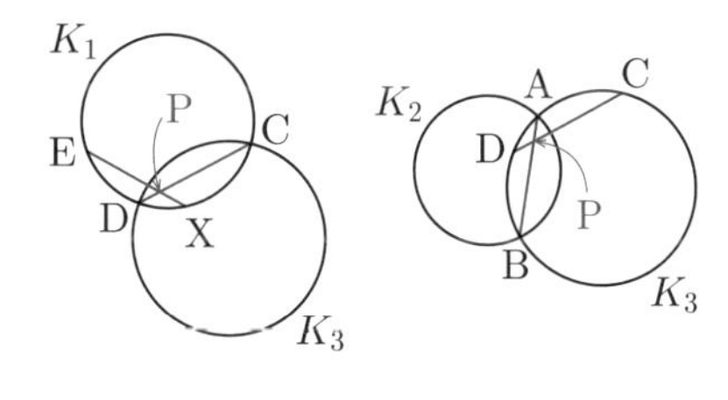

(2)　(1)の結果に方べきの定理の逆を適用して，4 点 E，X，A，B は同一円周上にあるとわかる．ここで 3 点 A，B，E を通る円は K_2 しかないから，その同一円周とは K_2 であり，したがって，X は K_2 上の点である．一方，X はもともとのとり方から円 K_1 上の点である．よって，X は K_1，K_2 の交点であり，E とは異なるから，F である．X すなわち F は直線 PE 上の点だから，P は直線 EF 上にある．これは，3 直線 AB，CD，EF が 1 点 P で交わっていることを示している．

PLUS　方べきの定理は長さの計量にも有効です．たとえば EXERCISE 42 **問 2** では，$\mathrm{OP_0}^2=\mathrm{OA}\cdot\mathrm{OB}$ より，$\mathrm{OP_0}=\sqrt{\mathrm{OA}\cdot\mathrm{OB}}$ がただちにわかります．

THEME 44 作図，空間図形

GUIDANCE 作図，空間図形については，ここまで学んだ平面図形に関する基礎的な知識でほぼ対応できるだろう．空間図形に特有のことはここで述べる．

POINT 112 基本的な作図

中学校・高校の数学では，平面上で「与えられた2点を通る直線をかく」ことと「与えられた点を中心として与えられた半径の円をかく」ことだけによって，条件をみたす図形をかくことを**作図**という．以下のような基本的な作図は，中学校で学んでいる．

〔1〕 線分の垂直二等分線と中点の作図

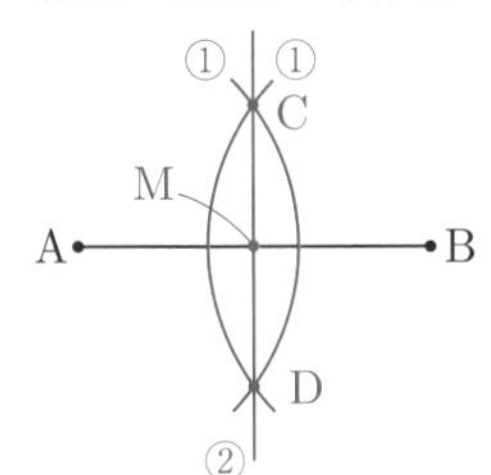

三辺相等より △ACD≡△BCD
→ 二辺夾角相等より △ACM≡△BCM
→ AM＝BM，∠AMC＝∠BMC＝90°

〔2〕 直線に対しその上にない1点からひいた垂線の作図

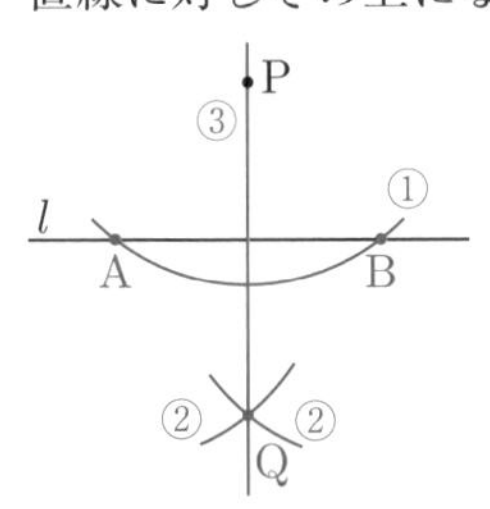

三辺相等より，△APQ≡△BPQ，
あとは〔1〕と同様に考えて，
PQ が AB の垂直二等分線だとわかる．
だから PQ は l の垂線である．

〔3〕 角の二等分線の作図

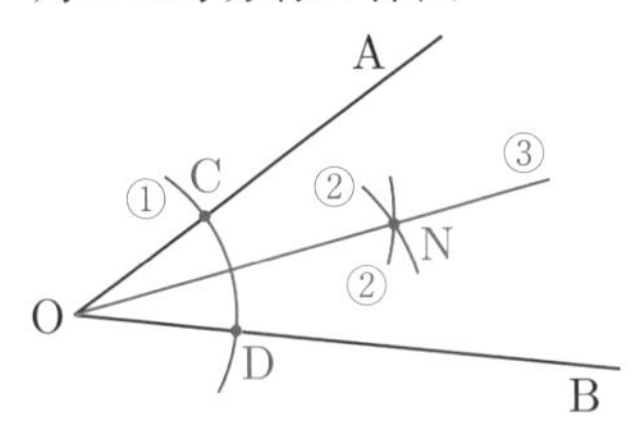

三辺相等より △OCN≡△ODN
→ ∠CON＝∠DON

POINT 113 作図が正しいことの証明

ある手順にしたがって行われた作図によって，条件をみたす図形ができあがっていることを確かめるには，作図の過程から「等しい」「この直線上にある」「この円上にある」などとわかる性質によく注意し，それをもとに証明を考えればよい．なお，「線分 AB の垂直二等分線上の点は A，B から等距離である」「∠AOB の二等分線上の点は OA，OB から等距離である」などの，中学校や高校で習得ずみの定理は，そのまま証明に用いてよい．

POINT 114 直線，平面の垂直について

- 空間内の 2 直線 l，m が垂直であるとは，l と m が交わりそのなす角が直角であるか，l をうまく平行移動させた直線 l' と m が交わりそのなす角が直角であることをいう．

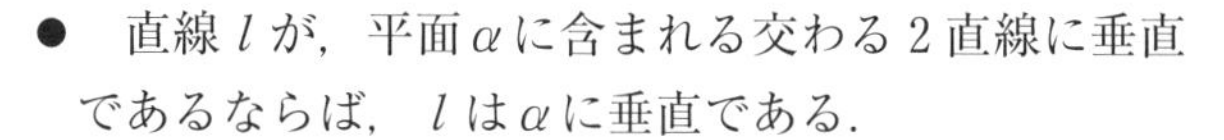

- 直線 l が平面 α に垂直である（l は α と直交する）とは，l が，α に含まれるすべての直線に垂直であることである．
- 直線 l が，平面 α に含まれる交わる 2 直線に垂直であるならば，l は α に垂直である．

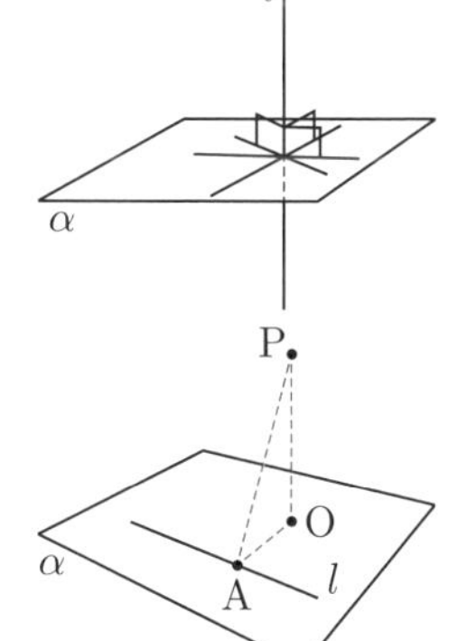

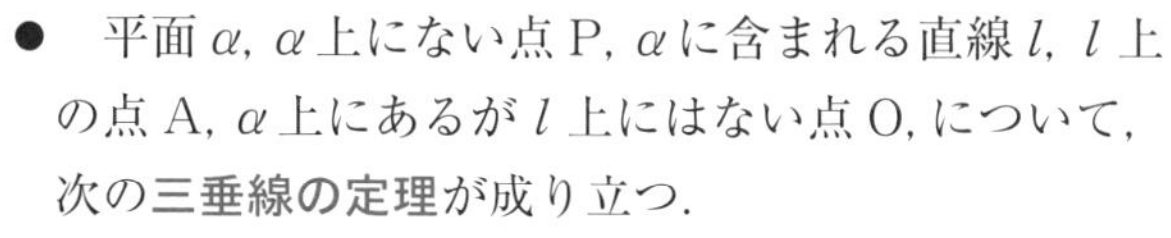

- 平面 α，α 上にない点 P，α に含まれる直線 l，l 上の点 A，α 上にあるが l 上にはない点 O，について，次の**三垂線の定理**が成り立つ．

〔1〕 $\mathrm{PO}\perp\alpha$ かつ $\mathrm{OA}\perp l \Longrightarrow \mathrm{PA}\perp l$.

〔2〕 $\mathrm{PO}\perp\alpha$ かつ $\mathrm{PA}\perp l \Longrightarrow \mathrm{OA}\perp l$.

〔3〕 $\mathrm{PA}\perp l$ かつ $\mathrm{OA}\perp l$ かつ $\mathrm{PO}\perp\mathrm{AO} \Longrightarrow \mathrm{PO}\perp\alpha$.

POINT 115 オイラーの多面体定理

凸多面体（へこみのない多面体）の頂点の個数を v，辺の個数を e，面の個数を f とすると，$v-e+f=2$ が成り立つ．

EXERCISE 44 ●作図，空間図形

問 1 直線 l と，l 上にある点 A，l 上にない点Bが与えられたとき，次のようにして，Aで l に接しBを通る円 C を作図できる．この手順が正しいことを示せ．

1) Aを通る l の垂線 m を作図する．
2) AB の垂直二等分線 n を作図する．

3)　2 直線 m, n の交点Oを中心としてAを通る円 C を作図する．

問 2　四面体 OABC について，OA⊥OB，OA⊥OC，OB⊥OC であるとする．

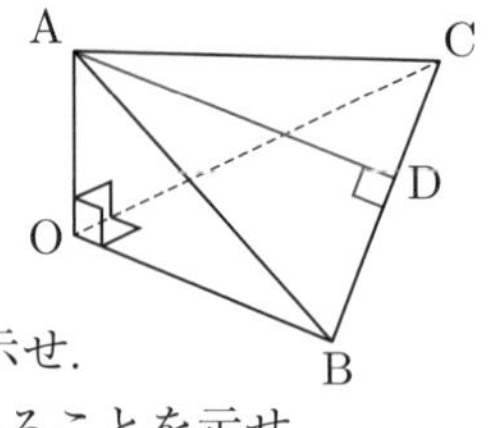

(1)　AからBCへ下ろした垂線の足をDとする．三垂線の定理を用いて，OD⊥BC を示せ．

(2)　△ABC の垂心を H とするとき，OH⊥BC を示せ．

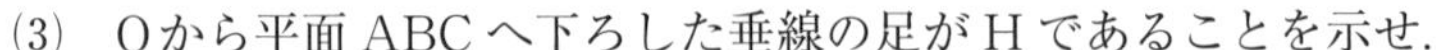

(3)　Oから平面 ABC へ下ろした垂線の足が H であることを示せ．

問 3　図は，四面体の 4 頂点のまわりを切り落とした立体である．頂点の個数 v，辺の個数 e，面の個数 f を求め，$v-e+f$ を計算せよ．

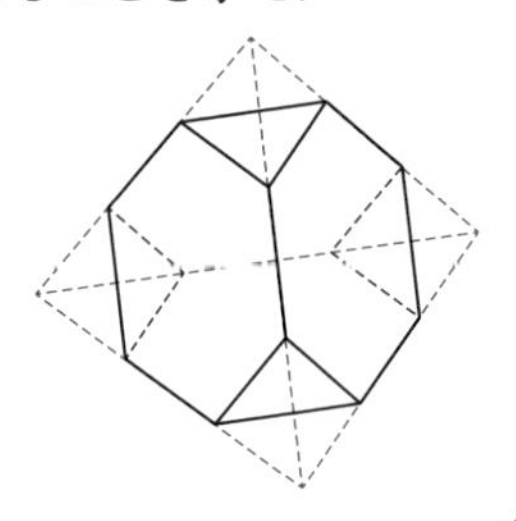

解答　**問 1**　Oは m 上の点だから OA⊥l，よって，C は l にAで接する．また，Oは n 上の点だから OA＝OB，よって，Bは C 上にある．

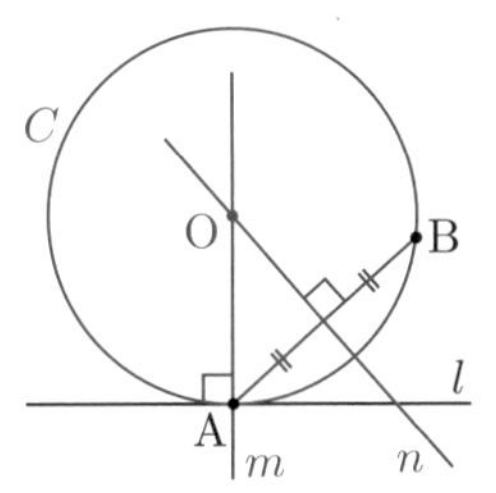

問 2　(1)　AO⊥平面 OBC (AO⊥OB かつ AO⊥OC だから)，AD⊥BC より，OD⊥BC である．(POINT 114 の三垂線の定理〔2〕を用いた．)

(2)　まず，点Hは直線 AD 上の点だから，直線 OH は平面 AOD に含まれる．次に，BC は交わる 2 直線 AD，OD と垂直だから，平面 AOD と垂直である．よって，BC は，平面 AOD に含まれる直線 OH と垂直である．

(3)　(1)，(2)と同様にして，OH⊥AB もわかる．(2)とあわせて，OH は平面 ABC に含まれる交わる 2 直線 BC，AB に垂直だから，平面 ABC に垂直である．つまり，H はOから平面 ABC へ下ろした垂線の足である．

問 3　6 角形の面が 4 個，3 角形の面が 4 個ある．$f=4+4=\mathbf{8}$．また，1 個の辺を 2 個の面が共有しているから，$e=(6\times4+3\times4)\div2=\mathbf{18}$ である．そして，1 個の頂点を 3 個の辺が共有しているから，$v=(18\times2)\div3=\mathbf{12}$ である．よって，$v-e+f=12-18+8=\mathbf{2}$ である．

＋PLUS　**問 3** は「この立体についてオイラーの多面体定理が成立していることを確かめよ」というものですが，ここでは解説の e，v の計算に用いた考え方を，よく理解してください．

THEME
45 正多面体

GUIDANCE 正多面体については，古くから非常に多くのことが研究され，いろいろなことが知られている．図形の対称性が高く，きれいで簡明な性質を持っていて，数学や自然科学ではしばしば話題になる．正多面体は5種類しかない．それぞれの形をよく知った上で，比較的簡単な形をしている正四面体，正六面体（立方体），正八面体についてはより詳しく知るのがよい．

POINT 116 正多面体の定義と種類

1種類の合同な正多角形だけを面とした**凸多面体**（へこみのない多面体）で，どの頂点にも同じ数だけ面が集まってできているものを**正多面体**という．正多面体には下の5種類しかないことが知られている．

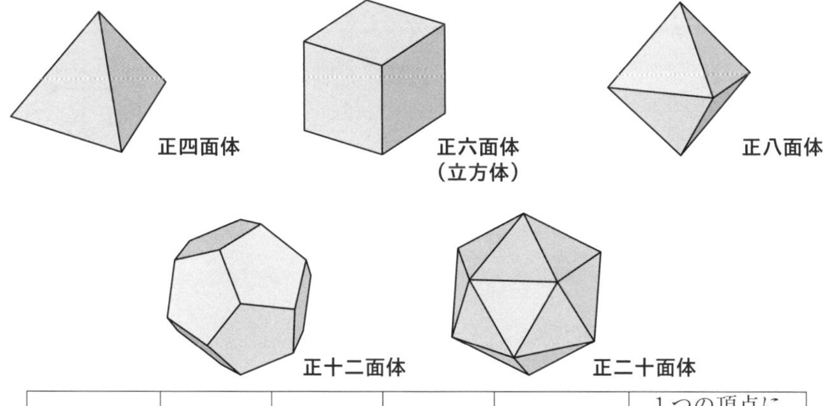

	面の形	面の個数	辺の個数	頂点の個数	1つの頂点に集まる面の個数
正四面体	正三角形	4	6	4	3
正六面体	正四角形	6	12	8	3
正八面体	正三角形	8	12	6	4
正十二面体	正五角形	12	30	20	3
正二十面体	正三角形	20	30	12	5

POINT 117 正四面体

- 正四面体で，1つの頂点から対面へ下ろした垂線の足は，対面（正三角形）の重心である（図1）．
- 正四面体の向かい合った辺どうしは垂直である．つまり，正四面体 ABCD

では，AB⊥CD，AC⊥BD，AD⊥BC である．

- 正四面体の 6 辺の中点を線分で結び，正八面体が作れる（図 2 ）.
- 正六面体の頂点のうち 4 つを線分で結び，正四面体が作れる（図 3 ）.

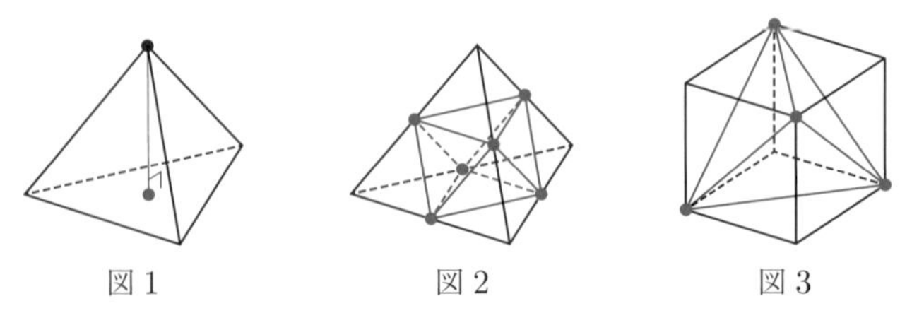

図 1　　図 2　　図 3

POINT 118 正六面体（立方体）

- 正六面体の対面どうしは平行，隣接する面どうしは垂直である.
- 正六面体の 6 面の中心を線分で結び，正八面体が作れる（図 4 ）.
- 正六面体の対角線が 1 点に見える視点から見ると，正六面体は正六角形に見える（図 5 ）.
- 正六面体の辺のうち 6 つの中点を線分で結び，正六角形が作れる（図 6 ）.

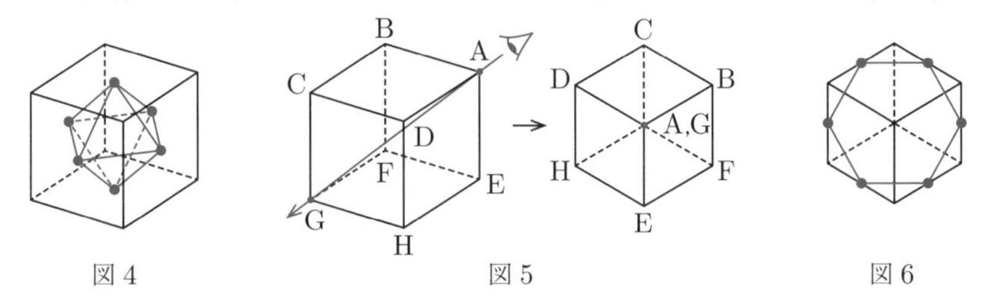

図 4　　図 5　　図 6

POINT 119 正八面体

- 正八面体の対面どうしは平行である.
- 正八面体の 8 面の中心を線分で結び，正六面体が作れる（図 7 ）.
- 正八面体の 1 つの面の正面から見ると，正八面体は正六角形に見える（図 8 ）.
- 側面がすべて正三角形である正四角錐を，それと合同なもう 1 つの正四角錐と底面どうしで貼り合わせると，正八面体になる（図 9 ）.

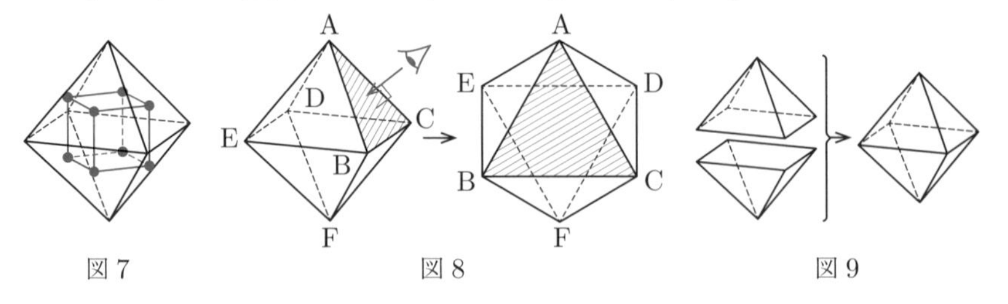

図 7　　図 8　　図 9

EXERCISE 45 ●正多面体

問1　図の立体 ABCDE は，6 個の合同な正三角形の面でできている．これは正多面体か．

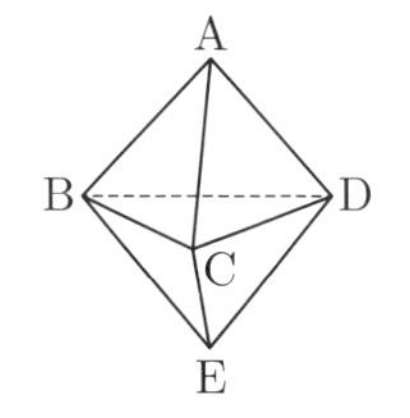

問2　正四面体 ABCD で，AB の中点を M，CD の中点を N とすると，MN⊥AB であることを証明せよ．

問3　正六面体 ABCD-EFGH で，対角線 AG と △BDE の交点 P は，△BDE の重心であることを証明せよ．

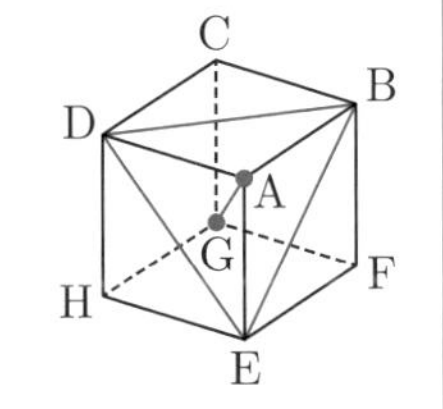

問4　図は，1 辺の長さが 1 の正三角形を 7 個，辺どうしで貼り合わせたものである．

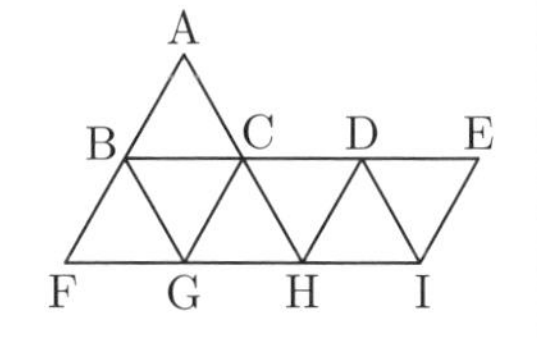

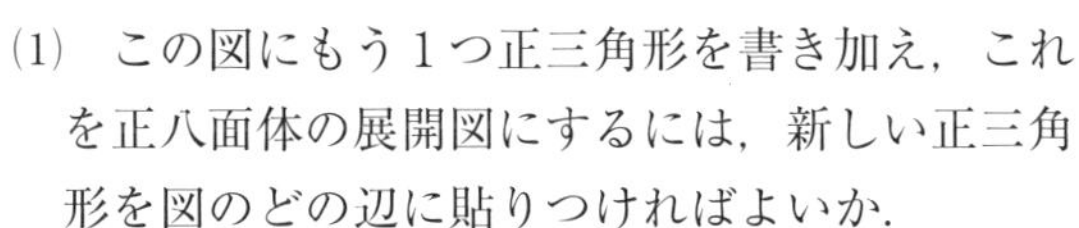

(1)　この図にもう 1 つ正三角形を書き加え，これを正八面体の展開図にするには，新しい正三角形を図のどの辺に貼りつければよいか．

(2)　(1)で作った展開図から組み上げた正八面体を，面 ABC に平行な平面で切る．そのときの切り口となる図形の，周の長さは，切り方によらず常に 3 であることを示せ．

解答　**問1**　頂点 A，E には 3 個の面が，頂点 B，C，D には 4 個の面が集まっている．各頂点に集まる面の個数が一定でないので，この立体は**正多面体ではない**．

問2　AN は △ACD の，BN は △BCD の中線である．△ACD と △BCD は合同な正三角形であるから，それぞれの中線の長さは等しく，AN＝BN である．よって，△ABN は二等辺三角形である．MN はその底辺 AB へ向けて引いた中線であるから，MN⊥AB である．

問3　BD と AC の交点を M とする．M は BD の中点である．したがって，EM は △BDE の中線である．また，M は AC 上の点なので，EM は平面 ACE，すなわち平面 AEG 上にある．つまり，EM は平面 AEG と平面 BDE の交線である．よって，AG と △BDE の交点 P は，平面 AEG，平面 BDE の両方の上にあるので，2 平面の交線である EM の上にある．

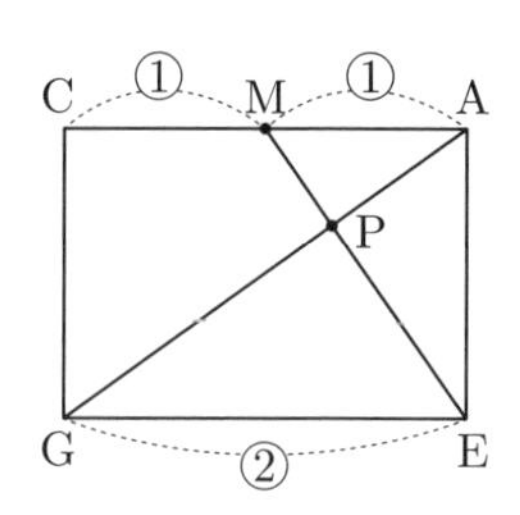

長方形 ACGE と M，P を図示すると右のようになる．よって，EP：PM＝EG：AM＝2：1 で，P は △BDE の中線 EM を 2：1 に内分する点である．ゆえに，P は △BDE の重心である．

問 4 (1) このまま組み上げると，A と D，B と E，F と I が重なり，面 FGH だけが欠けた正八面体になる．だから，**辺 FG，辺 GH，辺 HI のうちどれか**に新しい面を貼りつければ，完全な正八面体の展開図になる．

(2) 切り口は面 ABC およびその対面と平行である．

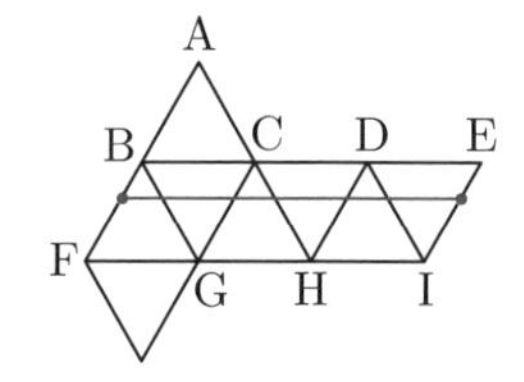

切り口の周は残りの 6 つの面に現れるが，それは面 ABC およびその対面の辺 —— これは展開図上では辺 BC，CD，DE，FG，GH，HI である —— と平行な線分として現れる．よって，切り口の周は図のように線分 BE と平行で同じ長さの線分として，展開図上に現れる．その長さは 3 に等しい．

PLUS 正多面体の性質の中には，対称性から直観できるものも多いです．日頃から正多面体に慣れ親しみ，感覚を磨くとよいでしょう．

三角形の傍心，トレミーの定理

平面幾何の歴史は非常に古く，研究した人，愛好した人も昔からとてもたくさんいる．だから平面幾何の分野には定理が大変に多く，述べだしたらきりがない．ここでは，本文で触れられなかったもののうち，共通テストで使える可能性があるものを2つ，説明する．

三角形の傍心

△ABCの内心とは，「線分」BC，CA，ABから等距離にある点だった．しかしこれを「直線」BC，CA，ABから等距離にある点，と条件を変えると，図のように，内心Iのほかに，△ABCの外部に3つ，条件をみたす点がある．これを△ABCの**傍心**という．傍心を中心として，直線BC，CA，ABすべてに接する円がかける．これを△ABCの**傍接円**という．

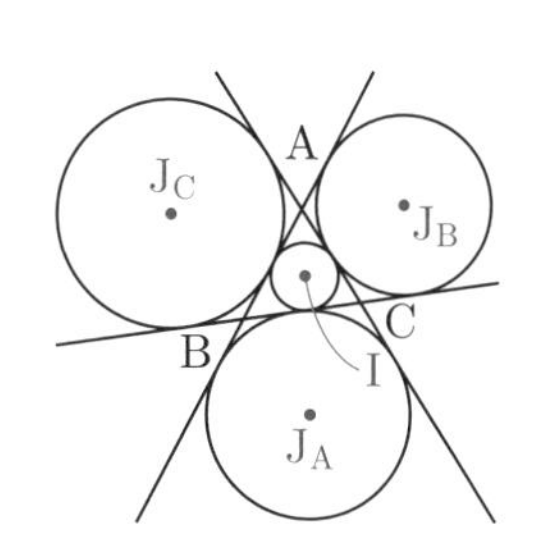

図で，傍心J_Aは，内角∠A，外角∠B，外角∠Cの二等分線の交点である．J_B，J_Cについても同様に，△ABCの内角や外角の二等分線の交点である．

内心と傍心は定義が似ているので性質も似ているし，相互の関係も深い．たとえば，$BC=a$，$CA=b$，$AB=c$とし，△ABCの面積をSとして，内接円の半径をrとすると$S=\frac{1}{2}(a+b+c)r$が成り立つが，傍心J_Aを中心とする傍接円の半径をr_Aとすると$S=\frac{1}{2}(-a+b+c)r_A$が成り立つ．また，次のことが成り立つ．

> 内心I，傍心J_A，J_B，J_Cの4点のうち3点を頂点とする三角形の垂心は，残りの1点と一致する．

トレミーの定理

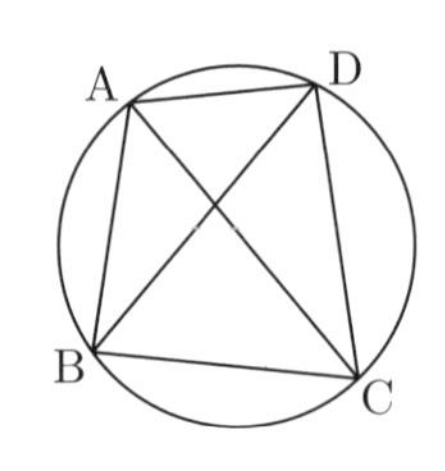

四角形 ABCD が円に内接するとき,

$$AC\cdot BD=AB\cdot DC+AD\cdot BC$$

が成り立つ．これを**トレミー（プトレマイオス）の定理**という.

トレミーの定理は計量にも証明にも大きな威力を持つ. たとえば次の問題は通常は補助線をひいて三角形の合同を用いて考えるが，トレミーの定理を適用すれば瞬時に解決する.

問題：正三角形 ABC の（中心角が 120°の）弧 BC 上に点 P をとると，$PA=PB+PC$ が成り立つ．これを示せ.

トレミーの定理の証明はいくつか知られているが，初等幾何では，辺 BD 上に $\angle EAD=\angle BAC$ となる点Eをとると，$\triangle AED\backsim\triangle ABC$ と $\triangle ADC\backsim\triangle AEB$ となることから，証明できる.

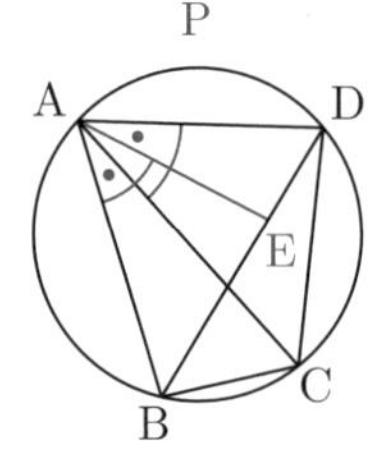

THEME 46

「このテーマは，共通テストの出題範囲に含まれていませんが，参考のために掲載しています.」

約数・倍数

GUIDANCE　整数の世界では，割り算がいつでも割り切れるわけではない．だから「a が b で割り切れる」という 2 数 a，b の関係は特殊なもので，意義深い．この関係を「b は a の約数である」「a は b の倍数である」と言い表す．整数の問題で，約数・倍数に注目するとすぐ解決するものは多い．

POINT 120 約数・倍数

a，b は整数で $b \neq 0$ だとする．

$a=bq$ を成立させる整数 q が存在するとき，a は b で割り切れる，b は a を割り切るという．また，b は a の約数（または因数）であるといい，a は b の倍数であるという．

1 はすべての整数の約数である．0 は（0 以外の）すべての整数の倍数である．

POINT 121 約数・倍数の基本的な性質

- a，b がともに m の倍数であれば，$a+b$，$a-b$ も m の倍数である．
- a が m の倍数であれば，r がどんな整数であっても，ra は m の倍数である．
- a が b の倍数で b が c の倍数であれば，a は c の倍数である．
  c が b の約数で b が a の約数であれば，c は a の約数である．

POINT 122 約数の求め方

与えられた整数 a の正の約数をすべて挙げるには，a を (1,) 2，3，4，… で順に割って調べればよい．このとき，たとえば「12 は 2 で割り切れる」ことを見つければ，12 の約数として 2 と同時に $12 \div 2=6$ も見つけていることに注意．

ほかに，素因数分解を用いる方法もある (POINT 126).

POINT 123 有名な約数の判別法

整数 a を 10 進法で表記したとき，

- a が 2 の倍数 $\iff$ a の下 1 桁が 2 の倍数（つまり偶数），
  a が 4 の倍数 $\iff$ a の下 2 桁が 4 の倍数，
  a が 8 の倍数 $\iff$ a の下 3 桁が 8 の倍数．
- a が 5 の倍数 $\iff$ a の下 1 桁が 5 の倍数（つまり 0 か 5）．

参考　整数の性質

● aが3の倍数 $\iff$ aのすべての桁の数の和が3の倍数,
aが9の倍数 $\iff$ aのすべての桁の数の和が9の倍数.

EXERCISE 46 ●約数・倍数

問1 84の約数をすべて挙げよ.

問2 a, bがともにmの倍数であれば, $a+b$もmの倍数であることを示せ.

問3 aは4桁の整数で, 千の位がx, 百の位がy, 十の位がz, 一の位がw, とする. 以下, 証明の記述にはx, y, z, wを用いること.

(1) 「aが4の倍数 $\iff$ aの下2桁が4の倍数」を示せ.

(2) 「aが9の倍数 $\iff$ aのすべての桁の数の和が9の倍数」を示せ.

問4 一般の整数a, b, cについて, 「$b \neq c$ で, aがbでもcでも割り切れるならば, aはbcで割り切れる」は正しいか.

問5 正の整数のうち3の倍数でも4の倍数でもないものを小さい順に並べた列 1, 2, 5, 7, 10, 11, 13, 14, … を考える.

(1) この列の前から34番目にある整数は何か.

(2) 179はこの列の前から何番目にあるか.

解答 **問1** 84の正の約数は, 右のように列挙できる(約数を1つ見つけたとき, それで84を割った商も約数なので, それも挙げておく. 今の場合, 7を挙げたあと, 8, 9, 10, 11とチェックして12に至った時点で, もうこれ以上は正の約数はないとわかる). そして, 約数の -1 倍も約数であり, これらに負号をつけたものが84の負の約数のすべてである. 答えは **1, 2, 3, 4, 6, 7, 12, 14, 21, 28, 42, 84, −1, −2, −3, −4, −6, −7, −12, −14, −21, −28, −42, −84** である.

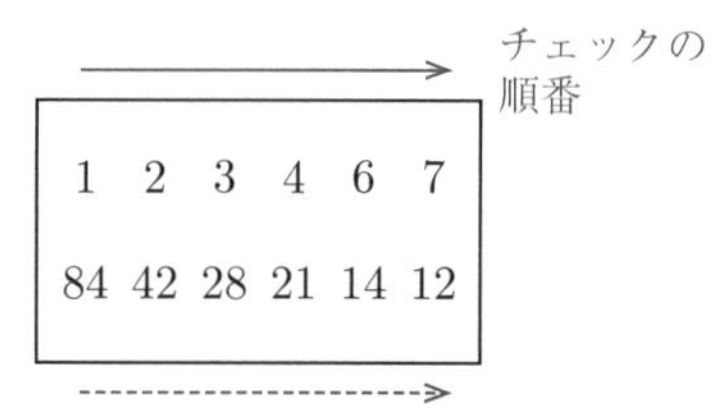

問2 a, bがともにmの倍数であれば, 倍数の定義により, $a=km$, $b=lm$ をみたす整数k, lが存在する. このとき $a+b=(k+l)m$ で, $k+l$は整数だから, 再び倍数の定義により, $a+b$はmの倍数である.

問3 $a=1000x+100y+10z+w$ である.

(1) $a=4(250x+25y)+(10z+w)$ であり, $4(250x+25y)$ は4の倍数である. だから, $10z+w$ (aの下2桁) が4の倍数であれば, aも(4の倍数どうしの和なので) 4の倍数である. また, $10z+w=a-4(250x+25y)$ なので, aが

4 の倍数であれば，$10z+w$ も（4 の倍数どうしの差なので）4 の倍数である．

(2)　$a=9(111x+11y+z)+(x+y+z+w)$ であり，$9(111x+11y+z)$ は 9 の倍数である．だから，$x+y+z+w$（a のすべての桁の数の和）が 9 の倍数であれば，a も（9 の倍数どうしの和なので）9 の倍数である．また，
$x+y+z+w=a-9(111x+11y+z)$ なので，a が 9 の倍数であれば，
$x+y+z+w$ も（9 の倍数どうしの差なので）9 の倍数である．

問 4　**正しくない**．たとえば，$a=4$，$b=4$，$c=2$ が反例になる．

問 5　まず，3 と 4 の最小公倍数（POINT 127）が 12 であることに注目し，1 以上 12 以下の整数のうち 3 の倍数と 4 の倍数を取り去ったものを考える．それは 1，2，5，7，10，11 である．

1　2　~~3~~　~~4~~　5　~~6~~　7　~~8~~　~~9~~　10　11　~~12~~

次に 13 以上 24 以下の整数についても考える．これらは 1 以上 12 以下の整数に，3 の倍数でもあり 4 の倍数でもある 12 を加えたものである．よって，3 の倍数や 4 の倍数が現れるタイミングは，13 以上 24 以下でのものと，1 以上 12 以下でのものとは，一致する．

25 以上 36 以下，37 以上 48 以下，… でも同様である．つまり，すべての正の整数を小さい方から 12 個ずつに区切ったとき，それぞれの 1 番目，2 番目，5 番目，7 番目，10 番目，11 番目，の 6 個だけが，いま考えている列に並んでいる．

(1)　34 を 6 で割ると商が 5，余りが 4 であるから，求める整数は $(5+1)$ 個目の区切りのうちの前から 4 個目である．それは $12\times5+7=$**67** である．

(2)　179 を 12 で割ると商が 14，余りが 11であるから，179 は $(14+1)$ 個目の区切りのうち最後のものである．$6\times14+6=90$ より，それは**前から 90 番目**にある．

PLUS　**問 4**の命題は正しくないのですが，落ち着いて考えないと「bで割ったあとcでも割れるから…」などと誤解しそうです．この命題を正しいものに修正するには，仮定に「bとcが互いに素（POINT 127）だ」を付加すればよいのです．

THEME 47

「このテーマは，共通テストの出題範囲に含まれていませんが，参考のために掲載しています.」

素数と素因数

GUIDANCE 整数を（かけ算を用いて）考えるときに，整数１つ１つを構成する原子のような働きをするのが素数である．どんな整数でも素数の積として書き表され，しかもその書き表し方は一通りしかない（素因数分解の存在と一意性）．整数の問題では，素数や素因数分解なしでは前進できないこともとても多い．

POINT 124 素数

7の約数は1, 7, −1, −7であり，正の約数は1と7自身のみである．このように，1と自分自身のみを正の約数として持つ1でない正の整数を**素数**という．

pが素数であれば，次のことが成り立つ．

　2つの整数a，bの積abがpの倍数であれば，

　a，bの少なくとも一方はpの倍数である．

この対偶もよく用いられる．すなわち，pが素数であれば，

　整数aがpの倍数でなく，整数bもpの倍数でないならば，

　積abもpの倍数ではない．

素数でも1でもない正の整数を**合成数**という．1は素数でも合成数でもない．

POINT 125 素因数と素因数分解

素数である因数（約数と同じ意味）を**素因数**という．1でない正の整数を，素因数の積として書き表すことを，**素因数分解**するという．

1でない正の整数は必ず素因数分解できる（ただし，素数についてはそれ自体を素因数分解の結果と見なす）．しかも，素因数分解は（積の順序の違いを除いて）1通りしかない．

POINT 126 素因数分解を用いた約数の列挙

1でない正の整数aの素因数分解が $a=p_1{}^{e_1}p_2{}^{e_2}\cdots p_l{}^{e_l}$ であるとする（p_1，p_2，…，p_lは相異なる素数，e_1，e_2，…，e_lは正の整数）．このとき，aの正の約数は$p_1{}^{x_1}p_2{}^{x_2}\cdots p_l{}^{x_l}$（$x_1$，$x_2$，…，$x_l$は整数で，$0\leqq x_1\leqq e_1$，$0\leqq x_2\leqq e_2$，…，$0\leqq x_l\leqq e_l$をみたす）の形の整数で尽くされる．ただしここで，正数Aに対してA^0は1を表すと考える．

上記の状況のとき，aの正の約数は$(e_1+1)(e_2+1)\cdots(e_l+1)$個ある．また，

a の正の約数の総和は

$$(1+p_1+p_1{}^2+\cdots+p_1{}^{e_1})(1+p_2+p_2{}^2+\cdots+p_2{}^{e_2})\cdots(1+p_l+p_l{}^2+\cdots+p_l{}^{e_l})$$

である．

EXERCISE 47 ●素数と素因数

問 1　偶数である素数は 2 だけであることを説明せよ．

問 2　539 を素因数分解せよ．また，539 の正の約数の個数と総和を求めよ．

問 3　$(7x-4)(10y-3)=70$ となる正の整数 x，y をすべて求めよ．

問 4　(1)　$\sqrt{60n}$ が整数になる正の整数 n のうち最小のものを求めよ．

(2)　$\sqrt{\dfrac{10}{99}m}$ が有理数になる正の整数 m のうち最小のものを求めよ．

問 5　連続する 100 個の正の整数

$$101!+2,\ 101!+3,\ \cdots,\ 101!+101$$

には素数が 1 つも含まれないことを，以下のように証明した．空欄を適切に補え．

〈証明〉　まず，$101!=101\times100\times\cdots\times3\times2\times1$ は，2 の倍数であり 3 の倍数であり……100 の倍数であり 101 の倍数であることに注意しておく．

さて，$101!$ と 2 はどちらも，1 でない正の整数 [ア] の倍数である．だから，その和 $101!+2$ も [ア] の倍数である．しかもこれは [ア] より大きい．したがって，$101!+2$ は素数ではない．

ほかのものについても同様である．k を $2\leqq k\leqq101$ をみたす整数とするとき，$101!$ と k はどちらも，1 でない正の整数 [イ] の倍数である．だから，その和 $101!+k$ も [イ] の倍数である．しかもこれは [イ] より大きい．したがって，$101!+k$ は素数ではない．

これで，$101!+2$，$101!+3$，…，$101!+101$ には素数が 1 つも含まれないことが示せた．

参考　整数の性質

解説　感覚的には，積によってそれ以上バラバラにできない（1 より大きい）整数が素数であり，整数をもっとも小さい原子（素数）にまでバラバラにすることが素因数分解である．最小の構成因子まで見ることによって，全体のしくみがわかる．

解答　**問 1**　2 は 1 と 2 のみを正の約数とするから素数である．2 以外の正の偶数は 2 を正の約数として持つが，2 は 1 でもその偶数自身でもない．よって，

2 以外の正の偶数は素数ではない．0 や負の偶数はもちろん素数ではない．

問 2　**$539=7^2\times 11$** が素因数分解．539 の正の約数は

$$
\begin{array}{r}
7\,\underline{)\,539}\\
7\,\underline{)\;\;77}\\
11
\end{array}
$$

$$7^0\times 11^0,\ 7^1\times 11^0,\ 7^2\times 11^0,\ 7^0\times 11^1,\ 7^1\times 11^1,\ 7^2\times 11^1$$

の **6 個**．そしてその総和は

$$
\begin{aligned}
&7^0\times 11^0+7^1\times 11^0+7^2\times 11^0+7^0\times 11^1+7^1\times 11^1+7^2\times 11^1\\
&=(7^0+7^1+7^2)\times 11^0+(7^0+7^1+7^2)\times 11^1\\
&=(7^0+7^1+7^2)\times(11^0+11^1)\\
&=(1+7+49)\times(1+11)\\
&=\mathbf{684}.
\end{aligned}
$$

問 3　x，y ともに正の整数とする．$7x-4$，$10y-3$ は正である．一方，$(7x-4)(10y-3)=70$ のとき，$(7x-4)(10y-3)$ は素数 2，5，7 の倍数であるが，$7x-4$ は 7 の倍数になり得ず，$10y-3$ は 2 の倍数にも 5 の倍数にもなり得ないので，$7x-4$ は 2，5 の倍数であり，$10y-3$ は 7 の倍数である．以上をまとめて，$(7x-4)(10y-3)=70$ は $7x-4=10$ かつ $10y-3=7$，すなわち $\boldsymbol{x=2}$ **かつ** $\boldsymbol{y=1}$ のときだけ成り立つとわかる．

問 4　(1)　$\sqrt{60n}=\sqrt{2^2\cdot 3\cdot 5\cdot n}=2\sqrt{3\cdot 5\cdot n}$ より，これを整数にする正の整数 n のうち最小のものは $3\cdot 5=\mathbf{15}$ である．

(2)　$\sqrt{\dfrac{10}{99}m}=\sqrt{\dfrac{2\cdot 5}{3^2\cdot 11}m}=\dfrac{1}{3}\sqrt{\dfrac{2\cdot 5}{11}m}$ より，これを有理数にする正の整数 m のうち最小のものは $2\cdot 5\cdot 11=\mathbf{110}$ である．

問 5　ア　**2**　　イ　$\boldsymbol{k}$

➕PLUS　与えられた正の整数が素数であるかどうかを判定するには，**問 5** のように，それが（1 と自分自身以外の）整数で割り切れるかを調べるのが基本となります．

なお，**問 5** のように考えると，どんなに大きな正の整数 N に対しても「連続する N 個の正の整数で，素数を 1 つも含まないもの」が存在することがわかります．

THEME 48

「このテーマは，共通テストの出題範囲に含まれていませんが，参考のために掲載しています.」

公約数・公倍数

GUIDANCE 公約数・公倍数については，「言われてみれば当たり前」というようなことが，教科書にも参考書にもたくさん載っている．その「当たり前」を，問題文の誘導を読み解きながら組み合わせていくのが，共通テストである．「当たり前」をまず知り，そしてその意味するところ，そうなる理由を正しくわかる必要がある．

POINT 127 公約数・公倍数，最大公約数と最小公倍数

2つ以上の整数に共通する約数を**公約数**という．公約数のうち最も大きいものを**最大公約数**という．

2つの整数 a，b の正の公約数が1しかないとき，a，b は**互いに素**であるという．

2つ以上の整数に共通する倍数を**公倍数**という．正の公倍数のうち最も小さいものを**最小公倍数**という．

POINT 128 素因数分解で公約数・公倍数を理解する

270 と 198 の最大公約数 g は 18，最小公倍数 l は 2970 である．この求め方はいろいろあるが，素因数分解 $270=2\times3^3\times5$，$198=2\times3^2\times11$ を用いると，右図のように

g

$270=\boxed{2\times3\times3}\times3\times5$

$198=\boxed{2\times3\times3}\qquad\times11$

$\boxed{2\times3\times3\times3\times5\times11}$

l

270 と 198 の素因数分解に共通している部分を抜き出して

$$g=2\times3\times3=18,$$

g に，270 と 198 の素因数分解が $2\times3\times3\,(=g)$ 以外に持つ素因数をすべてかけて

$$l=g\times3\times5\times11=2970$$

として，g と l が求められる．

3つ以上の整数の最大公約数 g，最小公倍数 l についても同様である．すべてに共通する素因数の積が g，すべての素因数を含むように作ったものが l である．

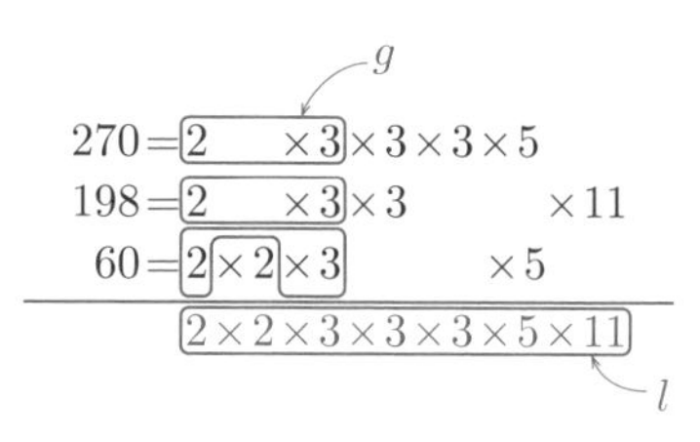

POINT 129 公約数・公倍数についての基本的な定理

素因数分解から公約数・公倍数を考えると，以下のことがすぐわかる．

a，b の最大公約数を g，最小公倍数を l とする．

- a，b の公約数全体の集合は，g の約数全体の集合と一致する．
- a，b の公倍数全体の集合は，l の倍数全体の集合と一致する．
- a，b が互いに素 $\Longleftrightarrow$ $g=1$ $\Longleftrightarrow$ a，b が素因数をまったく共有しない．
- $a=ga'$，$b=gb'$ とすると，a'，b' は互いに素である整数で，$l=ga'b'$ である．
- $ab=gl$ が成り立つ．

EXERCISE 48 ●公約数・公倍数

問 1　90 と 84 の正の公約数をすべて求めよ．

問 2　整数 a と 546 の最大公約数は 13 であり，$175 \leqq a \leqq 240$ である．a を求めよ．

問 3　任意の正の整数 n について，n と $n+1$ は互いに素であることを示せ．

問 4　2 つの正の整数 a，b の積は 10800 で，最小公倍数は 360 である．

(1)　a，b の最大公約数を求めよ．

(2)　あり得る $(a,\ b)$ の組で $a<b$ をみたすものをすべて求めよ．

解答　**問 1**　素因数分解 $90=2\times3^2\times5$，$84=2^2\times3\times7$ を見て，90 と 84 の最大公約数は $2\times3=6$ である．したがって，90 と 84 の正の公約数は，6 の正の約数，**1**，**2**，**3**，**6** である．

問 2　a を 13 で割った商を a' とおくと，$a=13a'$ で，a' は整数である．これと $546=13\times42$ を見比べて，a' と 42 は互いに素　…①　である．一方，$175 \leqq a \leqq 240$ より $175 \leqq 13a' \leqq 240$，したがって，$13.4\cdots \leqq a' \leqq 18.4\cdots$ であるが，a' は整数なので，$14 \leqq a' \leqq 18$　…②　である．

①と②を両方みたす a' は，$a'=17$ のみである．よって，$a=13\times17=\mathbf{221}$．

問 3　n と $n+1$ が互いに素でないと仮定すると，n と $n+1$ は共通の素因数 p を持つ．よって，$n=pk$，$n+1=pl$ となる正の整数 k，l が存在する．この 2 つの等式を辺々ひき算すると $(n+1)-n=pl-pk$，すなわち

$$1=p(l-k)$$

を得る．しかし，p は 2 以上の整数，$l-k$ は整数だから，その積が 1 に等しいはずはなく，矛盾．よって，背理法により，n と $n+1$ は互いに素である．

問 4　(1)　最大公約数を g とすると，(POINT 129 の最後の公式より)

$10800=g\cdot 360$, よって, $g=\mathbf{30}$ である.

(2) 素因数分解 $30=2\times3\times5$, $360=2^3\times3^2\times5$ に注意する. a と b は素因数分解のうちに

- どちらも $2\times3\times5$ を含む.
- それとは別に, 2^2 と 3 をそれぞれ, どちらか一方だけが含む.

したがって, $a<b$ も考慮すると, 次の2通りだけがあり得る.

$$\begin{array}{l} a=\boxed{2\times3\times5} \\ b=\boxed{2\times3\times5}\times2^2\times3 \\ \hline \quad 2\times3\times5\times2^2\times3 \end{array} \qquad \begin{array}{l} a=\boxed{2\times3\times5}\qquad\times3 \\ b=\boxed{2\times3\times5}\times2^2 \\ \hline \quad 2\times3\times5\times2^2\times3 \end{array}$$

答えは $(a,\ b)=(\mathbf{30},\ \mathbf{360})$ と $(a,\ b)=(\mathbf{90},\ \mathbf{120})$ である.

PLUS 公約数・公倍数はなじみのある存在ですが, それに関する問題には, 意外と難しいものもあります. ここに述べた基本事項を確実に習得して臨みましょう.

THEME 49

「このテーマは，共通テストの出題範囲に含まれていませんが，参考のために掲載しています.」

整数の割り算

GUIDANCE 「20 を 6 で割ると商は 3 で余りは 2」などは小学校で学ぶことだが，これが「$20=6\times3+2$ であり，2 が割る数 6 より小さい」ことを意味するとはっきり意識するのが高校生には大切なことである．等式を得たことにより問題を解きやすくなるし，余りだけに着目した考察も容易にできるようになる．

POINT 130 (余りを出す) 整数の割り算

以下，aを整数とし，bを正の整数とする．このとき，整数q，rで

$$\begin{cases} a=bq+r \\ 0\leqq r<b \end{cases}$$

をみたすものが，ただ 1 通りだけ存在する．qを（aをbで割ったときの）商といい，rを余りという．aがbで割り切れることは，$r=0$ と同値である．

POINT 131 余りによる整数全体の分類

以下，mを正の整数とする．

整数全体を次のようにm個の類に分類できる．

$$\begin{cases} m\text{ で割った余りが }0\text{ である整数の類,} \\ m\text{ で割った余りが }1\text{ である整数の類,} \\ \qquad\vdots \qquad\qquad\qquad \vdots \\ m\text{ で割った余りが }(m-1)\text{ である整数の類.} \end{cases}$$

「mで割った余りがrである整数の類」に属する整数xは，ある整数kによって，$x=mk+r$ と表される．

また，2 つの整数x，yが同じ類に属することは，$x-y$がmの倍数であることと同値である．

9月

㊐	月	火	水	木	金	土
			1	2	3	4
⑤	6	7	8	9	10	11
⑫	13	14	15	16	17	18
⑲	20	21	22	23	24	25
㉖	27	28	29	30		

曜日が同じ日付は，7 で割った余りによる分類で，同じ類に属する．

POINT 132 余りによる整数全体の分類を用いた推論

たとえば，3 で割った余りによって整数全体を分類すると，すべての整数はある適切な整数kを用いて $3k$，$3k+1$，$3k+2$ のどれか 1 つの形に表せるとわかる．このように，すべての整数をいくつかの形に表して推論や計算を進めるのが有効であることが多い．

EXERCISE 49 ●整数の割り算

問 1　a, bが以下の通りであるとき，aをbで割ったときの商と余りを求めよ.

(1)　$a=30$, $b=7$　　(2)　$a=-30$, $b=7$

(3)　$a=4$, $b=9$　　(4)　$a=0$, $b=3$

問 2　(1)　整数aを 15 で割ると 9 余る．aを 5 で割ったときの余りはいくらか.

(2)　整数bを 3 で割ると 1 余り，7 で割ると 3 余る．bを 21 で割ったときの余りはいくらか.

問 3　(1)　奇数の平方 (2 乗) を 4 で割ると 1 余り，偶数の平方は 4 で割り切れることを示せ.

(2)　3 つの整数a, b, cが $a^2+b^2=c^2$ をみたすならば，a, bのうち少なくとも一方は偶数であることを示せ.

問 4　11 個の整数が与えられたとする．このとき，11 個のうちから適切に 2 個を選び (これを x, y とする)，$x-y$ が 10 の倍数になるようにできることを示せ.

解答　**問 1**　(1)　$30=7\times4+2$, $0\leqq2<7$ だから，商は **4**，余りは **2**.

(2)　$-30=7\times(-5)+5$, $0\leqq5<7$ だから，商は $\mathbf{-5}$，余りは **5**.
(「商は -4，余りは -2」は誤り)

(3)　$4=9\times0+4$, $0\leqq4<9$ だから，商は **0**，余りは **4**.

(4)　$0=3\times0+0$, $0\leqq0<3$ だから，商は **0**，余りは **0**.

問 2　(1)　$a=15q+9$ と書ける (q はある整数)．よって，$a=5\cdot3q+5\cdot1+4$，すなわち $a=5(3q+1)+4$ で，$3q+1$ は整数，$0\leqq4<5$ だから，a を 5 で割ると余りは **4** である.

(2)　b を 21 で割ったときの商を q，余りを r とすると，$b=21q+r$　…①
かつ $0\leqq r<21$　…② である．①で，$21q$ は 3 でも 7 でも割り切れるから，

- r を 3 で割った余りは b を 3 で割った余り，すなわち 1 と等しく，これと②を考え合わせると，r は 1, 4, 7, 10, 13, 16, 19 のどれか.
- r を 7 で割った余りは b を 7 で割った余り，すなわち 3 と等しく，これと②を考え合わせると，r は 3, 10, 17 のどれか.

よって，$r=\mathbf{10}$ である.

問 3　(1)　すべての奇数は $2k+1$ と表せる (k はある整数)．この平方は $(2k+1)^2=4k^2+4k+1=4(k^2+k)+1$ だから，これを 4 で割った余りは 1 で

参考

整数の性質

ある（k^2+k は整数，$0\leqq 1<4$ に注意）.

すべての偶数は $2l$ と表せる（l はある整数）．この平方は $(2l)^2=4l^2$ だから，これは 4 で割り切れる．

(2) 整数 a，b，c が $a^2+b^2=c^2$ をみたすとする．その上で，a，b 両方が奇数だと仮定する．(1)より，a^2，b^2 ともに，4 で割ったときの余りは 1 である．したがって，その和である c^2 を 4 で割ると余りは 2 である．しかし(1)より，どんな整数でもその平方を 4 で割ると余りは 1 か 0 であるから，これは矛盾．ゆえに，背理法により，a，b のうち少なくとも一方は偶数であることが示せた．

問 4　11 個の与えられた整数のうち，10 で割ったときの余りが k であるもの全体の集合（ただし k は 0 以上 9 以下の整数）を A_k とする．11 個の整数を 10 個の集合に分けたので，（$11>10$ なので，）A_0，A_1，…，A_9 のうち少なくとも 1 個には 2 個以上の整数が属している．その集合から 2 つの整数を選び x，y とすれば，x，y を 10 で割った余りは等しいので，$x-y$ は 10 の倍数である．

（別の説明のしかたとして，「11 個の整数のうちには 1 の位の数が一致しているものがあるはずだ」というものもある．）

PLUS　**問 4** では「$m>n$ のとき，m 個のものを n 通りの類に分類すると，少なくとも 1 つは，2 個以上のものが属する類がある」という，ごく当然のことを用いています．この考え方を，ディリクレの鳩の巣論法と呼ぶことがあります．

THEME 50
「このテーマは，共通テストの出題範囲に含まれていませんが，参考のために掲載しています.」

ユークリッドの互除法

GUIDANCE 「2つの正の整数 a, b の最大公約数を求める」ことは，a, b が容易に素因数分解できるならば難しい作業ではないが，たとえば a, b がとても大きくて人力では素因数分解ができないときには，工夫が必要な作業となる．その工夫として非常に大切なのが，ユークリッドの互除法と呼ばれるアルゴリズムである．整数の割り算をくりかえすだけで必ず最大公約数が得られるこの方法は優秀で，応用も広い．POINT 135 に見る「2元1次方程式の整数解を1組見つける方法」は，最も重要な応用例である．

POINT 133 ユークリッドの互除法の原理

以下，a, b は正の整数とする．a を b で割った商を q，余りを r とする．このとき $a=bq+r$ であり，$r=a-bq$ である．ここから，

〔1〕 b, r の両方を割り切る整数は，a をも割り切る

〔2〕 a, b の両方を割り切る整数は，r をも割り切る

ことがわかる．したがって，「a と b の公約数」と「b と r の公約数」とは完全に一致する．特に，次がいえる：m と n の最大公約数を GCD(m, n) と書くこととして，GCD(a, b)=GCD(b, r) …(♡) である．

POINT 134 ユークリッドの互除法

82 と 24 の最大公約数は 2 だが，これを次のような一連の計算で求めることができる．この計算のしかた（アルゴリズム）を**ユークリッドの互除法**という．

	割られる数	割る数	商	余り
82 を 24 で割る：	82	24	×3	+10
24 を 10 で割る：	24	10	×2	+4
10 を 4 で割る：	10	4	×2	+2
4 を 2 で割る：	4	2	×2	

あるステップの割る数と余りを，次のステップの割られる数と割る数にする．これを，割り切れる（余りが 0 になる）ステップまで続ける．

←割り切れたときの割る数が最大公約数

この計算と，POINT 133 の (♡) より，

$$\begin{aligned}\mathrm{GCD}(82,\ 24)&=\mathrm{GCD}(24,\ 10)=\mathrm{GCD}(10,\ 4)\\&=\mathrm{GCD}(4,\ 2)=\mathrm{GCD}(2,\ 0)=2\end{aligned}$$

が成り立つ．ステップが進むごとに余りは必ず小さくなるので，2つの正の整

数からはじめたユークリッドの互除法はいつか必ず終わり，最大公約数を見つけ出す．

POINT 135 ユークリッドの互除法と整数解

POINT 134 で $\mathrm{GCD}(82,\ 24)=2$ を求めたユークリッドの互除法が，方程式 $82x+24y=2$ …① の整数解（①をみたす整数 x，y の組）を1組見つけるのに役立つ．

$$\begin{cases}10=4\times2+2\\24=10\times2+4\\82=24\times3+10\end{cases}\quad\longrightarrow\quad \mathrm{GCD}(82,\ 24)\ \begin{cases}\boxed{2}=10-\underline{4}\times2\\\underline{4}=24-\underline{\underline{10}}\times2\\\underline{\underline{10}}=82-24\times3\end{cases}$$

ユークリッドの互除法の計算式を，下から2行目から逆順に書く

余りが左辺に，それ以外が右辺にあるように，等式を書き直す

$$\begin{aligned}2&=10-\underline{4}\times2\\&=10-(\underline{24-10\times2})\times2=\underline{\underline{10}}\times5-24\times2\\&=(\underline{\underline{82-24\times3}})\times5-24\times2=82\times5-24\times17\end{aligned}$$

代入計算をくりかえす

→ $82\times5-24\times17=2$ なので，
$(x,\ y)=(5,\ -17)$ が①の1組の整数解である．

一般に，a，b が正の整数で，$\mathrm{GCD}(a,\ b)=g$ とするとき，x，y の方程式 $ax+by=g$ の整数解を1組，ユークリッドの互除法により見つけられる．

EXERCISE 50 ●ユークリッドの互除法

問1 (1) 494 と 209 の最大公約数 g の値を求めよ．
(2) $494x-209y=g$ をみたす整数の組 $(x,\ y)$ を1組求めよ．

問2 1632，2652，7293 の最大公約数を求めよ．

問3 任意の正の整数 n について，n と $n+1$ は互いに素であることを示せ．

解答 **問1** (1) ユークリッドの互除法を用いる．右の計算より，$g=\mathbf{19}$ である．

$$\begin{aligned}494&=209\times2+76\\209&=76\times2+57\\76&=57\times1+19\\57&=19\times3\end{aligned}$$

(2) $\begin{cases}19=76-57\times1\\57=209-76\times2\\76=494-209\times2\end{cases}$ を順に用いて，

$$\begin{aligned}19&=76-57\times1\\&=76-(209-76\times2)\times1=76\times3-209\times1\\&=(494-209\times2)\times3-209\times1=494\times3-209\times7\end{aligned}$$

がわかる．$494\times3-209\times7=19$ だから，$(x,\ y)=(\mathbf{3},\ \mathbf{7})$ が求めるもの (の 1 つ) である．

問 2　3 つの整数のうちまず 2 つの最大公約数を求め，それと残りの 1 つの最大公約数を求めればよい．はじめにどの 2 つを選んでも最後に得られる結果は同じになる．

まず 1632 と 2652 の最大公約数をユークリッドの互除法により求める．右の上のように計算して，それは 204 だとわかる．

$$\begin{aligned}2652&=1632\times1+1020\\1632&=1020\times1+612\\1020&=612\times1+408\\612&=408\times1+204\\408&=204\times2\end{aligned}$$

次に，204 と 7293 の最大公約数をユークリッドの互除法により求める．右の下のように計算して，それは **51** だとわかる．

$$\begin{aligned}7293&=204\times35+153\\204&=153\times1+51\\153&=51\times3\end{aligned}$$

問 3　等式 $n+1=n\cdot1+1$ が成り立つので，POINT 133 のように考えて，$n+1$ と n の最大公約数は，n と 1 の最大公約数，すなわち 1 に等しい．よって，$n+1$ と n は互いに素である．

PLUS　EXERCISE 50 **問 3** は，EXERCISE 48 **問 3** の再掲です．2 つの解法を比べてください．ユークリッドの互除法の原理の重宝さがわかります．また，EXERCISE 50 **問 2** も，もしユークリッドの互除法を用いずに素因数分解などにより答えようとすると，かなり大変です．

ただし，素因数分解の理論上の重要性は，実際上の素因数分解の計算が困難であっても，まったく失われません．たとえば EXERCISE 50 **問 2** で，3 つの整数のうちまずどの 2 つを選んでも最後に得られる結果が同じになる理由を説明するには，3 つの整数が素因数分解された姿を想定する (具体的な素因数を計算で求める必要はありません) のが，もっとも簡明でしょう．

THEME 51

「このテーマは，共通テストの出題範囲に含まれていませんが，参考のために掲載しています.」

整数係数2元1次方程式の整数解

GUIDANCE　x, yの方程式 $ax+by=c$ (a, b, cは整数の定数) の整数解について，完全に理解しよう．まずaとbの最大公約数gを見る．cがgの倍数でなければ，整数解は存在しない．cがgの倍数であれば整数解が無限組あるが，そのうち1組を見つければ，あとはすべてそれをもとに作れる．

POINT 136　$ax+by=c$ の整数解の有無

a, b, cを整数の定数とし，aとbの最大公約数をgとする．

Case 1　cがgの倍数でないとき

x, yがどんな整数でも，$ax+by$はgの倍数だから，gの倍数でないcには等しくなり得ない．だから，方程式 $ax+by=c$ は整数解を持たない．

Case 2　cがgの倍数であるとき

$a=ga'$, $b=gb'$, $c=gc'$ と表せて，a', b', c'は整数，特にa'とb'は互いに素である (POINT 129)．このとき，方程式 $ax+by=c$ は (両辺をgで割った) $a'x+b'y=c'$ と同値．ここで，a'とb'が互いに素であることによって，これが整数解を持つといえる：その説明はPOINT 137で．

POINT 137　a, bが互いに素のときの方程式 $ax+by=c$

a, b, cを整数の定数とし，aとbは互いに素だとする．このとき，方程式 $ax+by=c$ の整数解を，1組作ることができる．

〔1〕 $c=1$ のとき：1がaとbの最大公約数なので，aとbにユークリッドの互除法を適用して，$ax+by=1$ の整数解が1組得られる．

〔2〕 $c\neq1$ のとき：〔1〕のように $ax+by=1$ の解を1組作る．それを (x_0, y_0) とすると，これをc倍した (cx_0, cy_0) が $ax+by=c$ の整数解である ($a(cx_0)+b(cy_0)=c(ax_0+by_0)=c\cdot1=c$ より)．

POINT 138　$ax+by=c$ のすべての整数解

a, b, cを整数とし，aとbの最大公約数をgとする．cがgの倍数であるとき，方程式 $ax+by=c$ は整数解を無限組持つ．

【場合1　a, bが互いに素 (すなわち $g=1$) のとき】

POINT 137のようにして，$ax+by=c$ の整数解を1組作れる．それを (x_0, y_0) とする．このとき，すべての整数解は

$$\begin{cases} x = x_0 + kb \\ y = y_0 - ka \end{cases} \quad (k \text{ は整数})$$

で得られる．座標平面上では，これらの整数解を座標に持つ点は，直線 $ax+by=c$ 上に等間隔に並ぶ．

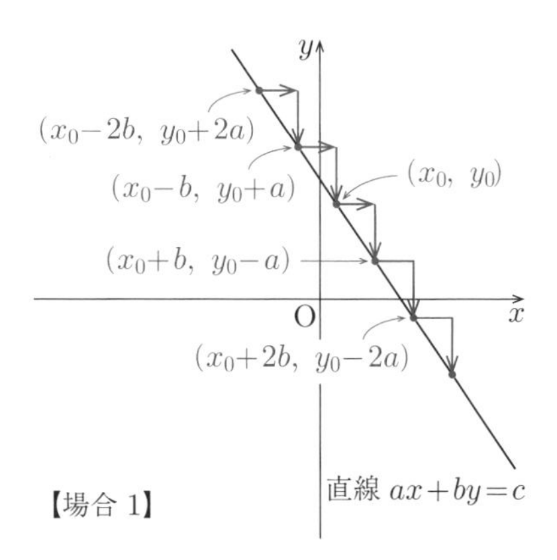

【場合 2　$g \neq 1$ のとき】

POINT 136 の Case 2 のように，$ax+by=c$ の両辺を g で割って，これを $a'x+b'y=c'$ (a' と b' は互いに素) に書きかえられる．これを【場合 1】のように解けばよい．

EXERCISE 51 ●整数係数２元１次方程式の整数解

問 1　方程式 $6x-9y=10$ は整数解を持たない．なぜか．

問 2　方程式 $4x+5y=1$ の整数解をすべて求めよ．

問 3　(1)　方程式 $10x-6y-2$ の整数解をすべて求めよ．

(2)　方程式 $10x-6y=14$ の整数解をすべて求めよ．

問 4　方程式 $31x+22y=1748$ をみたす，正の整数の組 $(x,\ y)$ をすべて求めよ．

解答　**問 1**　「**10 は 6 と 9 の最大公約数 3 の倍数ではないから．**」，「**x，y が整数のとき $6x-9y$ は 3 の倍数だが 10 は 3 の倍数でないから．**」など．

問 2　$(x,\ y)=(-1,\ 1)$ が整数解の 1 つである．よって，すべての解は．(4 と 5 が互いに素であることに注意して) $\begin{cases} \boldsymbol{x=-1+5k} \\ \boldsymbol{y=1-4k} \end{cases}$ (**k は整数**) で得られる．

なお，$(-1,\ 1)$ だけでなく，$(4,\ -3)$，$(-6,\ 5)$ なども「はじめの解」として使える．すると最終結果の見かけは異なってくるが，実質は変わらない．

問 3　(1)　$5x-3y=1$　…①　を解けばよい．$(x,\ y)=(2,\ 3)$ が整数解の 1 つ．5 と 3 は互いに素であるので，①のすべての解は

$$\begin{cases} \boldsymbol{x=2+3k} \\ \boldsymbol{y=3+5k} \end{cases} \quad (\boldsymbol{k} \textbf{ は整数})$$

で得られる．

(2)　$5x-3y=7$　…②　を解けばよい．(1)を参考にして，$(x,\ y)=(14,\ 21)$ が整数解の 1 つ．5 と 3 は互いに素であるので，②のすべての解は

$$\begin{cases} \boldsymbol{x=14+3k} \\ \boldsymbol{y=21+5k} \end{cases} \quad \textbf{(}\boldsymbol{k}\ \textbf{は整数)}$$

で得られる.

問 4　ユークリッドの互除法を用いて (用いなくてもよい), $31x+22y=1$ の整数解の 1 つとして $(x,\ y)=(5,\ -7)$ が得られる. これを参考に, $31x+22y=1748$ の整数解の 1 つとして

$$(x,\ y)=(5\times1748,\ -7\times1748)=(8740,\ -12236)$$

を得る. ここで 31 と 22 が互いに素であることに注意して, $31x+22y=1748$ のすべての整数解を

$$\begin{cases} x=8740-22k \\ y=-12236+31k \end{cases} \quad (k\ \text{は整数}) \quad \cdots①$$

と表すことができる.

さて, ①において $x>0$ となるのは $8740-22k>0$, すなわち $k<\dfrac{8740}{22}=397.27\cdots$ のときであり, $y>0$ となるのは $-12236+31k>0$, すなわち $k>\dfrac{12236}{31}=394.70\cdots$ のときである. よって, ①において x, y の両方が正となるのは k が 395, 396, 397 のときだけである. このとき, $(x,\ y)$ はそれぞれ

$$\mathbf{(50,\ 9),\ (28,\ 40),\ (6,\ 71)}$$

であり, これが求めるものである.

➕PLUS　この THEME 51 の内容は, センター試験では非常に多く問われました.

THEME

52 方程式の整数解のいろいろな求め方

「このテーマは，共通テストの出題範囲に含まれていませんが，参考のために掲載しています.」

GUIDANCE　THEME 51 で $ax+by=c$ という形の方程式の整数解の求め方を考えた．このほかにも，いろいろなタイプの方程式の整数解を求める方法がある．共通テストでは，難しい解法については誘導があるはずなので，ここでは基本的な解法をいくつか説明する．

POINT 139 因数分解の形を作る(1)

$xy-3x+2y=11$　…①の整数解を求めるには，まず

$$xy-3x+2y+\triangle=(x+☆)(y+\square)$$

となる定数△，☆，□を見つける．右辺を展開して左辺と見比べると，☆が 2，□が -3 とわかり，そこから△が -6 だとわかる．これを用いて，①を

$$① \iff xy-3x+2y-6=11-6$$
$$\iff (x+2)(y-3)=5$$

と変形できる．あとは，5 の約数をすべて考えればよい．

POINT 140 因数分解の形を作る(2)

$x^2=y^2+36$　…②の整数解を求めるには，これを $x^2-y^2=36$ として

$$(x-y)(x+y)=36$$

を考えればよい．2 つの整数 $x-y$，$x+y$ は 36 の約数に限られる．なお，「$x-y$ と $x+y$ は偶奇が一致する」を用いると手間が減る．

POINT 141 大きさから絞り込む(1)

- $x+2y+3z=17$　…③をみたす正の整数の組 $(x,\ y,\ z)$ を求めるには，まず x，y，z の可能な大きさを限定するとよい．たとえば次のように考えられる：x，y，z が正の整数のとき，$x+2y+3z>3z$ だから，③が成り立つならば $3z<17$，つまり $z<\dfrac{17}{3}$ なので，z の値の可能性は 1，2，3，4，5 に絞り込まれる．
- $x^2+y^2+z^2=50$　…④の整数解を求めるには「x，y，z が整数であれば $x^2+y^2+z^2 \geqq z^2$ なので，さらに④が成立すれば $z^2 \leqq 50$，よって，$|z| \leqq 7$ である」などとして文字の値の範囲を絞り込む．

$\dfrac{1}{x}+\dfrac{1}{y}=\dfrac{2}{3}$ …⑤ かつ $x \leqq y$ をみたす正の整数の組 $(x,\ y)$ を求めるには，$x,\ y$ を $x \leqq y$ をみたす正の整数だとして，

$$\frac{1}{x}+\frac{1}{y} \leqq \frac{1}{x}+\frac{1}{x}=\frac{2}{x} \text{ だから，⑤} \Longrightarrow \frac{2}{x} \geqq \frac{2}{3} \Longrightarrow x \leqq 3$$

と推論して，x の値の可能性を 1，2，3 に限定するとよい．

EXERCISE 52 ●方程式の整数解のいろいろな求め方

問 1 $xy+4x-2y=15$ の整数解をすべて求めよ．

問 2 $\sqrt{n^2-52}$ が整数となるような正の整数 n をすべて求めよ．

問 3 $21x+6y+14z=140$ をみたす正の整数の組 $(x,\ y,\ z)$ をすべて求めよ．

問 4 $\dfrac{1}{x}+\dfrac{1}{y}=\dfrac{3}{4}$ かつ $x \leqq y$ をみたす正の整数の組 $(x,\ y)$ をすべて求めよ．

解説 POINT 139 ～ 142 に述べたこと以外にも，約数や倍数のことなどを利用して手間を減らせることがある．**問 3** では，21，14，140 がすべて 7 の倍数であることに気づくと速い．

解答 以下，登場する文字はすべて整数を表すものとする．

問 1 $xy+4x-2y=15$ は $xy+4x-2y-8=15-8$，すなわち $(x-2)(y+4)=7$ と変形できる．これは $(x-2,\ y+4)$ が $(1,\ 7)$，$(7,\ 1)$，$(-1,\ -7)$，$(-7,\ -1)$ のどれかに等しいとき，つまり $(x,\ y)$ が

$$\mathbf{(3,\ 3),\ (9,\ -3),\ (1,\ -11),\ (-5,\ -5)}$$

のどれかに等しいときのみに成り立つ．

問 2 ある 0 以上の整数 k に対して $n^2-52=k^2$ …✽ となるような正の整数 n を探す．✽は $n^2-k^2=52$，すなわち $(n-k)(n+k)=52$ と同値である．ここで $k \geqq 0$，$n>0$ とすると，$n-k \leqq n+k$ で，$n-k$ と $n+k$ は偶奇をともにし，さらに $n+k>0$ である．以上より，✽は $(n-k,\ n+k)=(2,\ 26)$，すなわち，$(n,\ k)=(14,\ 12)$ のときだけ成り立つ．答えは $\boldsymbol{n=14}$ のみ．

問 3 21，14，140 は 7 の倍数なので，$21x+6y+14z=140$ …✪ となるには y が 7 の倍数であることが必要である．また，$x>0$，$z>0$ のとき

$21x+6y+14z \geqq 21+6y+14$ なので，

$$\text{✪} \Longrightarrow 21+6y+14 \leqq 140 \Longrightarrow y \leqq 17.5$$

である．以上より，y は 7 か 14 以外の可能性はないとわかる．以下，絞り込みを続けて，適する $(x,\ y,\ z)$ は $(\mathbf{2},\ \mathbf{7},\ \mathbf{4})$，$(\mathbf{4},\ \mathbf{7},\ \mathbf{1})$，$(\mathbf{2},\ \mathbf{14},\ \mathbf{1})$ のみとわかる．

問 4　$0<x \leqq y$ のとき $\dfrac{1}{x}+\dfrac{1}{y} \leqq \dfrac{1}{x}+\dfrac{1}{x}=\dfrac{2}{x}$ より，$\dfrac{1}{x}+\dfrac{1}{y}=\dfrac{3}{4}$ であれば $\dfrac{2}{x} \geqq \dfrac{3}{4}$，つまり $x \leqq \dfrac{8}{3}$ である．よって，x には 1 か 2 の可能性しかない．それぞれの場合を調べて，$(x,\ y)=(\mathbf{2},\ \mathbf{4})$ のみが求めるものである．

✚PLUS　整数の問題については，いろいろな問題とその解決法を見た経験の質と量が，ダイレクトに結果につながります．1つ1つの問題を大事にして，よく考え抜いてください．

参考

整数の性質

THEME 53

「このテーマは，共通テストの出題範囲に含まれていませんが，参考のために掲載しています.」

記数法

GUIDANCE **われわれは日常生活では 10 進法により実数を表記することがほとんどだが，一般の 2 以上の整数 n に対して，「数字を n 種類使う位取り記数法」，n 進法がある．同じ有理数でも何進法を用いるかによって，桁数や小数展開の様子が変化する．**

POINT 143 10 進法と 2 進法

10 進法では，整数部分の第 k 桁の数 (0 以上 9 以下の整数) が「10^{k-1} がいくつあるか」を表し，小数第 l 位の数 (0 以上 9 以下の整数) が「$\frac{1}{10^l}$ がいくつあるか」を表す (ただし $10^0=1$ とする)．たとえば 10 進法の 12.34 は

$$12.34_{(10)}=1\cdot10^1+2\cdot10^0+3\cdot\frac{1}{10^1}+4\cdot\frac{1}{10^2}$$

を表す (表記が 10 進法であることを表すために，右下に小さく (10) をつける)．

2 進法では，整数部分の第 k 桁の数 (0 か 1) が「2^{k-1} がいくつあるか」を表し，小数第 l 位の数 (0 か 1) が「$\frac{1}{2^l}$ がいくつあるか」を表す ($2^0=1$)．たとえば

$$11.01_{(2)}=1\cdot2^1+1\cdot2^0+0\cdot\frac{1}{2^1}+1\cdot\frac{1}{2^2}.$$

POINT 144 2 進法での計算の基本

正の整数 a を 2 進法で表すには，「2 で割って商を下に余りを横に書く」計算を続けて，商に 1 が現れたところで止めて，図のように下から上へ数を拾い並べればよい．たとえば図の計算から $29_{(10)}=11101_{(2)}$ がわかる．

$$\begin{array}{r|l} & \text{余り} \\ 2\,)\,29 & \\ 2\,)\,14 & \cdots 1 \\ 2\,)\,\ 7 & \cdots 0 \\ 2\,)\,\ 3 & \cdots 1 \\ 1 & \cdots 1 \end{array}$$

低位　高位

2 進法で表された数の四則演算では，1 桁のたし算

$$0_{(2)}+0_{(2)}=0_{(2)},\ 0_{(2)}+1_{(2)}=1_{(2)},\ 1_{(2)}+0_{(2)}=1_{(2)},\ 1_{(2)}+1_{(2)}=10_{(2)}$$

と，1 桁のかけ算

$$0_{(2)}\times0_{(2)}=0_{(2)},\ 0_{(2)}\times1_{(2)}=0_{(2)},\ 1_{(2)}\times0_{(2)}=0_{(2)},\ 1_{(2)}\times1_{(2)}=1_{(2)}$$

が基本となる．くりあがりは $1_{(2)}+1_{(2)}=10_{(2)}$，くりさがりは $10_{(2)}-1_{(2)}=1_{(2)}$ である．

POINT 145 n 進法

n 進法では，整数部分の第 k 桁の数（0 以上 $n-1$ 以下の整数）が「n^{k-1} がいくつあるか」を表し（ただし $n^0=1$ とする），小数第 l 位の数（0 以上 $n-1$ 以下の整数）が「$\frac{1}{n^l}$ がいくつあるか」を表す．なお $n>10$ のときは数字が 0 ～ 9 だけでは足りないので，適宜新しい数字を規定する．

POINT 146 n 進法と有限小数・無限小数

$\frac{1}{3}$ は，10 進法で表記すると $0.33333\cdots_{(10)}=0.\dot{3}_{(10)}$ と小数展開が無限に続く（**無限小数**）が，3 進法では $0.1_{(3)}$ と小数展開が止まる（**有限小数**）．このように同じ数でも何進法で表記するかによって，有限小数になるか無限小数になるか変わることがある．

- 有理数 x を $x=\frac{b}{a}$ と**既約分数**（分子分母が互いに素な整数である分数）に表すとする．このとき

  x を n 進法で表記したとき有限小数で表せる

  $\iff$ a の素因数はすべて n の素因数でもある

  が成り立つ．また，x の n 進法表記が無限小数になるならば，それは必ず循環小数である．
- 無理数は何進法で表記しても無限小数であり，非循環小数である．

EXERCISE 53 ●記数法

問 1　右のような計算で $6_{(10)}=110_{(2)}$ がわかるが，なぜこの計算でうまくいくのか，ここでの割り算の式

$6=2\times3+0$ $\cdots$①，$3=2\times1+1$ $\cdots$②

を用いて（組み合わせて）説明せよ．

```
2)6
2)3 ・・・0
  1 ・・・1
```

問 2　6 進法での表記が小数第 3 位までの有限小数になる実数 x は，分母が 2, 3 以外の素因数を持たない 216 以下の整数であるような，既約分数で表される．その理由を説明せよ．

問 3　$\frac{25}{37}$ を 10 進法で小数展開すると，循環小数になる．その理由を(ア) 具体的計算で，(イ) 37 での割り算の余りを考えて，説明せよ．

参考　整数の性質

解答 **問 1**　①の 3 に②の右辺を代入して，$6=2\times(2\times1+1)+0$，すなわち $6=1\cdot2^2+1\cdot2^1+0\cdot2^0$ がわかる．よって，$6_{(10)}=110_{(2)}$ である．

問 2　x の整数部分を k，小数部分を $0.abc_{(6)}$ とすると，$x=k+\dfrac{a}{6^1}+\dfrac{b}{6^2}+\dfrac{c}{6^3}$，すなわち $x=\dfrac{216k+36a+6b+c}{216}$ である．216 が 2，3 以外の素因数を持たないことより，この分数を約分して既約分数にすると，問題文に言うとおりになるとわかる．

問 3　(ア)　右の計算より，$\dfrac{25}{37}=0.\dot{6}7\dot{5}$ である．

```
      0.675
37)[25].0
    22 2
    ----
     2 80
     2 59
     ----
       210
       185
       ---
       [25]
```

(イ)　25，250，2500，25000，…… はどれも 37 では割り切れない (どれも素因数として 2 と 5 しか持たず，素数 37 を素因数に持たないから)．だから 25 を 37 で割る筆算は無限に続く．ここで，1 回の割り算ごとに出る余りは 1，2，…，36 の 36 通りしかないから，どこかでそれ以前に出た余りと同じ余りが現れる．そこから割り算の結果は循環する．

✚PLUS　**問 3** で述べられた内容を一般化すると「有理数は小数展開すると有限小数か循環小数になる」となり，これは真です (**問 3**(イ)の解答のように考えるとわかります)．そしてこの逆，「小数展開すると有限小数か循環小数になる実数は有理数である」もやはり真です (このことは EXERCISE 3 の **問 2**(2)のように考えるとわかります)．ということで，“有理数” と “小数展開すると有限小数か循環小数になる実数” とは，同じものなのです．このことは POINT 7 でも述べましたが，いま，その理由がよくわかったと思います．なお，この結果は，何進法を用いても変わりはありません．

連続する整数の積について

連続する2つの整数の積，$5\cdot6=30$ や $12\cdot13=156$ などは，偶数になる．これは，連続する2つの整数の一方は偶数である（他方は奇数）からである．

連続する3つの整数の積，$2\cdot3\cdot4=24$ や $9\cdot10\cdot11=990$ などは，3の倍数になる．これも，連続する3つの整数があればそのうち1つ（だけ）は3の倍数であるからである．

一般に，連続する r 個の整数の積は，r の倍数になる．

さて，連続する3つの整数の積は3の倍数であると同時に，2の倍数でもある：それは，これが（連続する2つの整数の積）×（整数）であり，だから，（2の倍数）×（整数）であるからである．ここで3と2が互いに素であることに注意すると，連続する3つの整数の積は6の倍数であることがわかる．

では，同じように考えて，「連続する4つの整数の積は $4\times3\times2=24$ の倍数である」といえるだろうか？　これは，命題としては真である．しかし，連続する3つの整数の積のときと“同じように考えて”は証明できない！　ある数が4の倍数であり，同時に3の倍数であり，同時に2の倍数であるとしても，その数が24の倍数だとはいえない．12などがすぐ反例として挙がる．この考え方がうまくいかないのは，4と2が互いに素でないことが原因である．

一般に，連続する r 個の整数の積は，$r!$ の倍数になる．しかし，この事実の証明は，そんなに易しくはない．わかりやすい納得のしかたは

$$ {}_n\mathrm{C}_r=\frac{n(n-1)(n-2)\cdot\cdots\cdot(n-r+1)}{r!} $$

を見て，右辺の分子が「連続する r 個の整数の積」の一般形になっていることを観察することであるが，考え方としてはかえって難しい．

とはいえ，この事実も $r=2$ や $r=3$ のときは上記の通りすぐ証明できるので，高校生もよく目にするところである．たとえば

問．m が整数のとき $m(m+1)(2m+1)$ が6の倍数であることを示せ．

への答え方は（m を6で割ったときの余りで分類するなど）いろいろあるが，

解．$m(m+1)(2m+1)=m(m+1)\big((m+2)+(m-1)\big)$

$$=m(m+1)(m+2)+(m-1)m(m+1) \text{ より．}$$

と解決するのも一つの方法である．

参考　整数の性質

チャレンジテスト（大学入学共通テスト実戦演習）

→ 解答は p. 210

CHAPTER 1 数と式

1-1 実数xに関する三つの条件p, q, rを

$$p: -1 \leqq x \leqq 5, \quad q: 3 < x < 6, \quad r: x \leqq 5$$

とする.

(1) 条件p, qの否定を，それぞれ$\overline{p}$, $\overline{q}$で表すとき，次が成り立つ.

「pかつq」は，rであるための **ア**.

「$\overline{p}$かつq」は，rであるための **イ**.

「pまたは$\overline{q}$」は，rであるための **ウ**.

ア ～ ウ の解答群（同じものを繰り返し選んでもよい.）

⓪ 必要条件であるが，十分条件ではない
① 十分条件であるが，必要条件ではない
② 必要十分条件である
③ 必要条件でも十分条件でもない

(2) 定数aを正の実数とし

$$(ax-2)(x-a-1) \leqq 0$$

を満たす実数x全体の集合をAとする.

集合Aは，aの値を三つの場合に分けて考えると

・$0 < a <$ **エ** のとき，$A = \{x \mid$ **オ** $\leqq x \leqq$ **カ** $\}$

・$a =$ エ のとき，$A = \{$ **キ** $\}$

・ エ $< a$ のとき，$A = \{x \mid$ カ $\leqq x \leqq$ オ $\}$

である.

オ, カ の解答群（同じものを繰り返し選んでもよい.）

⓪	①	②	③	④
$a-1$	$a+1$	$\dfrac{1}{a}$	$\dfrac{2}{a}$	$2a$

集合Bを

$$B = \{x \mid x は「p かつ q」を満たす実数\}$$

とするとき，$A \cap B$ が空集合となるaの値の範囲は

$$\frac{\boxed{ク}}{\boxed{ケ}} \leqq a \leqq \boxed{コ}$$

である.

(2021年 共通テスト 第2日程 (1/31) 数学Ⅰ)

1-2 cを正の整数とする．xの2次方程式

$$2x^2+(4c-3)x+2c^2-c-11=0 \quad \cdots\cdots\cdots\cdots ①$$

について考える．

(1) $c=1$ のとき，①の左辺を因数分解すると

$$(\boxed{ア}x+\boxed{イ})(x-\boxed{ウ})$$

であるから，①の解は

$$x=-\frac{\boxed{イ}}{\boxed{ア}},\ \boxed{ウ}$$

である．

(2) $c=2$ のとき，①の解は

$$x=\frac{-\boxed{エ}\pm\sqrt{\boxed{オカ}}}{\boxed{キ}}$$

であり，大きい方の解をαとすると

$$\frac{5}{\alpha}=\frac{\boxed{ク}+\sqrt{\boxed{ケコ}}}{\boxed{サ}}$$

である．また，$m<\dfrac{5}{\alpha}<m+1$ を満たす整数mは$\boxed{シ}$である．

(3) 太郎さんと花子さんは，①の解について考察している．

太郎：①の解はcの値によって，ともに有理数である場合もあれば，ともに無理数である場合もあるね．cがどのような値のときに，解は有理数になるのかな．
花子：2次方程式の解の公式の根号の中に着目すればいいんじゃないかな．

①の解が異なる二つの有理数であるような正の整数cの個数は$\boxed{ス}$個である．

(2021年 共通テスト 第1日程(1/17) 数学Ⅰ・数学A)

CHAPTER 2　2次関数

2-1　kを実数とする．2次関数

$$y=2x^2-4x+5$$

のグラフをGとする．また，グラフGをy軸方向にkだけ平行移動したグラフをHとする．

(1)　グラフGの頂点の座標は（［ア］，［イ］）である．

(2)　グラフHがx軸と共有点をもたないようなkの値の範囲は

$$k>\boxed{ウエ}$$

である．

(3)　$k=-5$ のとき，グラフHをx軸方向に1だけ平行移動したものは，$2 \leqq x \leqq 6$ の範囲でx軸と［オ］点で交わる．また，$k=-5$ のとき，グラフHをx軸方向に3だけ平行移動したものは，$2 \leqq x \leqq 6$ の範囲でx軸と［カ］点で交わる．

(4)　グラフHがx軸と異なる2点で交わるとき，その2点の間の距離は

$$\sqrt{\boxed{キク}(k+\boxed{ケ})}$$

である．

したがって，グラフHをx軸方向に平行移動して，$2 \leqq x \leqq 6$ の範囲でx軸と異なる2点で交わるようにできるとき，kのとり得る値の範囲は

$$\boxed{コサシ} \leqq k < \boxed{スセ}$$

である．

(2021年 共通テスト 第1日程(1/17) 数学I)

2-2 花子さんと太郎さんのクラスでは，文化祭でたこ焼き店を出店することになった．二人は1皿あたりの価格をいくらにするかを検討している．次の表は，過去の文化祭でのたこ焼き店の売り上げデータから，1皿あたりの価格と売り上げ数の関係をまとめたものである．

1皿あたりの価格(円)	200	250	300
売り上げ数(皿)	200	150	100

(1) まず，二人は，上の表から，1皿あたりの価格が50円上がると売り上げ数が50皿減ると考えて，売り上げ数が1皿あたりの価格の1次関数で表されると仮定した．このとき，1皿あたりの価格をx円とおくと，売り上げ数は

$$\boxed{アイウ}-x \quad \cdots\cdots ①$$

と表される．

(2) 次に，二人は，利益の求め方について考えた．

花子：利益は，売り上げ金額から必要な経費を引けば求められるよ．
太郎：売り上げ金額は，1皿あたりの価格と売り上げ数の積で求まるね．
花子：必要な経費は，たこ焼き用器具の賃貸料と材料費の合計だね．材料費は，売り上げ数と1皿あたりの材料費の積になるね．

二人は，次の三つの条件のもとで，1皿あたりの価格xを用いて利益を表すことにした．

(条件1) 1皿あたりの価格がx円のときの売り上げ数として①を用いる．
(条件2) 材料は，①により得られる売り上げ数に必要な分量だけ仕入れる．
(条件3) 1皿あたりの材料費は160円である．たこ焼き用器具の賃貸料は6000円である．材料費とたこ焼き用器具の賃貸料以外の経費はない．

利益をy円とおく．yをxの式で表すと

$$y=-x^2+\boxed{エオカ}x-\boxed{キ}\times 10000 \quad \cdots\cdots ②$$

である．

(3) 太郎さんは利益を最大にしたいと考えた．②を用いて考えると，利益が最大になるのは1皿あたりの価格が$\boxed{クケコ}$円のときであり，そのときの利益は$\boxed{サシスセ}$円である．

(4) 花子さんは，利益を7500円以上となるようにしつつ，できるだけ安い価格で提供したいと考えた．②を用いて考えると，利益が7500円以上となる1皿あたりの価格のうち，最も安い価格は$\boxed{ソタチ}$円となる．

(2021年 共通テスト 第2日程(1/31) 数学Ⅰ・数学A)

図形と計量

3-1 右の図のように，△ABC の外側に辺 AB，BC，CA をそれぞれ 1 辺とする正方形 ADEB，BFGC，CHIA をかき，2 点 E と F，G と H，I と D をそれぞれ線分で結んだ図形を考える．以下において

BC$=a$，CA$=b$，AB$=c$

∠CAB$=A$，∠ABC$=B$，∠BCA$=C$

とする．

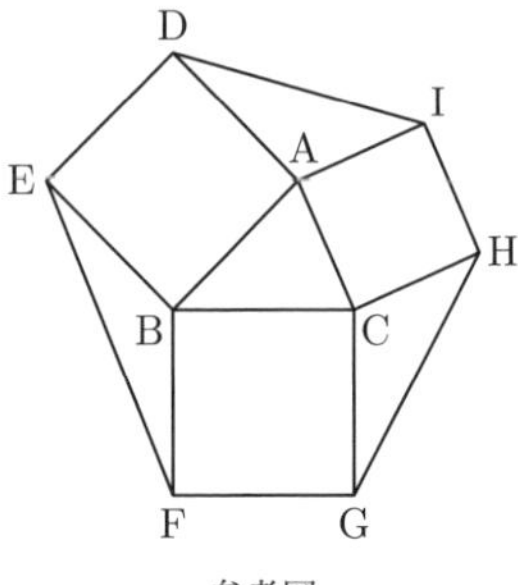

参考図

(1) $b=6$，$c=5$，$\cos A=\dfrac{3}{5}$ のとき，$\sin A=\dfrac{\boxed{ア}}{\boxed{イ}}$ であり，△ABC の面積は $\boxed{ウエ}$，△AID の面積は $\boxed{オカ}$ である．また，正方形 BFGC の面積は $\boxed{キク}$ である．

(2) 正方形 BFGC，CHIA，ADEB の面積をそれぞれ S_1，S_2，S_3 とする．このとき，$S_1-S_2-S_3$ は

・$0°<A<90°$ のとき，$\boxed{ケ}$．
・$A=90°$ のとき，$\boxed{コ}$．
・$90°<A<180°$ のとき，$\boxed{サ}$．

$\boxed{ケ}$～$\boxed{サ}$ の解答群（同じものを繰り返し選んでもよい．）

⓪ 0 である
① 正の値である
② 負の値である
③ 正の値も負の値もとる

(3) △AID，△BEF，△CGH の面積をそれぞれ T_1，T_2，T_3 とする．このとき，$\boxed{シ}$ である．

$\boxed{シ}$ の解答群

⓪ $a<b<c$ ならば，$T_1>T_2>T_3$
① $a<b<c$ ならば，$T_1<T_2<T_3$
② A が鈍角ならば，$T_1<T_2$ かつ $T_1<T_3$
③ a，b，c の値に関係なく，$T_1=T_2=T_3$

(4) どのような△ABCに対しても，六角形DEFGHIの面積はb，c，Aを用いて

$$2\{b^2+c^2+bc(\boxed{ス})\}$$

と表せる．

ス の解答群

⓪ $\sin A+\cos A$	① $\sin A-\cos A$	② $2\sin A+\cos A$
③ $2\sin A-\cos A$	④ $\sin A+2\cos A$	⑤ $\sin A-2\cos A$

(5) △ABC，△AID，△BEF，△CGHのうち，外接円の半径が**最も小さい**ものを求める．
$0°<A<90°$ のとき，ID $\boxed{セ}$ BCであり

(△AIDの外接円の半径) $\boxed{ソ}$ (△ABCの外接円の半径)

であるから，外接円の半径が最も小さい三角形は

・$0°<A<B<C<90°$ のとき，$\boxed{タ}$ である．
・$0°<A<B<90°<C$ のとき，$\boxed{チ}$ である．

セ，ソ の解答群（同じものを繰り返し選んでもよい．）

⓪ $<$	① $=$	② $>$

タ，チ の解答群（同じものを繰り返し選んでもよい．）

⓪ △ABC	① △AID	② △BEF	③ △CGH

(6) △ABC，△AID，△BEF，△CGHのうち，内接円の半径が**最も大きい**三角形は

・$0°<A<B<C<90°$ のとき，$\boxed{ツ}$ である．
・$0°<A<B<90°<C$ のとき，$\boxed{テ}$ である．

ツ，テ の解答群（同じものを繰り返し選んでもよい．）

⓪ △ABC	① △AID	② △BEF	③ △CGH

（2021年 共通テスト 第1日程 (1/17) 数学Ⅰ）

3-2 平面上に2点A，Bがあり，AB=8である．直線AB上にない点Pをとり，△ABPをつくり，その外接円の半径をRとする．

太郎さんは，図1のように，コンピュータソフトを使って点Pをいろいろな位置にとった．

図1は，点Pをいろいろな位置にとったときの△ABPの外接円をかいたものである．

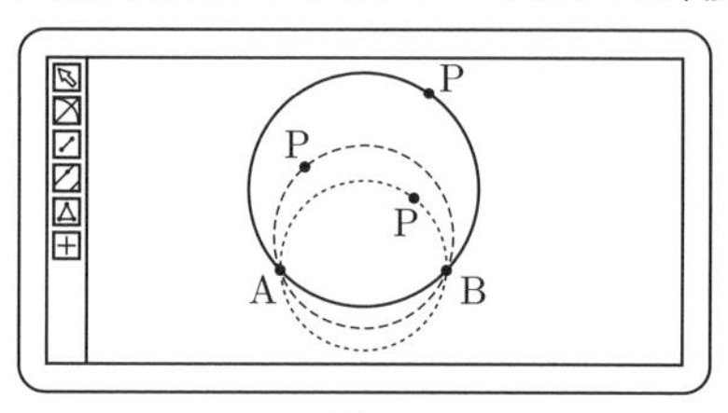

図1

(1) 太郎さんは，点Pのとり方によって外接円の半径が異なることに気づき，次の**問題1**を考えることにした．

問題1 点Pをいろいろな位置にとるとき，外接円の半径Rが最小となる△ABPはどのような三角形か．

正弦定理により，$2R=\dfrac{\boxed{\text{ア}}}{\sin\angle\text{APB}}$ である．よって，Rが最小となるのは

$\angle\text{APB}=\boxed{\text{イウ}}°$ の三角形である．このとき，$R=\boxed{\text{エ}}$ である．

(2) 太郎さんは，図2のように，**問題1**の点Pのとり方に条件を付けて，次の**問題2**を考えた．

問題2 直線ABに平行な直線をlとし，直線l上で点Pをいろいろな位置にとる．このとき，外接円の半径Rが最小となる△ABPはどのような三角形か．

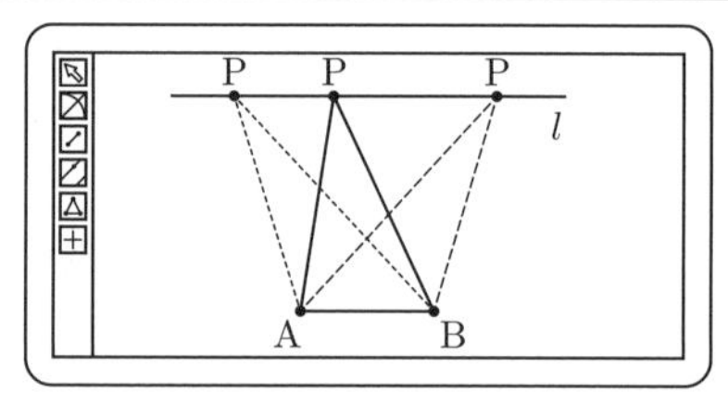

図2

太郎さんは，この問題を解決するために，次の構想を立てた．

問題2の解決の構想

問題1の考察から，線分ABを直径とする円をCとし，円Cに着目する．直線lは，その位置によって，円Cと共有点をもつ場合ともたない場合があるので，それぞれの場合に分けて考える．

直線ABと直線lとの距離をhとする．直線lが円Cと共有点をもつ場合は，$h \leqq$ **オ** のときであり，共有点をもたない場合は，$h >$ オ のときである．

(i) $h \leqq$ オ のとき

直線lが円Cと共有点をもつので，Rが最小となる△ABPは，$h <$ オ のとき **カ** であり，$h =$ オ のとき直角二等辺三角形である．

(ii) $h >$ オ のとき

線分ABの垂直二等分線をmとし，直線mと直線lとの交点をP_1とする．直線l上にあり点P_1とは異なる点をP_2とするとき$\sin \angle AP_1B$と$\sin \angle AP_2B$の大小を考える．

△ABP_2の外接円と直線mとの共有点のうち，直線ABに関して点P_2と同じ側にある点をP_3とすると，$\angle AP_3B$ **キ** $\angle AP_2B$ である．また，

$\angle AP_3B < \angle AP_1B < 90°$ より $\sin \angle AP_3B$ **ク** $\sin \angle AP_1B$ である．このとき

(△ABP_1の外接円の半径) **ケ** (△ABP_2の外接円の半径)

であり，Rが最小となる△ABPは **コ** である．

カ ，コ については，最も適当なものを，次の⓪～④のうちから一つずつ選べ．ただし，同じものを繰り返し選んでもよい．

⓪ 鈍角三角形	① 直角三角形	② 正三角形
③ 二等辺三角形	④ 直角二等辺三角形	

キ ～ ケ の解答群（同じものを繰り返し選んでもよい．）

⓪ $<$	① $=$	② $>$

(3) **問題2**の考察を振り返って，hが次の値のとき，△ABPの外接円の半径Rが最小である場合について考える．ただし，線分ABの中点Cに対して，$\angle ACP \leqq 90°$ とする．

(i) $h = \sqrt{7}$ のとき

$$\tan \angle ACP = \frac{\sqrt{\boxed{サ}}}{\boxed{シ}},\quad AP = \boxed{ス}\sqrt{\boxed{セ}}$$

$$\cos \angle APC = \frac{\sqrt{\boxed{ソ}}}{\boxed{タ}},\quad \cos \angle PCB = \frac{\boxed{チツ}}{\boxed{テ}}$$

である．

(ii) $h = 8$ のとき，$\sin \angle APB = \dfrac{\boxed{ト}}{\boxed{ナ}}$ であり，$R = \boxed{ニ}$ である．

（2021年 共通テスト 第2日程（1/31）数学Ⅰ）

CHAPTER 4 データの分析

4-1 総務省が実施している国勢調査では都道府県ごとの総人口が調べられており，その内訳として日本人人口と外国人人口が公表されている．また，外務省では旅券（パスポート）を取得した人数を都道府県ごとに公表している．加えて，文部科学省では都道府県ごとの小学校に在籍する児童数を公表している．

そこで，47 都道府県の，人口 1 万人あたりの外国人人口（以下，外国人数），人口 1 万人あたりの小学校児童数（以下，小学生数），また，日本人 1 万人あたりの旅券を取得した人数（以下，旅券取得者数）を，それぞれ計算した．

(1) 図 1 は，2010 年における 47 都道府県の，外国人数のヒストグラムである．なお，ヒストグラムの各階級の区間は，左側の数値を含み，右側の数値を含まない．

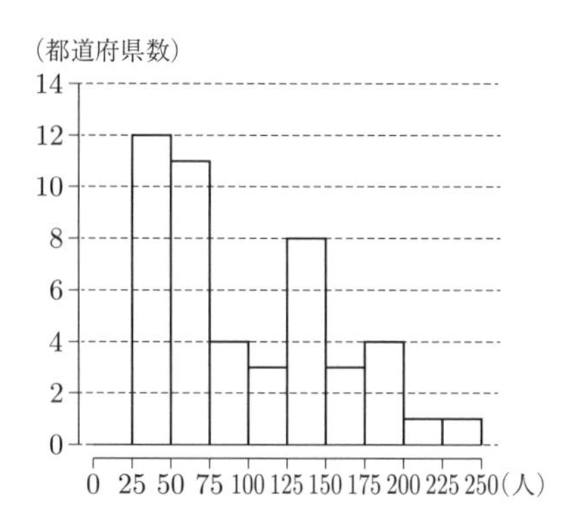

図1 2010年における外国人数のヒストグラム
（出典：総務省の Web ページにより作成）

下の二つは図 1 のヒストグラムに関する記述である．ただし，2010 年における 47 都道府県の外国人数の平均値は 96.4 であった．

- 中央値と **ア** は同じ階級に含まれる．
- 第 1 四分位数，**イ** および **ウ** は同じ階級に含まれる．

ア ～ ウ の解答群（イ，ウ については，解答の順序は問わない．）

⓪ 最小値	① 最大値	② 第 3 四分位数
③ 最頻値	④ 平均値	

(2) 図 2 は，2010 年における 47 都道府県の，旅券取得者数（横軸）と小学生数（縦軸）の関係を黒丸で，また，旅券取得者数（横軸）と外国人数（縦軸）の関係を白丸で表した散布図である．

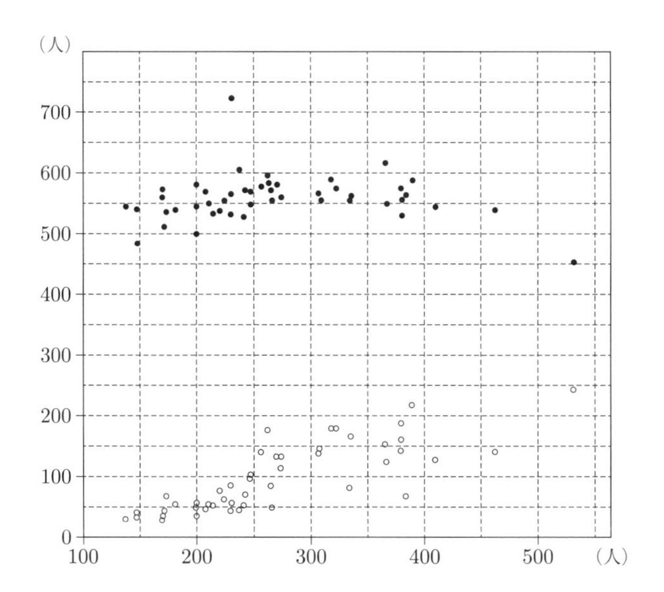

図 2　2010 年における，旅券取得者数と小学生数の散布図（黒丸），
旅券取得者数と外国人数の散布図（白丸）
（出典：外務省，文部科学省および総務省の Web ページにより作成）

次の(Ⅰ)，(Ⅱ)，(Ⅲ)は図 2 の散布図に関する記述である．

(Ⅰ)　小学生数の四分位範囲は，外国人数の四分位範囲より大きい．

(Ⅱ)　旅券取得者数の範囲は，外国人数の範囲より大きい．

(Ⅲ)　旅券取得者数と小学生数の相関係数は，旅券取得者数と外国人数の相関係数より大きい．

(Ⅰ)，(Ⅱ)，(Ⅲ)の正誤の組合せとして正しいものは［エ］である．

［エ］の解答群

	⓪	①	②	③	④	⑤	⑥	⑦
(Ⅰ)	正	正	正	正	誤	誤	誤	誤
(Ⅱ)	正	正	誤	誤	正	正	誤	誤
(Ⅲ)	正	誤	正	誤	正	誤	正	誤

(3)　一般に，度数分布表

階級値	x_1	x_2	x_3	x_4	$\cdots$	x_k	計
度数	f_1	f_2	f_3	f_4	$\cdots$	f_k	n

が与えられていて，各階級に含まれるデータの値がすべてその階級値に等しいと仮定すると，平均値 $\overline{x}$ は

$$\overline{x}=\frac{1}{n}(x_1f_1+x_2f_2+x_3f_3+x_4f_4+\cdots+x_kf_k)$$

で求めることができる．さらに階級の幅が一定で，その値がhのときは

$$x_2=x_1+h,\ x_3=x_1+2h,\ x_4=x_1+3h,\ \cdots,\ x_k=x_1+(k-1)h$$

に注意すると

$$\overline{x}=\boxed{\text{オ}}$$

と変形できる．

オ については，最も適当なものを，次の⓪～④のうちから一つ選べ．

⓪ $\dfrac{x_1}{n}(f_1+f_2+f_3+f_4+\cdots+f_k)$

① $\dfrac{h}{n}(f_1+2f_2+3f_3+4f_4+\cdots+kf_k)$

② $x_1+\dfrac{h}{n}(f_2+f_3+f_4+\cdots+f_k)$

③ $x_1+\dfrac{h}{n}\{f_2+2f_3+3f_4+\cdots+(k-1)f_k\}$

④ $\dfrac{1}{2}(f_1+f_k)x_1-\dfrac{1}{2}(f_1+kf_k)$

図3は，2008年における47都道府県の旅券取得者数のヒストグラムである．なお，ヒストグラムの各階級の区間は，左側の数値を含み，右側の数値を含まない．

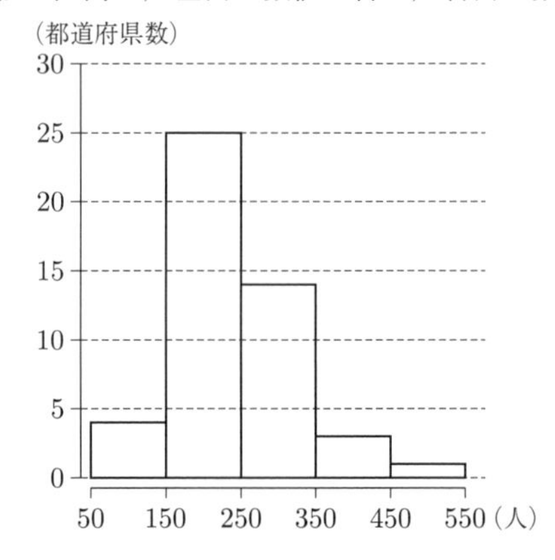

図3 2008年における旅券取得者数のヒストグラム
(出典：外務省の Web ページにより作成)

図3のヒストグラムに関して，各階級に含まれるデータの値がすべてその階級値に等しいと仮定する．このとき，平均値$\overline{x}$は小数第1位を四捨五入すると カキク である．

(4) 一般に，度数分布表

階級値	x_1	x_2	$\cdots$	x_k	計
度数	f_1	f_2	$\cdots$	f_k	n

が与えられていて，各階級に含まれるデータの値がすべてその階級値に等しいと仮定すると，分散 s^2 は

$$s^2=\frac{1}{n}\{(x_1-\overline{x})^2f_1+(x_2-\overline{x})^2f_2+\cdots+(x_k-\overline{x})^2f_k\}$$

で求めることができる．さらに s^2 は

$$s^2=\frac{1}{n}\{(x_1{}^2f_1+x_2{}^2f_2+\cdots+x_k{}^2f_k)-2\overline{x}\times\boxed{ケ}+(\overline{x})^2\times\boxed{コ}\}$$

と変形できるので

$$s^2=\frac{1}{n}(x_1{}^2f_1+x_2{}^2f_2+\cdots+x_k{}^2f_k)-\boxed{サ} \quad \cdots\cdots\cdots\cdots ①$$

である．

ケ ～ サ の解答群（同じものを繰り返し選んでもよい．）

⓪ n	① n^2	② $\overline{x}$	③ $n\overline{x}$	④ $2n\overline{x}$
⑤ $n^2\overline{x}$	⑥ $(\overline{x})^2$	⑦ $n(\overline{x})^2$	⑧ $2n(\overline{x})^2$	⑨ $3n(\overline{x})^2$

図 4 は，図 3 を再掲したヒストグラムである．

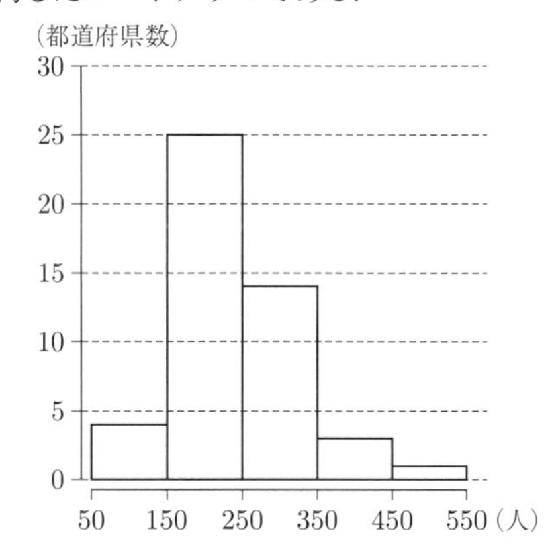

図4 2008年における旅券取得者数のヒストグラム
（出典：外務省の Web ページにより作成）

図 4 のヒストグラムに関して，各階級に含まれるデータの値がすべてその階級値に等しいと仮定すると，平均値 $\overline{x}$ は(3)で求めた カキク である． カキク の値と式①を用いると，分散 s^2 は シ である．

シ については，最も近いものを，次の ⓪～⑦ のうちから一つ選べ．

⓪ 3900	① 4900	② 5900	③ 6900
④ 7900	⑤ 8900	⑥ 9900	⑦ 10900

（2021 年 共通テスト 第 2 日程 (1/31) 数学 I）

4-2 地方の経済活性化のため，太郎さんと花子さんは観光客の消費に着目し，その拡大に向けて基礎的な情報を整理することにした．以下は，都道府県別の統計データを集め，分析しているときの二人の会話である．会話を読んで下の問いに答えよ．ただし，東京都，大阪府，福井県の3都府県のデータは含まれていない．また，以後の問題文では「道府県」を単に「県」として表記する．

> 太郎：各県を訪れた観光客数をx軸，消費総額をy軸にとり，散布図をつくると図1のようになったよ．
> 花子：消費総額を観光客数で割った消費額単価が最も高いのはどこかな．
> 太郎：元のデータを使って県ごとに割り算をすれば分かるよ．
> 北海道は……．44回も計算するのは大変だし，間違えそうだな．
> 花子：図1を使えばすぐ分かるよ．

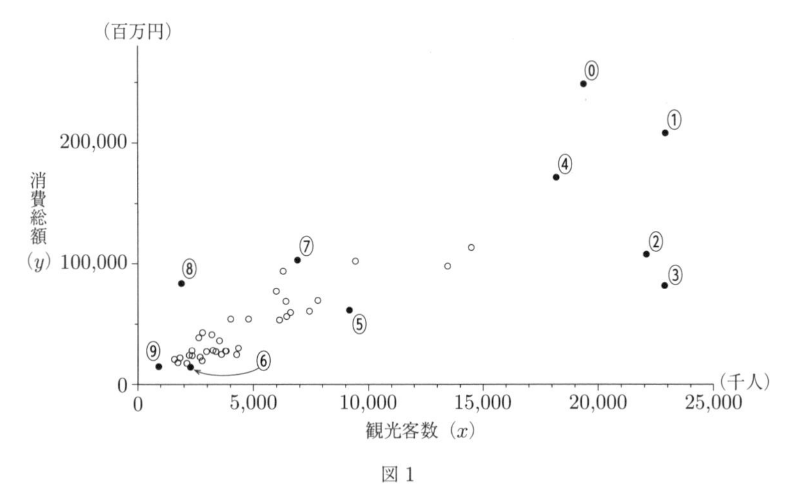

図1

(1) 図1の観光客数と消費総額の間の相関係数に最も近い値を，次の⓪〜④のうちから一つ選べ．**ア**

⓪ −0.85　① −0.52　② 0.02　③ 0.34　④ 0.83

(2) 44県それぞれの消費額単価を計算しなくても，図1の散布図から消費額単価が最も高い県を表す点を特定することができる．その方法を，「直線」という単語を用いて説明せよ．解答は，解答欄 **あ** に記述せよ．

(3) 消費額単価が最も高い県を表す点を，図1の⓪〜⑨のうちから一つ選べ．**イ**

> 花子：元のデータを見ると消費額単価が最も高いのは沖縄県だね．沖縄県の消費額単価が高いのは，県外からの観光客数の影響かな．
> 太郎：県内からの観光客と県外からの観光客とに分けて44県の観光客数と消費総額を箱ひげ図で表すと図2のようになったよ．

花子：私は県内と県外からの観光客の消費額単価をそれぞれ横軸と縦軸にとって図3の散布図をつくってみたよ．沖縄県は県内，県外ともに観光客の消費額単価は高いね．それに，北海道，鹿児島県，沖縄県は全体の傾向から外れているみたい．

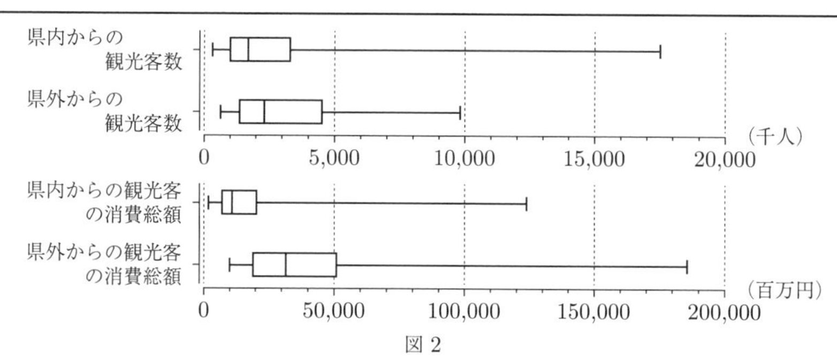

図2

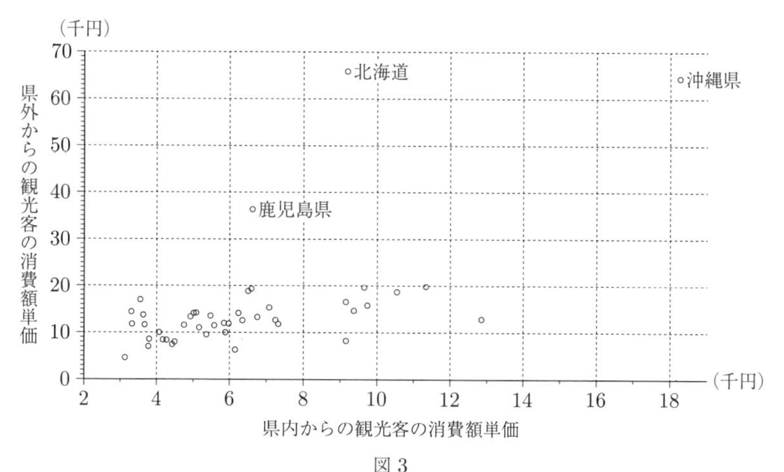

図3

(4) 図2，図3から読み取れる事柄として正しいものを，次の⓪～④のうちから**二つ**選べ． ウ

⓪ 44県の半分の県では，県内からの観光客数よりも県外からの観光客数の方が多い．

① 44県の半分の県では，県内からの観光客の消費総額よりも県外からの観光客の消費総額の方が高い．

② 44県の4分の3以上の県では，県外からの観光客の消費額単価の方が県内からの観光客の消費額単価より高い．

③ 県外からの観光客の消費額単価の平均値は，北海道，鹿児島県，沖縄県を除いた41県の平均値の方が44県の平均値より小さい．

④ 北海道，鹿児島県，沖縄県を除いて考えると，県内からの観光客の消費額単価の分散よりも県外からの観光客の消費額単価の分散の方が小さい．

(5) 二人は県外からの観光客に焦点を絞って考えることにした.

花子：県外からの観光客数を増やすには，イベントなどを増やしたらいいんじゃないかな. 太郎：44県の行祭事・イベントの開催数と県外からの観光客数を散布図にすると，図4のようになったよ.

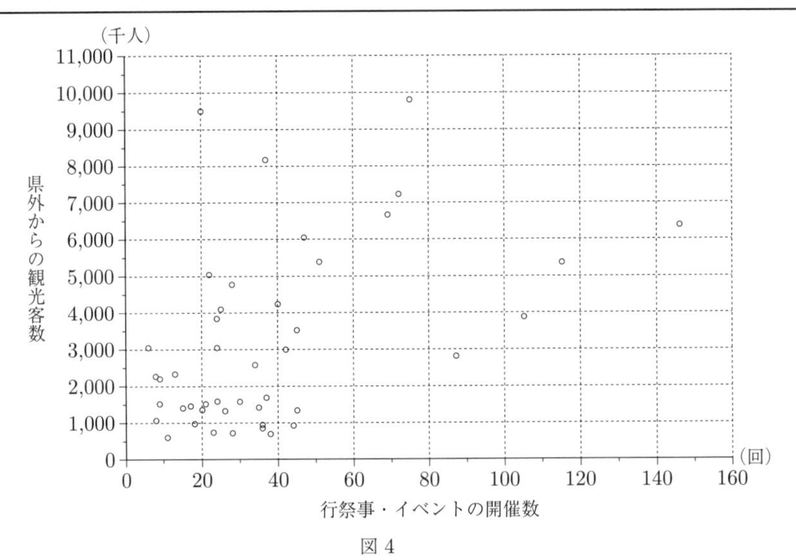

図4

図4から読み取れることとして最も適切な記述を，次の⓪～④のうちから一つ選べ. **エ**

⓪ 44県の行祭事・イベント開催数の中央値は，その平均値よりも大きい.

① 行祭事・イベントを多く開催し過ぎると，県外からの観光客数は減ってしまう傾向がある.

② 県外からの観光客数を増やすには行祭事・イベントの開催数を増やせばよい.

③ 行祭事・イベントの開催数が最も多い県では，行祭事・イベントの開催一回当たりの県外からの観光客数は6,000千人を超えている.

④ 県外からの観光客数が多い県ほど，行祭事・イベントを多く開催している傾向がある.

（本問題の図は，「共通基準による観光入込客統計」（観光庁）をもとにして作成している.）

（2017年 共通テスト 試行調査 数学Ⅰ・数学A）

4-3 太郎さんと花子さんは，社会のグローバル化に伴う都市間の国際競争において，都市周辺にある国際空港の利便性が重視されていることを知った．そこで，日本を含む世界の主な 40 の国際空港それぞれから最も近い主要ターミナル駅へ鉄道等で移動するときの「移動距離」，「所要時間」，「費用」を調べた．なお，「所要時間」と「費用」は各国とも午前 10 時台で調査し，「費用」は調査時点の為替レートで日本円に換算した．

以下では，データが与えられた際，次の値を外れ値とする．

「(第 1 四分位数)$-1.5\times$(四分位範囲)」以下のすべての値
「(第 3 四分位数)$+1.5\times$(四分位範囲)」以上のすべての値

(1) 次のデータは，40 の国際空港からの「移動距離」(単位は km) を並べたものである．

56	48	47	42	40	38	38	36	28	25
25	24	23	22	22	21	21	20	20	20
20	20	19	18	16	16	15	15	14	13
13	12	11	11	10	10	10	8	7	6

このデータにおいて，四分位範囲は **アイ** であり，外れ値の個数は **ウ** である．

(2) 図 1 は「移動距離」と「所要時間」の散布図，図 2 は「所要時間」と「費用」の散布図，図 3 は「費用」と「移動距離」の散布図である．ただし，白丸は日本の空港，黒丸は日本以外の空港を表している．また，「移動距離」，「所要時間」，「費用」の平均値はそれぞれ 22，38，950 であり，散布図に実線で示している．

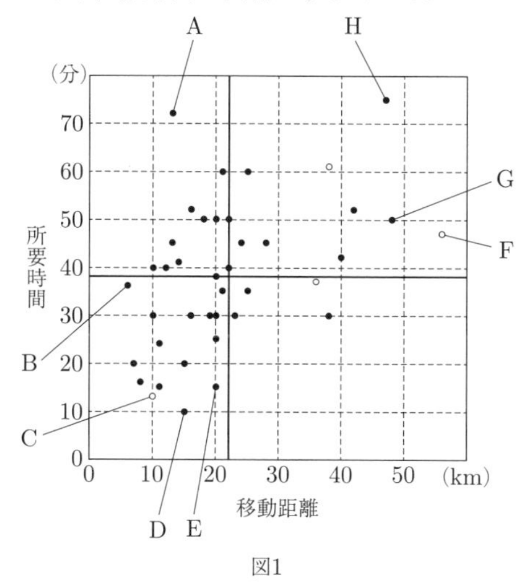

図1

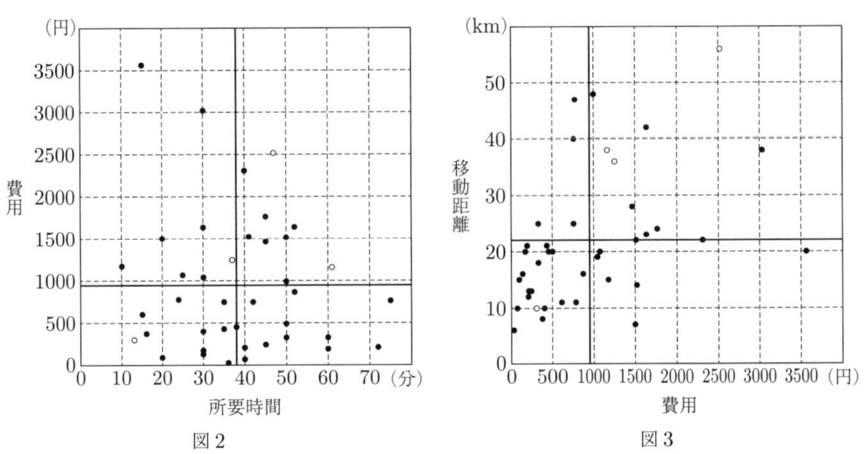

図 2　　　　　　図 3

(i)　40 の国際空港について,「所要時間」を「移動距離」で割った「1 km あたりの所要時間」を考えよう. 外れ値を＊で示した「1 km あたりの所要時間」の箱ひげ図は **エ** であり, 外れ値は図 1 の A～H のうちの **オ** と **カ** である.

エ については, 最も適当なものを, 次の ⓪～④ のうちから一つ選べ.

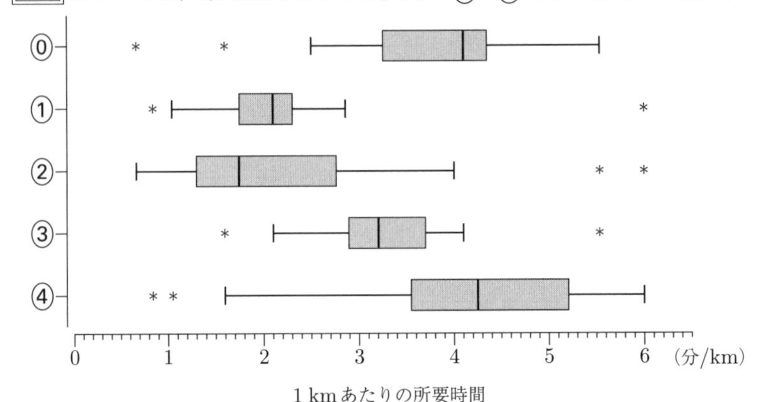

オ, **カ** の解答群 (解答の順序は問わない.)

⓪ A	① B	② C	③ D	④ E	⑤ F	⑥ G	⑦ H

(ii)　ある国で, 次のような新空港が建設される計画があるとする.

移動距離 (km)	所要時間 (分)	費用 (円)
22	38	950

次の(I), (II), (III)は, 40 の国際空港にこの新空港を加えたデータに関する記述である.

(I)　新空港は, 日本の四つのいずれの空港よりも,「費用」は高いが「所要時間」は短い.

(Ⅱ) 「移動距離」の標準偏差は，新空港を加える前後で変化しない．

(Ⅲ) 図1，図2，図3のそれぞれの二つの変量について，変量間の相関係数は，新空港を加える前後で変化しない．

(Ⅰ)，(Ⅱ)，(Ⅲ)の正誤の組合せとして正しいものは **キ** である．

キ の解答群

	⓪	①	②	③	④	⑤	⑥	⑦
(Ⅰ)	正	正	正	正	誤	誤	誤	誤
(Ⅱ)	正	正	誤	誤	正	正	誤	誤
(Ⅲ)	正	誤	正	誤	正	誤	正	誤

(3) 太郎さんは，調べた空港のうちの一つであるＰ空港で，利便性に関するアンケート調査が実施されていることを知った．

太郎：Ｐ空港を利用した30人に，Ｐ空港は便利だと思うかどうかをたずねたとき，どのくらいの人が「便利だと思う」と回答したら，Ｐ空港の利用者全体のうち便利だと思う人の方が多いとしてよいのかな．

花子：例えば，20人だったらどうかな．

二人は，30人のうち20人が「便利だと思う」と回答した場合に，「Ｐ空港は便利だと思う人の方が多い」といえるかどうかを，次の**方針**で考えることにした．

方針

・“Ｐ空港の利用者全体のうちで「便利だと思う」と回答する割合と，「便利だと思う」と回答しない割合が等しい”という仮説をたてる．

・この仮説のもとで，30人抽出したうちの20人以上が「便利だと思う」と回答する確率が5％未満であれば，その仮説は誤っていると判断し，5％以上であれば，その仮説は誤っているとは判断しない．

次の**実験結果**は，30枚の硬貨を投げる実験を1000回行ったとき，表が出た枚数ごとの回数の割合を示したものである．

実験結果

表の枚数	0	1	2	3	4	5	6	7	8	9	
割合	0.0％	0.0％	0.0％	0.0％	0.0％	0.0％	0.0％	0.0％	0.1％	0.8％	
表の枚数	10	11	12	13	14	15	16	17	18	19	
割合	3.2％	5.8％	8.0％	11.2％	13.8％	14.4％	14.1％	9.8％	8.8％	4.2％	
表の枚数	20	21	22	23	24	25	26	27	28	29	30
割合	3.2％	1.4％	1.0％	0.0％	0.1％	0.0％	0.1％	0.0％	0.0％	0.0％	0.0％

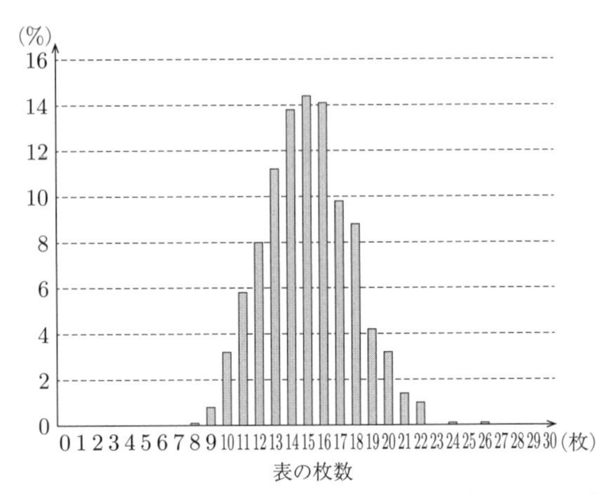

実験結果を用いると，30 枚の硬貨のうち 20 枚以上が表となった割合は［ク］.［ケ］% である．これを，30 人のうち 20 人以上が「便利だと思う」と回答する確率とみなし，**方針**に従うと，「便利だと思う」と回答する割合と，「便利だと思う」と回答しない割合が等しいという仮説は［コ］，P 空港は便利だと思う人の方が［サ］.

［コ］，［サ］については，最も適当なものを，次のそれぞれの解答群から一つずつ選べ．

［コ］の解答群

⓪ 誤っていると判断され	① 誤っているとは判断されず

［サ］の解答群

⓪ 多いといえる	① 多いとはいえない

（令和 7 年度 大学入学共通テスト　試作問題　数学Ⅰ，数学A）

場合の数と確率

5-1 中にくじが入っている箱が複数あり，各箱の外見は同じであるが，当たりくじを引く確率は異なっている．くじ引きの結果から，どの箱からくじを引いた可能性が高いかを，条件付き確率を用いて考えよう．

(1) 当たりくじを引く確率が $\frac{1}{2}$ である箱Aと，当たりくじを引く確率が $\frac{1}{3}$ である箱Bの二つの箱の場合を考える．

(i) 各箱で，くじを1本引いてはもとに戻す試行を3回繰り返したとき，

箱Aにおいて，3回中ちょうど1回当たる確率は $\frac{\boxed{ア}}{\boxed{イ}}$ ……①

箱Bにおいて，3回中ちょうど1回当たる確率は $\frac{\boxed{ウ}}{\boxed{エ}}$ ……②

である．

(ii) まず，AとBのどちらか一方の箱をでたらめに選ぶ．次にその選んだ箱において，くじを1本引いてはもとに戻す試行を3回繰り返したところ，3回中ちょうど1回当たった．このとき，箱Aが選ばれる事象を A，箱Bが選ばれる事象を B，3回中ちょうど1回当たる事象を W とすると

$$P(A \cap W)=\frac{1}{2}\times\frac{\boxed{ア}}{\boxed{イ}},\ P(B \cap W)=\frac{1}{2}\times\frac{\boxed{ウ}}{\boxed{エ}}$$

である．$P(W)=P(A \cap W)+P(B \cap W)$ であるから，3回中ちょうど1回当たったとき，選んだ箱がAである条件付き確率 $P_W(A)$ は $\frac{\boxed{オカ}}{\boxed{キク}}$ となる．また，条件付き確率 $P_W(B)$ は $\frac{\boxed{ケコ}}{\boxed{サシ}}$ となる．

(2) (1)の $P_W(A)$ と $P_W(B)$ について，次の**事実（＊）**が成り立つ．

事実（＊）

$P_W(A)$ と $P_W(B)$ の $\boxed{ス}$ は，①の確率と②の確率の $\boxed{ス}$ に等しい．

$\boxed{ス}$ の解答群

⓪ 和	① 2乗の和	② 3乗の和	③ 比	④ 積

(3) 花子さんと太郎さんは**事実（＊）**について話している．

花子：**事実（＊）**はなぜ成り立つのかな？
太郎：$P_W(A)$ と $P_W(B)$ を求めるのに必要な $P(A \cap W)$ と $P(B \cap W)$ の計算で，①，②の確率に同じ数 $\frac{1}{2}$ をかけているからだよ．
花子：なるほどね．外見が同じ三つの箱の場合は，同じ数 $\frac{1}{3}$ をかけることになるので，同様のことが成り立ちそうだね．

当たりくじを引く確率が，$\frac{1}{2}$ である箱A，$\frac{1}{3}$ である箱B，$\frac{1}{4}$ である箱Cの三つの箱の場合を考える．まず，A，B，Cのうちどれか一つの箱をでたらめに選ぶ．次にその選んだ箱において，くじを1本引いてはもとに戻す試行を3回繰り返したところ，3回中ちょうど1回当たった．このとき，選んだ箱がAである条件付き確率は $\frac{\boxed{セソタ}}{\boxed{チツテ}}$ となる．

(4)

花子：どうやら箱が三つの場合でも，条件付き確率の［ス］は各箱で3回中ちょうど1回当たりくじを引く確率の［ス］になっているみたいだね．

太郎：そうだね．それを利用すると，条件付き確率の値は計算しなくても，その大きさを比較することができるね．

当たりくじを引く確率が，$\frac{1}{2}$ である箱A，$\frac{1}{3}$ である箱B，$\frac{1}{4}$ である箱C，$\frac{1}{5}$ である箱Dの四つの箱の場合を考える．まず，A，B，C，Dのうちどれか一つの箱をでたらめに選ぶ．次にその選んだ箱において，くじを1本引いてはもとに戻す試行を3回繰り返したところ，3回中ちょうど1回当たった．このとき，条件付き確率を用いて，どの箱からくじを引いた可能性が高いかを考える．可能性が高い方から順に並べると［ト］となる．

［ト］の解答群

⓪ A，B，C，D	① A，B，D，C	② A，C，B，D
③ A，C，D，B	④ A，D，B，C	⑤ B，A，C，D
⑥ B，A，D，C	⑦ B，C，A，D	⑧ B，C，D，A

(2021年 共通テスト 第1日程(1/17) 数学Ⅰ・数学A)

5-2 高速道路には，渋滞状況が表示されていることがある．目的地に行く経路が複数ある場合は，渋滞中を示す表示を見て経路を決める運転手も少なくない．太郎さんと花子さんは渋滞中の表示と車の流れについて，仮定をおいて考えてみることにした．

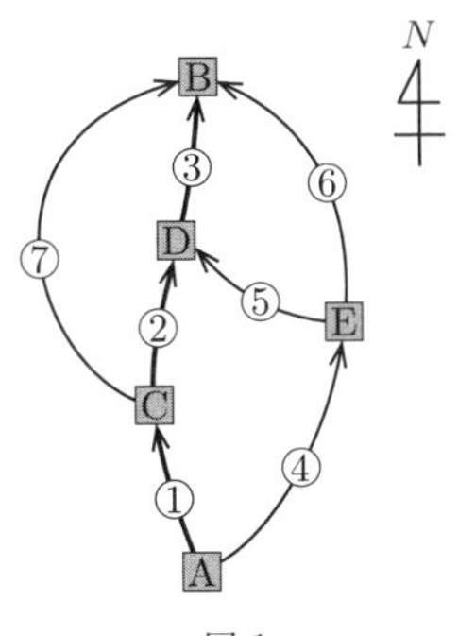

図 1

A地点（入口）からB地点（出口）に向かって北上する高速道路には，図1のように分岐点A，C，Eと合流点B，Dがある．①，②，③は主要道路であり，④，⑤，⑥，⑦は迂回道路である．ただし，矢印は車の進行方向を表し，図1の経路以外にA地点からB地点に向かう経路はないとする．また，各分岐点A，C，Eには，それぞれ①と④，②と⑦，⑤と⑥の渋滞状況が表示される．

太郎さんと花子さんは，まず渋滞中の表示がないときに，A，C，Eの各分岐点において運転手がどのような選択をしているか調査した．その結果が表1である．

表 1

調査日	地点	台数	選択した道路	台数
5月10日	A	1183	①	1092
			④	91
5月11日	C	1008	②	882
			⑦	126
5月12日	E	496	⑤	248
			⑥	248

これに対して太郎さんは，運転手の選択について，次のような仮定をおいて確率を使って考えることにした．

太郎さんの仮定

(i) 表1の選択の割合を確率とみなす．

(ii) 分岐点において，二つの道路のいずれにも渋滞中の表示がない場合，またはいずれにも渋滞中の表示がある場合，運転手が道路を選択する確率は(i)でみなした確率とする．

(iii) 分岐点において，片方の道路にのみ渋滞中の表示がある場合，運転手が渋滞中の表示のある道路を選択する確率は(i)でみなした確率の $\frac{2}{3}$ 倍とする．

ここで，(i)の選択の割合を確率とみなすとは，例えばA地点の分岐において④の道路を選択した割合 $\frac{91}{1183}=\frac{1}{13}$ を④の道路を選択する確率とみなすということである．

太郎さんの仮定のもとで，次の問いに答えよ．

(1) すべての道路に渋滞中の表示がない場合，A 地点の分岐において運転手が①の道路を選択する確率を求めよ．$\dfrac{\boxed{アイ}}{\boxed{ウエ}}$

(2) すべての道路に渋滞中の表示がない場合，A 地点からB地点に向かう車がD地点を通過する確率を求めよ．$\dfrac{\boxed{オカ}}{\boxed{キク}}$

(3) すべての道路に渋滞中の表示がない場合，A 地点からB地点に向かう車でD地点を通過した車が，E 地点を通過していた確率を求めよ．$\dfrac{\boxed{ケ}}{\boxed{コサ}}$

(4) ①の道路にのみ渋滞中の表示がある場合，A 地点からB地点に向かう車がD地点を通過する確率を求めよ．$\dfrac{\boxed{シス}}{\boxed{セソ}}$

各道路を通過する車の台数が 1000 台を超えると車の流れが急激に悪くなる．一方で各道路の通過台数が 1000 台を超えない限り，主要道路である①，②，③をより多くの車が通過することが社会の効率化に繋がる．したがって，各道路の通過台数が 1000 台を超えない範囲で，①，②，③をそれぞれ通過する台数の合計が最大になるようにしたい．

このことを踏まえて，花子さんは，太郎さんの仮定を参考にしながら，次のような仮定をおいて考えることにした．

花子さんの仮定

(i) 分岐点において，二つの道路のいずれにも渋滞中の表示がない場合，またはいずれにも渋滞中の表示がある場合，それぞれの道路に進む車の割合は表 1 の割合とする．

(ii) 分岐点において，片方の道路にのみ渋滞中の表示がある場合，渋滞中の表示のある道路に進む車の台数の割合は表 1 の割合の $\dfrac{2}{3}$ 倍とする．

過去のデータから 5 月 13 日にA地点からB地点に向かう車は 1560 台と想定している．そこで，花子さんの仮定のもとでこの台数を想定してシミュレーションを行った．このとき，次の問いに答えよ．

(5) すべての道路に渋滞中の表示がない場合，①を通過する台数は $\boxed{タチツテ}$ 台となる．よって，①の通過台数を 1000 台以下にするには，①に渋滞中の表示を出す必要がある．①に渋滞中の表示を出した場合，①の通過台数は $\boxed{トナニ}$ 台となる．

(6) 各道路の通過台数が 1000 台を超えない範囲で，①，②，③をそれぞれ通過する台数の合計を最大にするには，渋滞中の表示を $\boxed{ヌ}$ のようにすればよい。$\boxed{ヌ}$ に当てはまるものを，次の⓪～③のうちから一つ選べ．

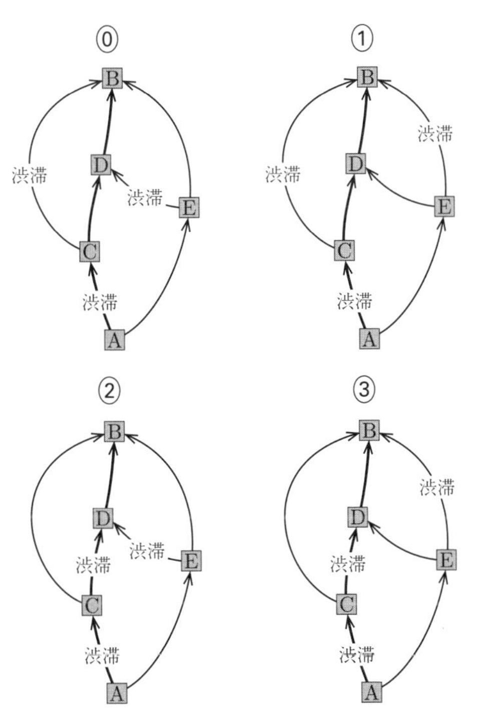

（2017年 共通テスト 試行調査 数学Ⅰ・数学A）

5-3 中にくじが入っている二つの箱AとBがある．二つの箱の外見は同じであるが，箱Aでは，当たりくじを引く確率が $\frac{1}{2}$ であり，箱Bでは，当たりくじを引く確率が $\frac{1}{3}$ である．

(1) 各箱で，くじを1本引いてはもとに戻す試行を3回繰り返す．このとき

箱Aにおいて，3回中ちょうど1回当たる確率は $\frac{\boxed{ア}}{\boxed{イ}}$ …①

箱Bにおいて，3回中ちょうど1回当たる確率は $\frac{\boxed{ウ}}{\boxed{エ}}$ …②

である．箱Aにおいて，3回引いたときに当たりくじを引く回数の期待値は $\frac{\boxed{オ}}{\boxed{カ}}$ であり，箱Bにおいて，3回引いたときに当たりくじを引く回数の期待値は $\boxed{キ}$ である．

(2) 太郎さんと花子さんは，それぞれくじを引くことにした．ただし，二人は，箱A，箱Bでの当たりくじを引く確率は知っているが，二つの箱のどちらがAで，どちらがBであるかはわからないものとする．

まず，太郎さんが二つの箱のうちの一方をでたらめに選ぶ．そして，その選んだ箱において，くじを1本引いてはもとに戻す試行を3回繰り返したところ，3回中ちょうど1回当たった．

このとき，選ばれた箱がAである事象を A，選ばれた箱がBである事象を B，3回中ちょうど1回当たる事象を W とする．①，②に注意すると

$$P(A\cap W)=\frac{1}{2}\times\frac{\boxed{ア}}{\boxed{イ}},\quad P(B\cap W)=\frac{1}{2}\times\frac{\boxed{ウ}}{\boxed{エ}}$$

である．$P(W)=P(A\cap W)+P(B\cap W)$ であるから，3回中ちょうど1回当たったとき，選んだ箱がAである条件付き確率 $P_W(A)$ は $\frac{\boxed{クケ}}{\boxed{コサ}}$ となる．また，条件付き確率 $P_W(B)$ は $1-P_W(A)$ で求められる．

次に，花子さんが箱を選ぶ．その選んだ箱において，くじを1本引いてはもとに戻す試行を3回繰り返す．花子さんは，当たりくじをより多く引きたいので，太郎さんのくじの結果をもとに，次の(X)，(Y)のどちらの場合がよいかを考えている．

(X) 太郎さんが選んだ箱と同じ箱を選ぶ．
(Y) 太郎さんが選んだ箱と異なる箱を選ぶ．

花子さんがくじを引くときに起こりうる事象の場合の数は，選んだ箱がA，Bのいずれかの2通りと，3回のうち当たりくじを引く回数が0，1，2，3回のいずれかの4通りの組合せで全部で8通りある．

花子：当たりくじを引く回数の期待値が大きい方の箱を選ぶといいかな．
太郎：当たりくじを引く回数の期待値を求めるには，この8通りについて，それぞれの起こる確率と当たりくじを引く回数との積を考えればいいね．

花子さんは当たりくじを引く回数の期待値が大きい方の箱を選ぶことにした．

(X)の場合について考える．箱Aにおいて3回引いてちょうど1回当たる事象を A_1，箱Bにおいて3回引いてちょうど1回当たる事象を B_1 と表す．

太郎さんが選んだ箱がAである確率 $P_W(A)$ を用いると，花子さんが選んだ箱がAで，かつ，花子さんが3回引いてちょうど1回当たる事象の起こる確率は $P_W(A)\times P(A_1)$ と表せる．このことと同様に考えると，花子さんが選んだ箱がBで，かつ，花子さんが3回引いてちょうど1回当たる事象の起こる確率は［シ］と表せる．

花子：残りの6通りも同じように計算すれば，この場合の当たりくじを引く回数の期待値を計算できるね．
太郎：期待値を計算する式は，選んだ箱がAである事象に対する式とBである事象に対する式に分けて整理できそうだよ．

残りの6通りについても同じように考えると，(X)の場合の当たりくじを引く回数の期待値を計算する式は

$$\boxed{ス}\times\frac{\boxed{オ}}{\boxed{カ}}+\boxed{セ}\times\boxed{キ}$$

となる．

(Y)の場合についても同様に考えて計算すると，(Y)の場合の当たりくじを引く回数の期待値は $\dfrac{\boxed{ソタ}}{\boxed{チツ}}$ である．よって，当たりくじを引く回数の期待値が大きい方の箱を選ぶという方針に基づくと，花子さんは，太郎さんが選んだ箱と［テ］．

［シ］の解答群

⓪ $P_W(A)\times P(A_1)$	① $P_W(A)\times P(B_1)$
② $P_W(B)\times P(A_1)$	③ $P_W(B)\times P(B_1)$

（次ページに続く）

チャレンジテスト

[ス], [セ] の解答群（同じものを繰り返し選んでもよい.）

⓪ $\frac{1}{2}$	① $\frac{1}{4}$	② $P_W(A)$	③ $P_W(B)$
④ $\frac{1}{2}P_W(A)$		⑤ $\frac{1}{2}P_W(B)$	
⑥ $P_W(A)-P_W(B)$		⑦ $P_W(B)-P_W(A)$	
⑧ $\frac{P_W(A)-P_W(B)}{2}$		⑨ $\frac{P_W(B)-P_W(A)}{2}$	

[テ] の解答群

⓪ 同じ箱を選ぶ方がよい	① 異なる箱を選ぶ方がよい

（令和７年度 大学入学共通テスト　試作問題　数学Ⅰ，数学A）

CHAPTER 6 図形の性質

6-1 △ABC において，AB=3，BC=4，AC=5 とする．

∠BAC の二等分線と辺 BC との交点をDとすると

$$\mathrm{BD}=\frac{\boxed{ア}}{\boxed{イ}},\quad \mathrm{AD}=\frac{\boxed{ウ}\sqrt{\boxed{エ}}}{\boxed{オ}}$$

である．

また，∠BAC の二等分線と △ABC の外接円Oとの交点で点Aとは異なる点をEとする．△AEC に着目すると

$$\mathrm{AE}=\boxed{カ}\sqrt{\boxed{キ}}$$

である．

△ABC の2辺 AB と AC の両方に接し，外接円Oに内接する円の中心をPとする．円Pの半径を r とする．さらに，円Pと外接円Oとの接点をFとし，直線 PF と外接円Oとの交点で点Fとは異なる点をGとする．このとき

$$\mathrm{AP}=\sqrt{\boxed{ク}}\,r,\quad \mathrm{PG}=\boxed{ケ}-r$$

と表せる．したがって，方べきの定理により $r=\dfrac{\boxed{コ}}{\boxed{サ}}$ である．

△ABC の内心をQとする．内接円Qの半径は $\boxed{シ}$ で，$\mathrm{AQ}=\sqrt{\boxed{ス}}$ である．また，円Pと辺 AB との接点をHとすると，$\mathrm{AH}=\dfrac{\boxed{セ}}{\boxed{ソ}}$ である．

以上から，点Hに関する次の(a)，(b)の正誤の組合せとして正しいものは $\boxed{タ}$ である．

(a) 点Hは3点B，D，Qを通る円の周上にある．

(b) 点Hは3点B，E，Qを通る円の周上にある．

$\boxed{タ}$ の解答群

	⓪	①	②	③
(a)	正	正	誤	誤
(b)	正	誤	正	誤

(2021年 共通テスト 第1日程(1/17) 数学Ⅰ・数学A)

6-2 点Zを端点とする半直線ZXと半直線ZYがあり，$0° < \angle XZY < 90°$ とする．また，$0° < \angle SZX < \angle XZY$ かつ $0° < \angle SZY < \angle XZY$ を満たす点Sをとる．点Sを通り，半直線ZXと半直線ZYの両方に接する円を作図したい．

円Oを，次の (Step 1)～(Step 5) の**手順**で作図する．

手順

(Step 1) $\angle XZY$ の二等分線 l 上に点Cをとり，下図のように半直線ZXと半直線ZYの両方に接する円Cを作図する．また，円Cと半直線ZXとの接点をD，半直線ZYとの接点をEとする．

(Step 2) 円Cと直線ZSとの交点の一つをGとする．

(Step 3) 半直線ZX上に点Hを $DG /\!/ HS$ を満たすようにとる．

(Step 4) 点Hを通り，半直線ZXに垂直な直線を引き，l との交点をOとする．

(Step 5) 点Oを中心とする半径OHの円Oをかく．

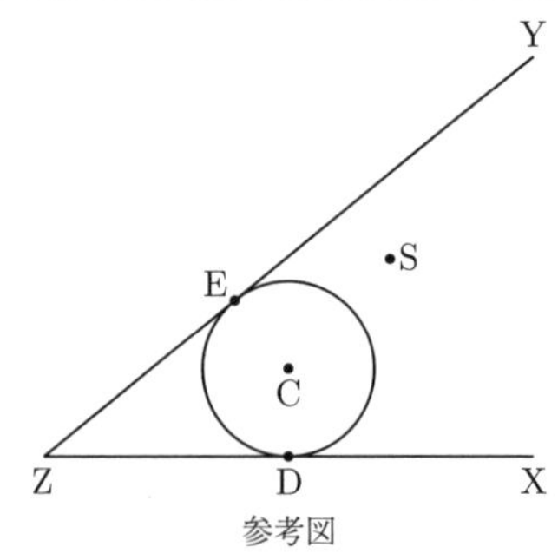

参考図

(1) (Step 1)～(Step 5) の**手順**で作図した円Oが求める円であることは，次の**構想**に基づいて下のように説明できる．

構想

円Oが点Sを通り，半直線ZXと半直線ZYの両方に接する円であることを示すには，OH＝ ア が成り立つことを示せばよい．

作図の**手順**より，△ZDGと△ZHSとの関係，および△ZDCと△ZHOとの関係に着目すると

DG : イ ＝ ウ : エ

DC : オ ＝ ウ : エ

であるから，DG : イ ＝DC : オ となる．

ここで，3点S，O，Hが一直線上にない場合は，∠CDG＝∠ カ であるので，△CDGと△ カ との関係に着目すると，CD＝CG より OH＝ ア であることがわかる．

なお，3点S，O，Hが一直線上にある場合は，DG＝ キ DC となり，DG : イ ＝DC : オ より OH＝ ア であることがわかる．

［ア］～［オ］の解答群（同じものを繰り返し選んでもよい．）

⓪ DH	① HO	② HS	③ OD	④ OG
⑤ OS	⑥ ZD	⑦ ZH	⑧ ZO	⑨ ZS

［カ］の解答群

⓪ OHD	① OHG	② OHS	③ ZDS
④ ZHG	⑤ ZHS	⑥ ZOS	⑦ ZCG

(2) 点Sを通り，半直線ZXと半直線ZYの両方に接する円は二つ作図できる．特に，点Sが∠XZYの二等分線 l 上にある場合を考える．半径が大きい方の円の中心を O_1 とし，半径が小さい方の円の中心を O_2 とする．また，円 O_2 と半直線ZYが接する点をIとする．円 O_1 と半直線ZYが接する点をJとし，円 O_1 と半直線ZXが接する点をKとする．

作図をした結果，円 O_1 の半径は5，円 O_2 の半径は3であったとする．このとき，IJ＝［ク］$\sqrt{［ケコ］}$ である．さらに，円 O_1 と円 O_2 の接点Sにおける共通接線と半直線ZYとの交点をLとし，直線LKと円 O_1 との交点で点Kとは異なる点をMとすると

$$LM \cdot LK = ［サシ］$$

である．

また，ZI＝［ス］$\sqrt{［セソ］}$ であるので，直線LKと直線 l との交点をNとすると

$$\frac{LN}{NK} = \frac{［タ］}{［チ］}, \quad SN = \frac{［ツ］}{［テ］}$$

である．

（2021年 共通テスト 第2日程（1/31）数学Ⅰ・数学A）

チャレンジテスト解答

CHAPTER 1 数と式

1-1 **解答** (1) ア：① イ：③ ウ：⓪

(2) エ：1 オ，カ：①，③ キ：2

$\dfrac{ク}{ケ}\leqq a\leqq コ$：$\dfrac{2}{3}\leqq a\leqq 2$

アドバイス 条件（p，q，r など）を条件そのままで考えるのではなく，その条件を真とするものの集合を求めてこれを考えるとよい．今の場合，この集合は実数の集合なので，数直線上の範囲として表せ，見た目にもわかりやすい．

2次不等式の解を考えるときにも，2次関数のグラフをかいてそれを見ながら考えれば，時間が短い共通テストで実戦的に安心できる．

解説 実数 x に関する条件 p，q，r を真にする x の集合をそれぞれ P，Q，R とする．これらは数直線上に次のように表される．

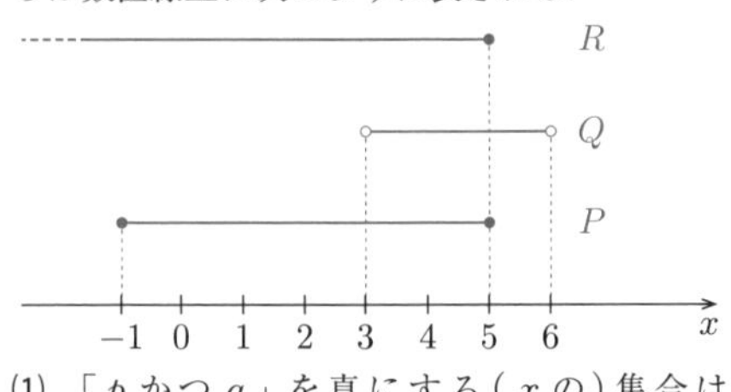

(1) 「p かつ q」を真にする（x の）集合は $P\cap Q$ である，などとして考える．

$P\cap Q\subset R$ であり，$R\subset P\cap Q$ ではない．だから，「p かつ q」は r であるための十分条件であるが必要条件ではない．

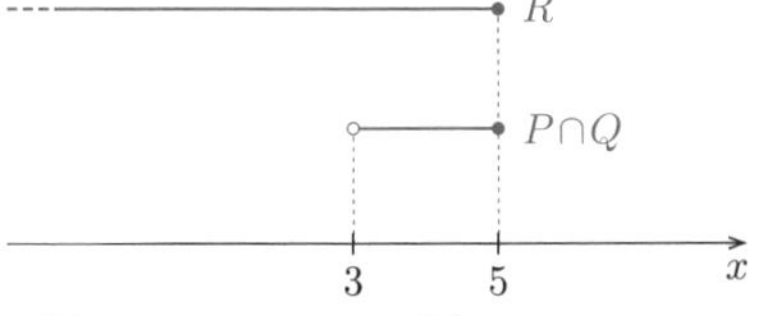

$\overline{P}\cap Q\subset R$ でも $R\subset\overline{P}\cap Q$ でもない．だから，「$\overline{p}$ かつ q」は r であるための必要条件でも十分条件でもない．

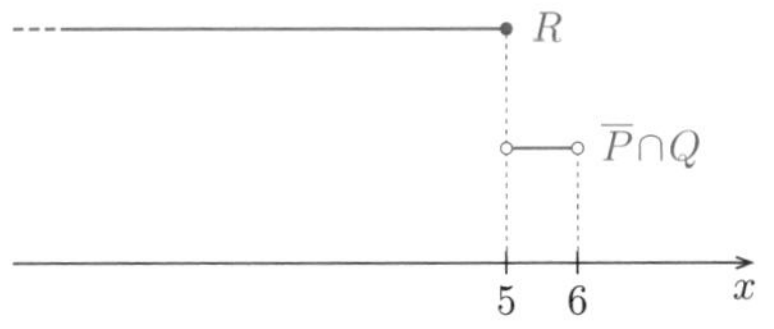

$P\cup\overline{Q}\subset R$ ではなく，$R\subset P\cup\overline{Q}$ である．だから，「p または $\overline{q}$」は r であるための必要条件であるが十分条件ではない．

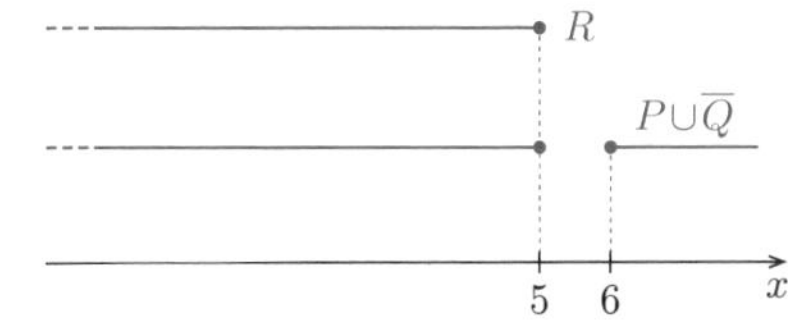

(2) $f(x)=(ax-2)(x-a-1)$ とする．

$f(x)=a\left(x-\dfrac{2}{a}\right)(x-a-1)$ で，a が正の定数であることに注意すると，$y=f(x)$ のグラフは下に凸の放物線で，x 軸との共有点の x 座標が $\dfrac{2}{a}$ と $a+1$ であるとわかる．

$\dfrac{2}{a}$ と $a+1$ の大小が問題になる．たとえば

$$\frac{2}{a}<a+1 \iff \frac{2}{a}<\frac{a(a+1)}{a}$$
$$\iff 0<\frac{a(a+1)-2}{a}$$
$$\iff 0<\frac{a^2+a-2}{a}$$
$$\iff 0<\frac{(a+2)(a-1)}{a}$$
$$\iff 0<a-1$$
（$a+2>0$，$a>0$ に注意）
$$\iff 1<a$$

である．

$\dfrac{2}{a}=a+1$，$\dfrac{2}{a}>a+1$ について同様に考えて，

$$\frac{2}{a}=a+1 \iff a=1,$$
$$\frac{2}{a}>a+1 \iff (0<)a<1$$

がわかる．よって，$y=f(x)$ のグラフは下の通りであり，そのときの集合Aも下に示す通りである．

- $0<a<1$ のとき

$$A=\left\{x \,\middle|\, a+1 \leqq x \leqq \frac{2}{a}\right\}.$$

- $a=1$ のとき

$A=\{2\}$.
（2だけを要素とする集合）

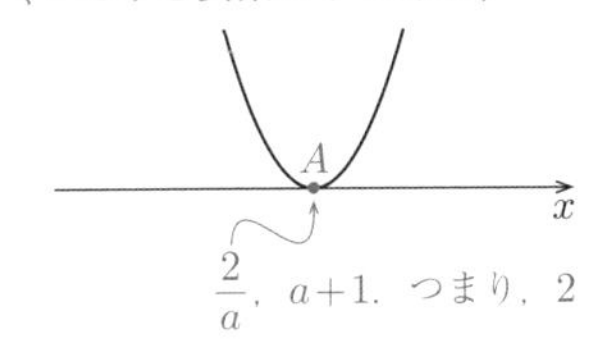

- $1<a$ のとき

$$A=\left\{x \,\middle|\, \frac{2}{a} \leqq x \leqq a+1\right\}.$$

さて，Bは（(1)で条件「p かつ q」を考えたときに調べた通り）$B=P\cap Q$，すなわち $B=\{x|\ 3<x\leqq 5\}$ で与えられている．これを見て，$A\cap B=\varnothing$ となるのは

(あ)　$0<a<1$ かつ

「$5<a+1$ または $\frac{2}{a}\leqq 3$」のとき

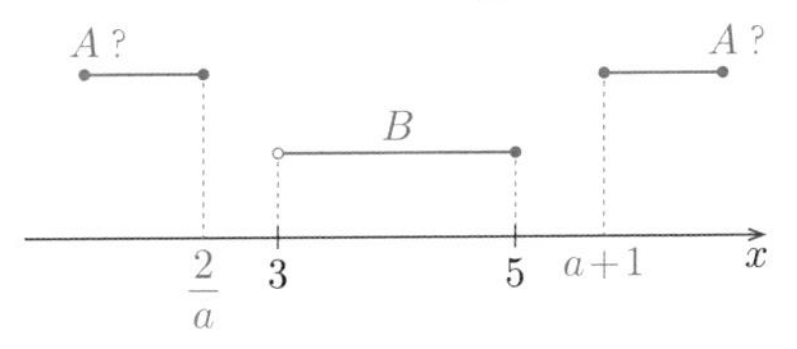

(い)　$a=1$ かつ「$5<2$ または $2\leqq 3$」のとき

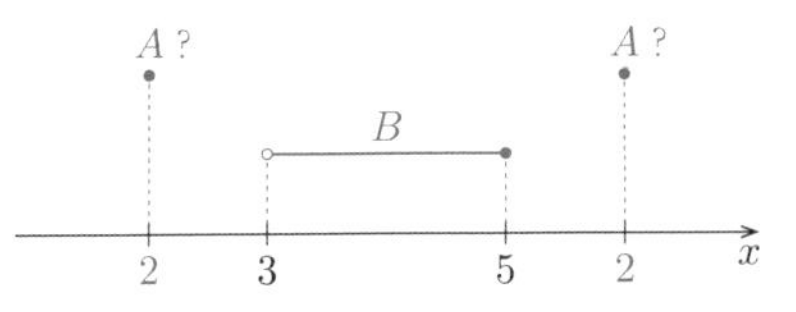

(う)　$1<a$ かつ「$5<\frac{2}{a}$ または $a+1\leqq 3$」のとき

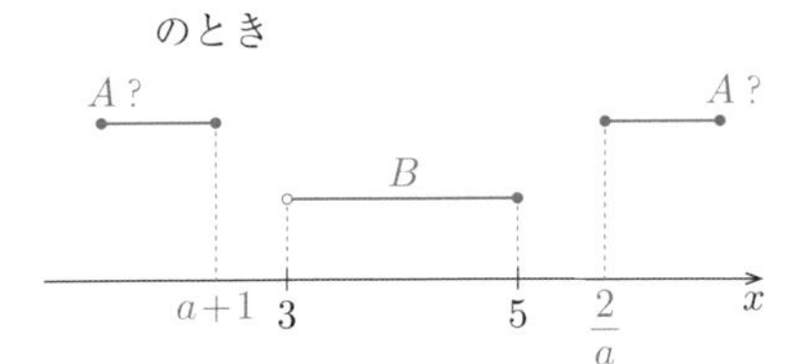

のいずれかである．

(あ)は $0<a<1$ かつ「$4<a$ または $\frac{2}{3}\leqq a$」と言いかえられ，これはつまり $\frac{2}{3}\leqq a<1$ ということである．

(い)は $a=1$ ということである．

(う)は $1<a$ かつ「$a<\frac{2}{5}$ または $a\leqq 2$」と言いかえられ，これはつまり $1<a\leqq 2$ ということである．

この3つを合わせて，結局，$A\cap B=\varnothing$ となるのは

$\frac{2}{3}\leqq a<1$ または $a=1$ または $1<a\leqq 2$，

すなわち $\frac{2}{3}\leqq a\leqq 2$ のときである．

補説　必要条件・十分条件の判定や集合どうしの包含関係の判定（この2つのことがらは本質的に同じことである）は，気をつけていてもかんちがいやうっかりが生じやすいところである．誤る危険を減らすために，数直線上などに図示して様子を見てみることをすすめる．

(2)では，定数aが正だと決まっているので，状況が単純になっている．これがもし，$a=0$ や $a<0$ の可能性があったならば，場合分けが面倒であった．$a>0$ に状況を限定しているのは出題者の親切なので，これを読み落としてはいけない．

$\dfrac{2}{a}$ と $a+1$ の大小を比較するには，理屈の上では不等式 $\dfrac{2}{a}<a+1$，方程式 $\dfrac{2}{a}=a+1$，不等式 $\dfrac{2}{a}>a+1$ をすべて解かなければならないが，解説でそうしたように，2つの不等式のうち1つを解けばあとのことはわかるので，答案の記述を要求されない共通テストの形式では，それで十分である．ただし，方程式 $\dfrac{2}{a}=a+1$ だけを解く（解は（$a>0$ のもとで）$a=1$）のでは，残りの2つの不等式のうちどちらの解が $(0<)a<1$ でどちらの解が $1<a$ なのかわからないので，これは失敗である．

(2)の後半は，2次関数 $f(x)=(ax-2)(x-a-1)$ のグラフと x 軸上の範囲 $B=\{x|\ 3<x\leqq 5\}$ の位置関係を考えて解決することもできるが，それは凝りすぎだろう．2つの集合 A，B を素直に比較すればよい．場合分けが多くなり，「かつ」と「または」のからみ合いにも注意が必要だが，丁寧にあわてず考えよう．

1-2 解答

(1) （アx＋イ）(x－ウ)：$(2x+5)(x-2)$

(2) $\dfrac{-\text{エ}\pm\sqrt{\text{オカ}}}{\text{キ}}$：$\dfrac{-5\pm\sqrt{65}}{4}$

$\dfrac{\text{ク}+\sqrt{\text{ケコ}}}{\text{サ}}$：$\dfrac{5+\sqrt{65}}{2}$　シ：6

(3) ス：3

アドバイス　与えられた x の2次方程式①はややこしそうな形をしているが，(1)では $c=1$，(2)では $c=2$ と状況がそれぞれ限定されているので，解答は難しくない．問題文全体をまずよく読んで落ち着こう．(3)は，花子さんの言う通り，「解の公式の根号の中」，すなわち①の判別式を見ればよい．それは，①の解が有理数でないのは「解の公式の根号」の部分が有理数でないときだからである．

解説　(1) $c=1$ のとき，①は $2x^2+x-10=0$ である．$2x^2+x-10=(2x+5)(x-2)$ であるから，$2x^2+x-10=0$ の解は $x=-\dfrac{5}{2}$，2 であり，2つとも有理数である．

(2) $c=2$ のとき，①は $2x^2+5x-5=0$ である．この解は，解の公式により

$$x=\frac{-5\pm\sqrt{5^2-4\cdot 2\cdot(-5)}}{2\cdot 2}.$$

すなわち

$$x=\frac{-5\pm\sqrt{65}}{4}$$

であり，2つとも無理数である．このうち大きい方が $\alpha=\dfrac{-5+\sqrt{65}}{4}$ であるから，

$$\begin{aligned}\frac{5}{\alpha}&=5\cdot\frac{1}{\alpha}=5\cdot\frac{4}{-5+\sqrt{65}}\\&=5\cdot\frac{4(5+\sqrt{65})}{(-5+\sqrt{65})(5+\sqrt{65})}\\&=\frac{5\cdot 4(5+\sqrt{65})}{-25+65}\\&=\frac{5+\sqrt{65}}{2}\end{aligned}$$

である．

$\dfrac{5}{\alpha}=\dfrac{5+\sqrt{65}}{2}$ の整数部分を求めるために，$\sqrt{65}$ の値を評価する．

$\sqrt{64}<\sqrt{65}<\sqrt{81}$，すなわち $8<\sqrt{65}<9$ であるから，

$$\frac{5+8}{2}<\frac{5+\sqrt{65}}{2}<\frac{5+9}{2},$$

すなわち

$$6.5<\frac{5+\sqrt{65}}{2}<7$$

である．よって，$6<\dfrac{5+\sqrt{65}}{2}<6+1$ で，$\dfrac{5+\sqrt{65}}{2}$ の整数部分は6である．

(3) x の2次方程式①の判別式を D とする．

$$\begin{aligned}D&=(4c-3)^2-4\cdot 2\cdot(2c^2-c-11)\\&=16c^2-24c+9-16c^2+8c+88\\&=-16c+97\end{aligned}$$

である．この値が0以上でない限り，①は実数解を持たず，したがって，当然，有理数の解を持たない．だから，①の解が異なる

二つの有理数であるためには $D \geqq 0$，すなわち $-16c+97 \geqq 0$ が必要である．c が正の整数であることから，この条件をみたす c の値は1，2，3，4，5，6だけだとわかる．

あとは，この6通りの c の値に対して，①の解がいくらになるか調べればよい．

- $c=1$ のとき，(1)より，①の解は異なる二つの有理数である．
- $c=2$ のとき，(2)より，①の解は異なる二つの有理数ではない．
- $c=3$ のとき，①は $2x^2+9x+4=0$ である．これは $(2x+1)(x+4)=0$ と書き換えられるから，解は $x=-\frac{1}{2}$，-4 であり，2つとも有理数である．
- $c=4$ のとき，①は $2x^2+13x+17=0$ である．解の公式より，この解は $x=\frac{-13\pm\sqrt{33}}{4}$ であり，2つとも無理数である．
- $c=5$ のとき，①は $2x^2+17x+34=0$ である．解の公式より，この解は $x=\frac{-17\pm\sqrt{17}}{4}$ であり，2つとも無理数である．
- $c=6$ のとき，①は $2x^2+21x+55=0$ である．これは $(2x+11)(x+5)=0$ と書き換えられるから，解は $x=-\frac{11}{2}$，-5 であり，2つとも有理数である．

以上より，①の解が異なる二つの有理数であるような正の整数 c は，1，3，6の3個である．

補説 (3)で①の解が有理数かどうかを確かめるには，実は $\sqrt{D}$，すなわち $\sqrt{-16c+97}$ が有理数であるかどうかだけを調べればよい．それは①の解

$$x=\frac{-(4c-3)\pm\sqrt{-16c+97}}{4}$$

において，分子にある $-(4c-3)$ と分母の4がいずれも有理数であるからである．ただし，このことを厳密に理解したというためには

(あ) $\frac{(有理数)\pm(有理数)}{(有理数)}$ の形をした数は有理数である．

(い) $\frac{(有理数)\pm(有理数でない数)}{(有理数)}$ の形をした数は有理数でない．

の2つのことを証明できなければならない．

(あ)は，教科書にも載っている「有理数どうしの四則演算の結果は有理数である」ことを用いればただちに証明できる．一方，(い)は少し手間がかかる．「この数が有理数であると仮定すると…」として，背理法を用いることになる．

CHAPTER 2 2次関数

2-1 **解答** (1) (ア，イ)：(1，3)

(2) $k>$ウエ：$k>-3$

(3) オ，カ：1，2

(4) $\sqrt{キク(k+ケ)}$：$\sqrt{-2(k+3)}$

コサシ：-11 スセ：-3

アドバイス 2次関数のグラフがかけて，その平行移動のこと，そのx軸との交点のこと(どちらもごく基本的なことで十分)がわかっていれば，大きな困難なしで正解できる問題である．そして，このような基本的な事項のみを問う問題こそが，もっとも受験者の実力を明確に測るものである．

内容を1つ1つ確認して解き進めることが，とてもよい学習になる問題である．

解説 (1) $y=2x^2-4x+5$ は

$y=2x^2-4x+2+3$，すなわち

$y=2(x-1)^2+3$ と変形できる．よって，このグラフGは下に凸の放物線で，その頂点の座標は$(1，3)$である．

(2) $k=-3$ のとき，Hは(頂点で)x軸に接する．それよりkが大きいときにのみ，つまり $k>-3$ のときにのみ，Hはx軸と共有点を持たない．

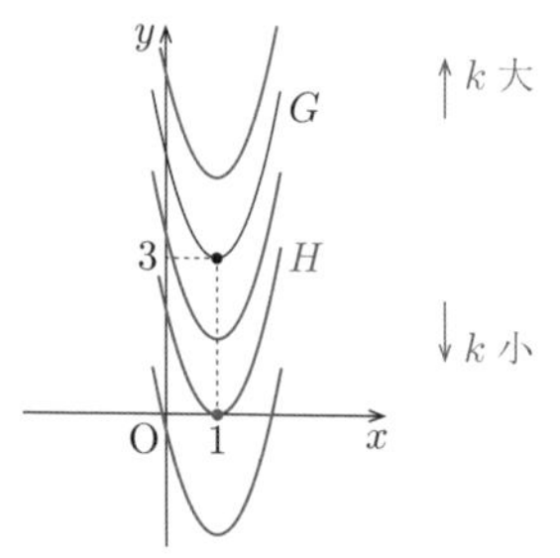

(3) $k=-5$ のとき，Hは2次関数

$y=2x^2-4x+5+(-5)$，つまり

$y=2x^2-4x$ のグラフである．だから，Hとx軸の交点のx座標は，$2x^2-4x=0$ の解，すなわち0と2である．

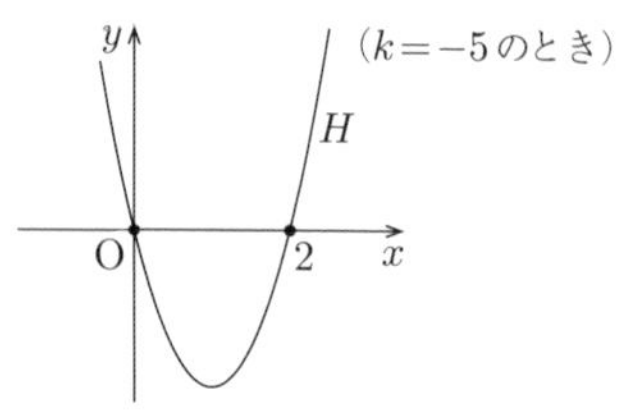

よって，Hをx軸方向に1だけ平行移動したものとx軸との交点は点$(0+1，0)$と点$(2+1，0)$，つまり2点$(1，0)$，$(3，0)$である．このうち，x軸の $2\leqq x\leqq 6$ の範囲にあるものは点$(3，0)$だけである．よって，このグラフは $2\leqq x\leqq 6$ の範囲でx軸と1点で交わる．

また，Hをx軸方向に3だけ平行移動したものとx軸との交点は点$(0+3，0)$と点$(2+3，0)$，つまり2点$(3，0)$，$(5，0)$である．これらは両方ともx軸の $2\leqq x\leqq 6$ の範囲にある．よって，このグラフは $2\leqq x\leqq 6$ の範囲でx軸と2点で交わる．

(4) Hは2次関数 $y=2x^2-4x+5+k$ のグラフである．(2)で考えたことより，$k<-3$ のとき，Hはx軸と異なる2点で交わる．その2点のx座標は $2x^2-4x+5+k=0$ の解である．これを解くと，

$$2x^2-4x+5+k=0$$
$$\iff 2(x-1)^2+3+k=0$$
$$\iff 2(x-1)^2=-k-3$$
$$\iff (x-1)^2=\frac{-k-3}{2}$$
$$\iff x-1=\pm\sqrt{\frac{-k-3}{2}}$$
$$\iff x=1\pm\sqrt{\frac{-k-3}{2}}$$

より，解は $x=1+\sqrt{\frac{-k-3}{2}}$ と

$x=1-\sqrt{\frac{-k-3}{2}}$ である．

したがって，Hがx軸と異なる2点で交わるとき，その2点の座標は

$$\left(1+\sqrt{\frac{-k-3}{2}}，0\right)，\left(1-\sqrt{\frac{-k-3}{2}}，0\right)$$

である．だから，この2点の間の距離は(x

座標の大きい方から小さい方をひいて)

$$\left(1+\sqrt{\frac{-k-3}{2}}\right)-\left(1-\sqrt{\frac{-k-3}{2}}\right)$$
$$=2\sqrt{\frac{-k-3}{2}}$$
$$=\sqrt{4\cdot\frac{-k-3}{2}}$$
$$=\sqrt{-2(k+3)}$$

である.

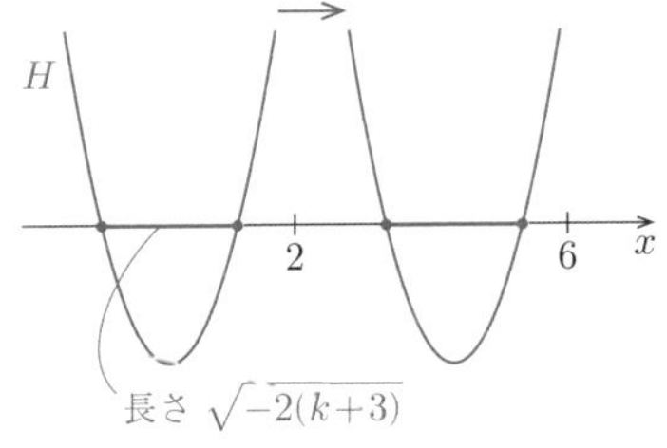

H を x 軸方向に平行移動して, $2\leqq x\leqq 6$ の範囲で x 軸と異なる 2 点で交わるようにできるのは, $k<-3$ であり, さらに, いま求めた距離 $\sqrt{-2(k+3)}$ が, $2\leqq x\leqq 6$ の範囲の幅すなわち $6-2=4$ 以下であるとき, すなわち

$k<-3$ かつ $\sqrt{-2(k+3)}\leqq 4$ …①

のときである. ここで

① $\iff k<-3$ かつ $\sqrt{-2(k+3)}\leqq\sqrt{16}$
$\iff k<-3$ かつ $-2(k+3)\leqq 16$
$\iff k<-3$ かつ $k\geqq -11$
$\iff -11\leqq k<-3$

であるから, 求めるべき範囲は
$-11\leqq k<-3$ である.

補説 (2)で, H は 2 次関数 $y=2x^2-4x+5+k$ のグラフで, これが x 軸と共有点を持たないのは x の 2 次方程式 $2x^2-4x+5+k=0$ の判別式が負のときで, それは
$(-4)^2-4\cdot2\cdot(5+k)<0$ のときで, ……とやってももちろんできるが, 解説で示した通り, (1)で G の頂点の座標を求めたあとであれば, 問題文に書いてあることをすなおに読み取って図解するだけでほぼ計算なしであっという間に正解できる.

また, (4)で「グラフ H を x 軸方向に平行移動して」と問題文にあるが, 具体的にどれくらい平行移動したらよいのかは, これも解説の通り, 考える必要がない. しかし, もし「H を x 軸方向に平行移動したグラフを式で表さないと……」と思い込んでしまうと, この平行移動の分量を文字でおくことになり, かなり大変な道に踏み入ってしまうことになる. そうなってしまわないように, 問題文でまず H と x 軸の交点間の距離 $\sqrt{\boxed{キク}(k+\boxed{ケ})}$ を問い, そして「したがって, …」と書いて, これが次の問題を解くのに使えるよ, とガイドしているのが, 出題者の親切なのである.

問題文はよく読もう. 時間の短い試験をうまく切り抜けてほしい, そのためにヒントを読み取ってほしい, という出題者の気持ちが見えるはずだ.

2-2 解答 (1) アイウーx : $400-x$
(2) エオカ, キ : 560, 7
(3) クケコ : 280 サシスセ : 8400
(4) ソタチ : 250

アドバイス 問題文を正確に読み取り, ここでの仮定を受け入れて, 内容を数式化することがまず求められている. それができれば, その後の処理 (2 次関数の考察) はいたって基本的で易しい. 前もって「このような形式の問題が出る可能性がある」とわかった上で落ち着いて臨めば, 困ることはないだろう.

解説 (1) 売り上げ数を z 皿とする. 問題文のいうように, z が x の 1 次関数で表されると仮定する. このとき, その変化の割合は「x が 50 円上がると z が 50 皿減る」割合, すなわち, $\dfrac{-50\,(\text{皿})}{50\,(\text{円})}=-1$ (皿/円) であるから, $z=-x+b$ と表せる (b は定数). 問題文にある表より, $x=200$ (円) のとき $z=200$ (皿) であるから, $200=-200+b$ が成り立つ. よって, $b=400$ であり, 売り上げ数 z は $-x+400$, すなわち $400-x$ と表される.

チャレンジテスト解答

(2)　1皿あたりの価格がx円のとき，売り上げ数は$(400-x)$皿である（〈条件1〉より）．このとき材料は$(400-x)$皿分仕入れる（〈条件2〉より）．だから，材料費の総額は$160(400-x)$円であり，これにたこ焼き用器具の賃貸料を加えて，必要な経費は$\{160(400-x)+6000\}$円となる（〈条件3〉より）．よって，利益y円は

$$y=x(400-x)-\{160(400-x)+6000\},$$

すなわち

$$y=-x^2+560x-70000 \quad \cdots②$$

と表される．

(3)　②は，

$$y=-x^2+2\cdot280x-280^2+280^2-70000,$$

すなわち $y=-(x-280)^2+8400$ と書きかえられる．だから，yは $x=280$ のとき最大値8400をとる．

(4)

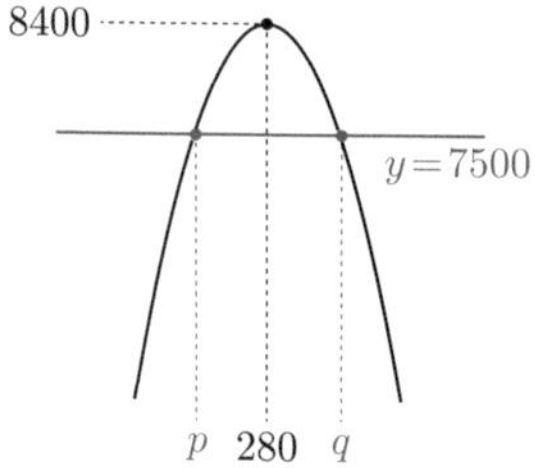

8400

$y=7500$

p　280　q

$y \geqq 7500$ となるのは，上のグラフでのp，qに対し，$p \leqq x \leqq q$ となるときである．pの値がここで求めるべきものである．

$$\begin{aligned} y=7500 &\iff 7500=-(x-280)^2+8400 \\ &\iff (x-280)^2=900 \\ &\iff x-280=\pm30 \\ &\iff x=280\pm30 \\ &\iff x=310 \text{ または } x=250 \end{aligned}$$

であるから，求める値は $x=250$ である．

補説　(4)で $y=7500$ となるxの値を求めるために2次方程式を解くが，このとき②の等式 $y=-x^2+560x-70000$ を用いると $7500=-x^2+560x-70000$，すなわち

$$x^2-560x+77500=0$$

を解くことになる．もちろんこれでも正解は得られるが，それよりは，(3)で②の右辺を平方完成して作った等式 $y=-(x-280)^2+8400$ を用いて $7500=-(x-280)^2+8400$，すなわち

$$(x-280)^2=900$$

を解いたほうが，ずっと簡単でまちがえにくい．時間が短くあわてやすい共通テストでは，このように負担を軽減する考え方を選べる冷静さは必要だろう．

そもそも2次方程式の解の公式を導き出す過程では平方完成がポイントであった．だから，平方完成ができている状況では，解の公式なしで2次方程式がすぐ解けるのは，当然のことなのである．

CHAPTER 3　図形と計量

3-1 解答　(1) $\frac{ア}{イ}$：$\frac{4}{5}$　ウエ：12　オカ：12

キク：25

(2) ケ：②　コ：⓪　サ：①

(3) シ：③

(4) ス：①

(5) セ：②　ソ：②　タ：⓪　チ：③

(6) ツ：⓪　テ：③

**アドバイス**　三角比を用いて図形的な量(面積や長さ)を式に表し，それを見ていろいろ考察する問題である．単に公式通り計算して終わりなのではなく，全体を見渡して必要な式を作り比較しなければならない．

内容としてはけっこう広い範囲のことが話題になっているが，当然ながら，どれも教科書に載っている(この本にも載っている！)ことばかりである．基礎事項のなかには高校生がつい見逃しがちなものもあるが，すべてをよく見ておこう．

解説

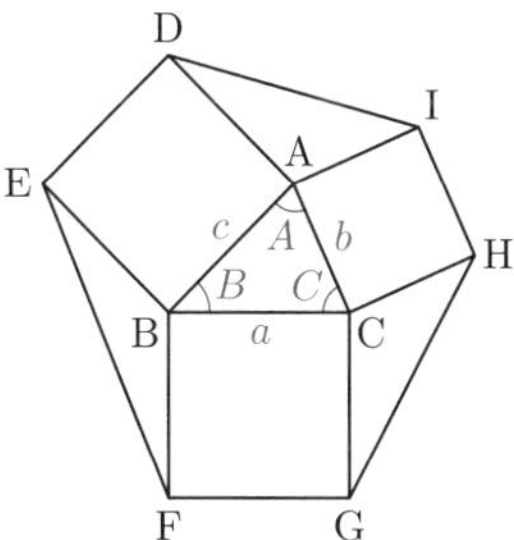

(1) $b=6$，$c=5$，$\cos A=\frac{3}{5}$ とする．

$\sin^2 A=1-\cos^2 A=1-\left(\frac{3}{5}\right)^2=\left(\frac{4}{5}\right)^2$ であり，$0°<A<180°$ より $\sin A>0$ だから，

$\sin A=\frac{4}{5}$ である．

したがって，

$$\triangle ABC=\frac{1}{2}bc\sin A=\frac{1}{2}\cdot 6\cdot 5\cdot\frac{4}{5}=12$$

である．また，四角形 ADEB，CHIA が正方形であることに注意して

$$\angle IAD=360°-\angle BAC-\angle DAB-\angle CAI$$
$$=360°-A-90°-90°$$
$$=180°-A$$

であるから，

$\sin\angle IAD=\sin(180°-A)=\sin A$ である．

よって，

$$\triangle AID$$
$$=\frac{1}{2}\cdot IA\cdot DA\cdot\sin\angle IAD=\frac{1}{2}bc\sin A$$

であるので，(b，c，$\sin A$ の値に関係なく) $\triangle AID=\triangle ABC$ である．よって，$\triangle AID=12$ である．

さらに，余弦定理を $\triangle ABC$ に適用して

$$a^2=b^2+c^2-2bc\cos A$$
$$=6^2+5^2-2\cdot 6\cdot 5\cdot\frac{3}{5}$$
$$=25$$

である．正方形 BFGC の面積は $BC^2=a^2$ だから，25 に等しい．

(2) $S_1=a^2$，$S_2=b^2$，$S_3=c^2$ であるから，$S_1-S_2-S_3=a^2-b^2-c^2$ である．

ここで，余弦定理を $\triangle ABC$ に適用して

$\cos A=\frac{b^2+c^2-a^2}{2bc}$ であるから，

$$\cos A=\frac{-(S_1-S_2-S_3)}{2bc}$$

である．$2bc$ は正だから，$\cos A$ と $S_1-S_2-S_3$ は，一方が正ならば他方は負，一方が 0 ならば他方も 0，という関係にある．

- $0°<A<90°$ のとき，$\cos A$ は正．よって，$S_1-S_2-S_3$ は負．
- $A=90°$ のとき，$\cos A$ は 0．よって，$S_1-S_2-S_3$ も 0．
- $90°<A<180°$ のとき，$\cos A$ は負．よって，$S_1-S_2-S_3$ は正．

(3) (1)より，つねに $\triangle AID=\triangle ABC$ であることがわかった．同様の議論により，$\triangle BEF$ や $\triangle CGH$ の面積もつねに $\triangle ABC$ の面積に等しいとわかる

$$\left(\triangle BEF=\frac{1}{2}ca\sin B=\triangle ABC,\quad \triangle CGH=\frac{1}{2}ab\sin C=\triangle ABC\right).$$

よって，**a，b，c の値に関係なく**，$T_1=T_2=T_3$ ($=\triangle ABC$) である．なお，ほ

チャレンジテスト解答

かの選択肢⓪，①，②が正しくないことは，T_1 と T_2 が等しくならないことがあり得ないことからわかる．

(4) 六角形DEFGHIを7つに分けて考える．

六角形DEFGHI

$=\triangle ABC+\triangle AID+\triangle BEF+\triangle CGH$

$+$正方形BFGC$+$正方形CHIA

$+$正方形ADEB

$=\triangle ABC+\triangle ABC+\triangle ABC+\triangle ABC$

$+a^2+b^2+c^2$

$=4\cdot\dfrac{1}{2}bc\sin A+(b^2+c^2-2bc\cos A)$

$+b^2+c^2$

$=2\bigl(b^2+c^2+bc(\sin A-\cos A)\bigr)$

である．途中，(3)の結果と，余弦定理

$a^2=b^2+c^2-2bc\cos A$ を用いた．

(5)

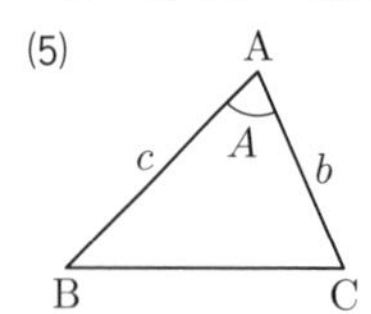

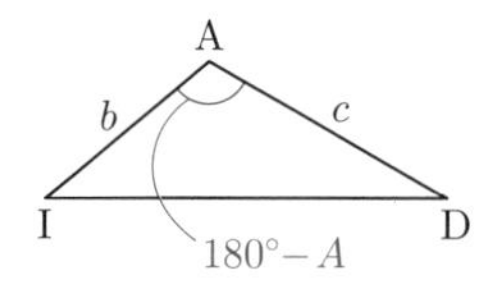

$0°<A<90°$ のとき，つまり $\angle BAC$ が鋭角のとき，$90°<180°-A<180°$ だから，$\angle IAD$ は鈍角である．だから，

$\cos\angle BAC>0$，$\cos\angle IAD<0$ である．

余弦定理より

$$ID^2=b^2+c^2-2bc\cos\angle IAD,$$

$$BC^2=b^2+c^2-2bc\cos\angle BAC$$

である．これに $\cos\angle BAC$，$\cos\angle IAD$ の正負を考え合わせて見比べると，$ID^2>BC^2$ がわかる．ゆえに，$ID>BC$ である．なおこの結果は，「$\triangle PQR$ の2辺PQ，PRの長さが一定であるとき，内角 $\angle P$ が大きいほど，その対辺QRの長さは大きい」ことからもただちにわかる．

以下，$\triangle ABC$，$\triangle AID$，$\triangle BEF$，$\triangle CGH$ の外接円の半径をそれぞれ R，R_A，R_B，R_C とする．

$\triangle AID$，$\triangle ABC$ に正弦定理を適用して

$2R_A$

$$=\frac{ID}{\sin\angle IAD}=\frac{ID}{\sin(180°-A)}=\frac{ID}{\sin A},$$

$$2R=\frac{BC}{\sin\angle BAC}=\frac{BC}{\sin A}$$

がわかる．$ID>BC$，かつ $\sin A>0$ であるから，$2R_A>2R$ である．ゆえに，$R_A>R$ である．

<u>$0°<A<B<C<90°$ のとき</u>，上述のことと同様にして，$R_A>R$ のほかに $R_B>R$，$R_C>R$ もわかる．よって，R，R_A，R_B，R_C のうち最小のものは $\boldsymbol{R}$ である．

<u>$0°<A<B<90°<C$ のとき</u>，$R_A>R$ と $R_B>R$ はこれまでと同様にわかる．

だからあとは，R_C と R の大小を比較すればよい．

余弦定理より

$$GH^2=a^2+b^2-2ab\cos\angle GCH,$$

$$AB^2=a^2+b^2-2ab\cos\angle BCA$$

である．いま $90°<C\,(<180°)$ だから，$\angle BCA=C$ は鈍角で $\cos\angle BCA$ は負であり，$\angle GCH=180°-C$ は鋭角で $\cos\angle GCH$ は正である．よって，$GH^2<AB^2$，すなわち $GH<AB$ である．

次に，正弦定理より

$$2R_C=\frac{GH}{\sin\angle GCH}=\frac{GH}{\sin(180°-C)}=\frac{GH}{\sin C},$$

$$2R=\frac{AB}{\sin\angle BCA}=\frac{AB}{\sin C}$$

がわかる．$GH<AB$，かつ $\sin C>0$ であるから，$2R_C<2R$ である．ゆえに，$R_C<R$ である．

以上より，$0°<A<B<90°<C$ のとき，R，R_A，R_B，R_C のうち最小のものは $\boldsymbol{R_C}$ だとわかった．

(6) 以下，$\triangle ABC$，$\triangle AID$，$\triangle BEF$，$\triangle CGH$ の内接円の半径を r，r_A，r_B，r_C とする．

$0°<A<90°$ とする．$\triangle AID$ と $\triangle ABC$ について，

$$\triangle AID=\frac{1}{2}(AI+AD+ID)r_A$$

$$=\frac{1}{2}(b+c+ID)r_A,$$

$$\triangle ABC=\frac{1}{2}(AB+AC+BC)r$$
$$=\frac{1}{2}(b+c+BC)r$$

が成り立つ．ここで，(1)よりつねに $\triangle AID=\triangle ABC$ だったこと，そして(5)より，$0°<A<90°$ のとき $ID>BC$ であったことに注意すると，$r_A<r$ であることがわかる．

$0°<A<B<C<90°$ のとき，上述のことと同様にして，$r_A<r$ のほかに $r_B<r$，$r_C<r$ もわかる．よって，r，r_A，r_B，r_C のうち最大のものは r である．

$0°<A<B<90°<C$ のとき，$r_A<r$ と $r_B<r$ はこれまでと同様にわかる．

だからあとは，r_C と r の大小を比較すればよい．

$$\triangle CGH=\frac{1}{2}(CG+CH+GH)r_C$$
$$=\frac{1}{2}(a+b+GH)r_C,$$
$$\triangle ABC=\frac{1}{2}(CA+CB+AB)r$$
$$=\frac{1}{2}(a+b+AB)r$$

であり，(3)より $\triangle CGH=\triangle ABC$，(5)より $90°<C\ (<180°)$ のとき $GH<AB$ であったことに注意して，$r_C>r$ がわかる．

以上より，$0°<A<B<90°<C$ のとき，r，r_A，r_B，r_C のうち最大のものは r_C だとわかった．

補説　$\triangle ABC$ の辺の長さや内角の大きさにかかわらずいつでも $\triangle ABC$ と $\triangle AID$ の面積が等しいことは，ちょっとした驚きであろう．この事実は「$\sin(180°-A)=\sin A$」という，教科書に載っているごく基本的な公式に支えられている．

$\sin(180°-A)=\sin A$，正弦定理や余弦定理，A の大きさと $\cos A$ の正負の関係，三角形の面積の公式 $\left(S=\frac{1}{2}bc\sin A\right.$ や $\left.S=\frac{1}{2}(a+b+c)r\right)$ など，この問題の解決に必要な公式はかなりたくさんあるが，どれも基本的なものである．ただし，これらの公式を「問われた数値を答えるために与えられた数値を当てはめて使う」だけのものと思っていると，共通テストではうまくいかないだろう．公式を用いて自分で立てた式を改めて見て，問われていることに対してそれがどう役に立つか，よく考えないといけない．その意味で，この問題は，計算量は少ないが決して易しくない．もっとも，共通テストでは答案は書かなくてよいので，図と式の観察により自分が理解できたことは，文章に書かずにすぐ使ってよい．

なお，この問題は「数学Ⅰ」での出題だが，同日行われた「数学Ⅰ・数学A」の試験ではほぼ同じ問題が出されている．「数学Ⅰ・数学A」では，(1)の最後，(4)，(6)がなかった．

3-2 **解答**　(1)　ア：8　イウ：90　エ：4

(2)　オ：4　カ：①　キ：①　ク：⓪　ケ：⓪　コ：③

(3)　$\frac{\sqrt{サ}}{シ}$：$\frac{\sqrt{7}}{3}$　ス$\sqrt{セ}$：$2\sqrt{2}$　$\frac{\sqrt{ソ}}{タ}$：$\frac{\sqrt{2}}{4}$

$\frac{チツ}{テ}$：$\frac{-3}{4}$　$\frac{ト}{ナ}$：$\frac{4}{5}$　ニ：5

アドバイス　1辺の長さが固定されている三角形のうちで，外接円の半径がなるべく小さいものを探そう，ということが全体を貫くテーマである．必要な知識は平易なものばかりだが，問題文をよく読んで，出題者の用意した議論の展開にまちがいなくついていく必要がある．このようなことには訓練が必要だろう．

解説　(1)　$2R=\frac{AB}{\sin\angle APB}=\frac{8}{\sin\angle APB}$，

つまり $R=\frac{4}{\sin\angle APB}$ である．

$\sin\angle APB$ は0より大きく1以下だから，R が最小になるのは $\sin\angle APB$ が最大値1をとるときである．これは $\angle APB=90°$ のときで，そのとき $R=\frac{4}{1}=4$ となる．

(2) 直線 AB と直線 l との距離 h が，円 C の半径 4 とどのような大小関係にあるかで，l と C の共有点の個数が変わる．

$h \leqq 4$ のとき l と C は 1 つ以上の共有点を持ち，$h>4$ のときは共有点を持たない．

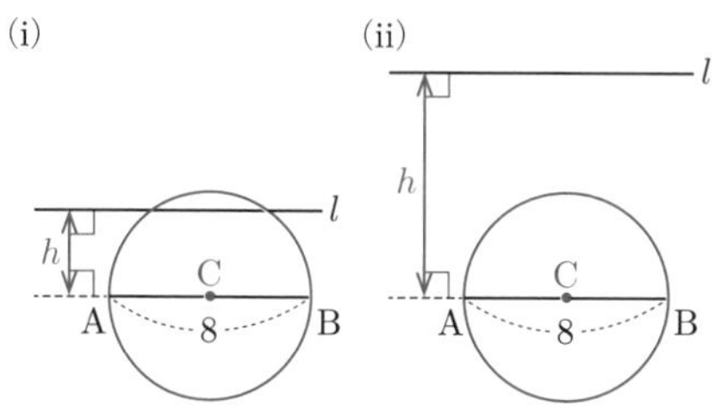

(i) $h \leqq 4$ のとき，l と C の共有点 (の 1 つ) を P とすれば △APB の外接円の半径 R は 4 になる．(1)で調べた通り，これが R の最小値である．このとき，△APB は ($\angle P=90°$ の) **直角三角形**である．なお，特に $h=4$ のときは，△APB は直角二等辺三角形になる．

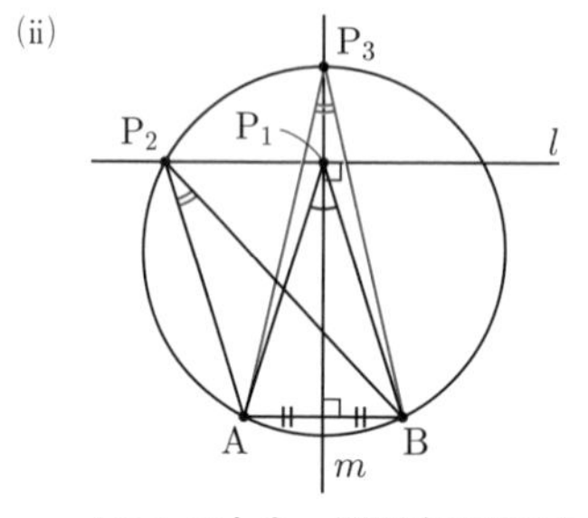

$h>4$ のとき，問題文の通りに m，P_1，P_2，P_3 をとる．円周角の定理より $\angle AP_3B=\angle AP_2B$ であるから $\sin\angle AP_3B=\sin\angle AP_2B$ である．また，問題文にある通り

$(0°<)\angle AP_3B<\angle AP_1B<90°$ であるから，$\sin\angle AP_3B<\sin\angle AP_1B$ である．よって，

$$\sin\angle AP_1B>\sin\angle AP_2B \quad \cdots①$$

である．さて，正弦定理より

$$2\cdot(\triangle ABP_1 \text{ の外接円の半径}) =\frac{AB}{\sin\angle AP_1B}=\frac{8}{\sin\angle AP_1B},$$

$$2\cdot(\triangle ABP_2 \text{ の外接円の半径}) =\frac{AB}{\sin\angle AP_2B}=\frac{8}{\sin\angle AP_2B}$$

である．これと①から，

$(\triangle ABP_1$ の外接円の半径$)$
$<(\triangle ABP_2$ の外接円の半径$)$

であることがわかる．

これで，l 上の点 P を P_1 以外にすると，△ABP の外接円の半径 R は $\triangle ABP_1$ の外接円の半径より大きくなることが示せた．したがって，R は △ABP が $\triangle ABP_1$ であるとき最小となる．このとき，△ABP すなわち $\triangle ABP_1$ は，AP=BP の**二等辺三角形**である．

(3) (i) $h=\sqrt{7}$ のとき，$h<4$ であるから，直線 l と円 C は交わる．その 2 つの交点のうち 1 つを P とするが，図のように，$\angle ACP \leqq 90°$ となる方を選ぶ．

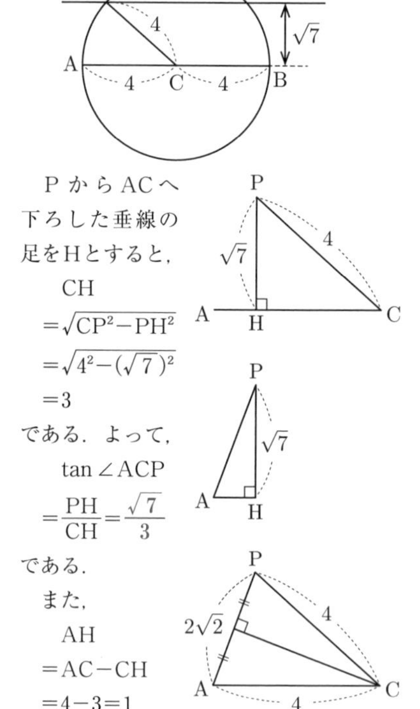

P から AC へ下ろした垂線の足を H とすると，

$$CH =\sqrt{CP^2-PH^2} =\sqrt{4^2-(\sqrt{7})^2} =3$$

である．よって，

$$\tan\angle ACP =\frac{PH}{CH}=\frac{\sqrt{7}}{3}$$

である．

また，

$$AH =AC-CH =4-3=1$$

であるから，

$$AP=\sqrt{AH^2+PH^2}=\sqrt{1^2+(\sqrt{7})^2}$$
$$=2\sqrt{2}$$

である．

$\triangle$ACP は $AC=PC=4$，$AP=2\sqrt{2}$ の二等辺三角形である．だから，$\triangle$ACP を半分にした直角三角形を考えて，

$$\cos\angle APC=\frac{\sqrt{2}}{4}$$

である．

さらに，$\angle PCB=180^\circ-\angle PCA$ だから，

$$\cos\angle PCB=\cos(180^\circ-\angle PCA)$$
$$=-\cos\angle PCA$$
$$=-\frac{HC}{PC}=-\frac{3}{4}$$

である．

(ii) $h=8$ のとき，$h>4$ であるから，直線 l と円Cは共有点を持たない．AB の垂直二等分線と l との交点をPとする．$CP=8$，$CP\perp AB$ である．

まず，

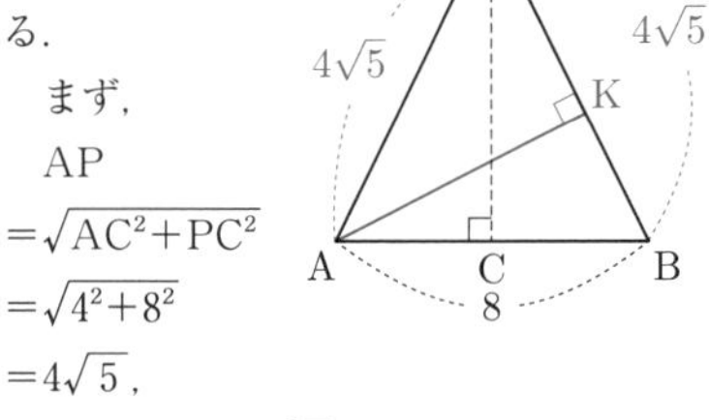

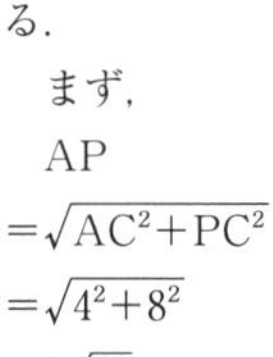

AP
$=\sqrt{AC^2+PC^2}$
$=\sqrt{4^2+8^2}$
$=4\sqrt{5}$，

同様に $BP=4\sqrt{5}$ である．そこでAからPBへ下ろした垂線の足をKとすると，

$$\triangle ABP=\frac{1}{2}\cdot AB\cdot CP=\frac{1}{2}\cdot BP\cdot AK$$

だから，

$$\frac{1}{2}\cdot 8\cdot 8=\frac{1}{2}\cdot 4\sqrt{5}\cdot AK,$$

ゆえに，$AK=\dfrac{16}{\sqrt{5}}$ である．したがって，

$$\sin\angle APB=\sin\angle APK=\frac{AK}{AP}$$
$$=\frac{\frac{16}{\sqrt{5}}}{4\sqrt{5}}=\frac{4}{5}$$

である．そこで正弦定理を $\triangle$ABP に適用して $\dfrac{AB}{\sin\angle APB}=2R$，よって，

$$R=\frac{1}{2}\cdot\frac{AB}{\sin\angle APB}=\frac{1}{2}\cdot\frac{8}{\frac{4}{5}}=5$$

である．

補説 (1)は易しく，(2)が本論だといえよう．点Pに何の制限もなければ(1)のように，PがABを直径とする円C上にあるときがRが最小になる．しかし(2)のように，Pの位置を直線 l 上に限定すると，Pを円C上にとれないかもしれない．そこで，どんなときにとれなくなるのか，そのときはPを（l 上の）どこにとるとRが最小になるのか，を考えるのが(2)である．考え方はいくつもあり得るが，共通テストの出題形式なので，出題者が用意した1つの考え方を問題文をよく読みながらフォローすることになる．自力ではじめからこの考え方をうち立てるのは大変だが，フォローするだけならばそこまで難しくはない．ただし図がなく文章だけで説明され，m，P_1，P_2，P_3 と記号も多いので，誤解のないように．

(3)は(2)の終わったあとなので，三角比のよくある計算問題になっている．数学Iの範囲で三角比の値を求めるには，直角三角形を作るか，正弦定理・余弦定理を用いるのが基本だが，この問題の場合は図形の状況が簡明なので，直角三角形をどんどん作っていく方針がわかりやすく迷いにくいだろう．

なお，(2)の(ii)の問題文に「$\angle AP_3B<\angle AP_1B<90^\circ$」とあるが，その理由は記されていない．これは図を見て明らかとも思えるが，「三角形の外角は他の2内角の和に等しい」ので

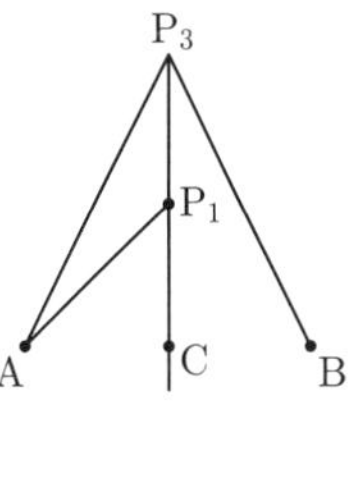

チャレンジテスト解答

$\angle AP_1C = \angle AP_3C + \angle P_3AP_1$，だから
$\angle AP_3C < \angle AP_1C$，この両辺を 2 倍して
$\angle AP_3B < \angle AP_1B$ である，と示される．

また，この問題は「数学Ⅰ」での出題だが，同日行われた「数学Ⅰ・数学A」の試験ではほぼ同じ問題が出されている．「数学Ⅰ・数学A」では(3)の(i)の部分がなかった．

CHAPTER 4　データの分析

4-1 解答　(1)　ア：④　イ，ウ：⓪，③（解答の順序は問わない）

(2)　エ：⑤

(3)　オ：③　カキク：240

(4)　ケ，コ：③，⓪　サ：⑥　シ：③

アドバイス　数学Ⅰの統計の単元では，用語が非常にたくさん登場する．その意味は決して難しいものではないが，とにかく意味を知っていないと，問題を解こうとすることすらできない．教科書やこの本に載っている用語を正確に理解しよう．

その上で，平均や分散，標準偏差，共分散や相関係数について，計算できるようになることと，その意味を踏まえていろいろな判断ができることとが，学習の目標になるだろう．

解説　(1)　まず，ヒストグラムを見てすぐに，最小値，最大値，最頻値がどの階級に含まれるかがわかる．すなわち，

最小値…「25 人以上 50 人未満」の階級，
最大値…「225 人以上 250 人未満」の階級，
最頻値…「25 人以上 50 人未満」の階級

である．また，問題文に「2010 年における 47 都道府県の外国人数の平均値は 96.4 であった」とあるので，平均値が含まれる階級は

平均値…「75 人以上 100 人未満」の階級

である．

四分位数を調べる．47 個のデータを小さい順に並べたとき，その四分位数は図のように，小さいほうから 12 番目，24 番目，36 番目のデータとなる．

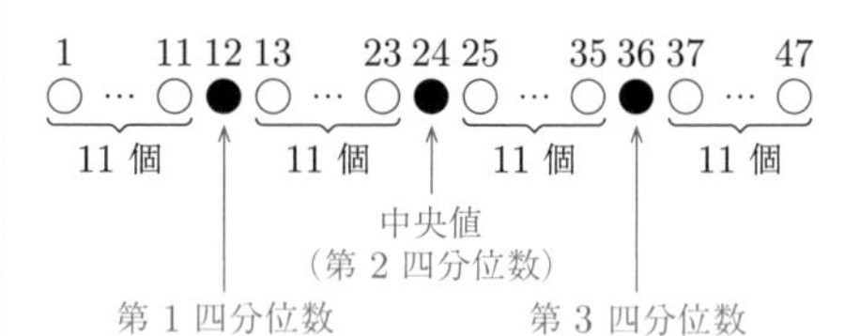

ヒストグラムを見てこの 3 つのデータを見つけて，四分位数が

第 1 四分位数

…「25 人以上 50 人未満」の階級，
中央値（第 2 四分位数）
…「75 人以上 100 人未満」の階級，
第 3 四分位数
…「125 人以上 150 人未満」の階級
に含まれているとわかる．
以上より
- 中央値と平均値は同じ階級（「75 人以上 100 人未満」）に含まれる．
- 第 1 四分位数，最小値，最頻値は同じ階級（「25 人以上 50 人未満」）に含まれる．

とわかる．

(2) 散布図を見て，(Ⅰ)，(Ⅱ)，(Ⅲ)の正誤を判定する．

(Ⅰ) 第 3 四分位数から第 1 四分位数をひいたものが四分位範囲である．いまの場合，データが 47 個あり，第 3 四分位数は大きい方から 12 番目のデータ，第 1 四分位数は小さい方から 12 番目のデータであることに注意して，四分位範囲を散布図から読み取る．

散布図の黒丸が持つ 47 個の縦座標のうち，大きい方から 12 番目のものは約 570～580（人），小さい方から 12 番目のものは約 540～550（人）だから，小学生数の四分位範囲は 20～40（人）くらいである．

散布図の白丸が持つ 47 個の縦座標のうち，大きい方から 12 番目のものは約 140～150（人），小さい方から 12 番目のものは約 40～50（人）だから，外国人数の四分位範囲は 90～110（人）くらいである．

したがって，小学生数の四分位範囲は外国人数の四分位範囲より明らかに小さく，(Ⅰ)は誤っている．

(Ⅱ) 最大値から最小値をひいたものが範囲である．

散布図の黒丸（白丸でもよい）の横座標のうち最大のものは約 530（人），最小のものは約 130（人）だから，旅券取得者数の範囲は 400（人）くらいである．

散布図の白丸の縦座標のうち最大のものは約 240（人），最小のものは約 30（人）だから，外国人数の範囲は 210（人）くらいである．

したがって，旅券取得者数の範囲は外国人数の範囲より明らかに大きく，(Ⅱ)は正しい．

(Ⅲ) 散布図の 47 個の黒丸は全体として右上がりの直線状に分布しているとは言えない．一方，散布図の 47 個の白丸は全体として右上がりの直線状に分布していると言える．よって，旅券取得者数と小学生数の相関係数は旅券取得者数と外国人数の相関係数より明らかに小さく，(Ⅲ)は誤っている．

(3)

$$\overline{x}=\frac{1}{n}(x_1f_1+x_2f_2+x_3f_3+x_4f_4+\cdots+x_kf_k)$$

に

$x_2=x_1+h$，$x_3=x_1+2h$，$x_4=x_1+3h$，$\cdots$，$x_k=x_1+(k-1)h$

を代入して，

$$\begin{aligned}\overline{x}&=\frac{1}{n}\Big(x_1f_1+(x_1+h)f_2+(x_1+2h)f_3\\&\quad+(x_1+3h)f_4+\cdots+\big(x_1+(k-1)h\big)f_k\Big)\\&=\frac{1}{n}\Big(x_1(f_1+f_2+f_3+f_4+\cdots+f_k)\\&\quad+h\big(f_2+2f_3+3f_4+\cdots+(k-1)f_k\big)\Big)\\&=\frac{1}{n}\Big(x_1n+h\big(f_2+2f_3+3f_4\\&\qquad+\cdots+(k-1)f_k\big)\Big)\\&=x_1+\frac{h}{n}\big(f_2+2f_3+3f_4+\cdots+(k-1)f_k\big)\end{aligned}$$

である：ここで，$f_1+f_2+f_3+f_4+\cdots+f_k$ は全データの個数 n に等しいことを用いた．

2008 年における 47 都道府県の旅券取得者数のデータは，上述の形式に当てはめると，$n=47$，$k=5$，$h=100$ であり，

$$x_1=\frac{50+150}{2}=100,$$

$x_2=x_1+h$，$x_3=x_1+2h$，

チャレンジテスト解答

$x_4=x_1+3h$, $x_5=x_1+4h$,

$f_1=4$, $f_2=25$, $f_3=14$, $f_4=3$, $f_5=1$

である．よって，

$$\overline{x}=x_1+\frac{h}{n}(f_2+2f_3+3f_4+4f_5)$$

$$=100+\frac{100}{47}(25+2\cdot14+3\cdot3+4\cdot1)$$

$$=100+\frac{100}{47}\cdot66=100+140.4\cdots$$

$$\fallingdotseq240$$

である．

(4) 平均 $\overline{x}$ は

$$\overline{x}=\frac{1}{n}(x_1f_1+x_2f_2+\cdots+x_kf_k) \quad \cdots☆$$

で定められていることに注意して，

$$s^2=\frac{1}{n}\left((x_1-\overline{x})^2f_1+(x_2-\overline{x})^2f_2+\cdots+(x_k-\overline{x})^2f_k\right)$$

$$=\frac{1}{n}\Big((x_1{}^2-2x_1\overline{x}+(\overline{x})^2)f_1+(x_2{}^2-2x_2\overline{x}+(\overline{x})^2)f_2+\cdots+(x_k{}^2-2x_k\overline{x}+(\overline{x})^2)f_k\Big)$$

$$=\frac{1}{n}\Big((x_1{}^2f_1+x_2{}^2f_2+\cdots+x_k{}^2f_k)-2(x_1f_1+x_2f_2+\cdots+x_kf_k)\overline{x}+(\overline{x})^2(f_1+f_2+\cdots+f_k)\Big)$$

$$=\frac{1}{n}\Big((x_1{}^2f_1+x_2{}^2f_2+\cdots+x_k{}^2f_k)-2\overline{x}\times n\cdot\frac{1}{n}(x_1f_1+x_2f_2+\cdots+x_kf_k)+(\overline{x})^2(f_1+f_2+\cdots+f_k)\Big)$$

$$=\frac{1}{n}\Big((x_1{}^2f_1+x_2{}^2f_2+\cdots+x_k{}^2f_k)-2\overline{x}\times n\overline{x}+(\overline{x})^2\times n\Big)$$

$$=\frac{1}{n}\Big((x_1{}^2f_1+x_2{}^2f_2+\cdots+x_k{}^2f_k)-(\overline{x})^2n\Big)$$

$$=\frac{1}{n}(x_1{}^2f_1+x_2{}^2f_2+\cdots+x_k{}^2f_k)-(\overline{x})^2$$

である．☆と $f_1+f_2+\cdots+f_k=n$ を途中で用いた．

2008年における旅券取得者数について，$n=47$，$k=5$，$\overline{x}=240$，そして

$x_1=100$，$x_2=200$，$x_3=300$，

$x_4=400$，$x_5=500$，

$f_1=4$，$f_2=25$，$f_3=14$，$f_4=3$，$f_5=1$

であるから，

$$s^2=\frac{1}{n}(x_1{}^2f_1+x_2{}^2f_2+x_3{}^2f_3+x_4{}^2f_4+x_5{}^2f_5)-(\overline{x})^2$$

$$=\frac{1}{47}(100^2\cdot4+200^2\cdot25+300^2\cdot14+400^2\cdot3+500^2\cdot1)-240^2$$

$$=\frac{1}{47}\cdot3030000-57600$$

$$=6868.08\cdots$$

である．選択肢のなかでこれに最も近い値を選ぶと，$s^2\fallingdotseq6900$ である．

補説 いろいろな種類のことが次から次へと問われるので，このような出題形式に慣れていないと，短い試験時間の中であわててしまいかねない．1つ1つの内容は決して難しくないので，このような過去出題問題について，最後まで完璧に理解しておくことが，本番の試験に大変有効な対策となる．自信を持とう．

(1) きちんと答えるには，解説のように，四分位数が47個のデータの何番目のものであるかを正確に計算する必要がある．実際の試験ではその手間を惜しんで目分量で答えてしまった人も多かっただろう．それは一概に悪いこととは言えない．しかし，過去出題問題を見て勉強をしている身としては，それではいけない．

なお，問題文には「平均値は96.4であった」と書かれている．うっかりこれを読み落とすと，ヒストグラムをもとに，自分で平均値を計算しなくてはならなくなり，かなり時間を損してしまう．問題文はすべてよく読むこと．

(2) 解説ではかなり丁寧に計算を述べているが，このくらいの散布図であれば「見るだけ」で(I)，(II)，(III)の正誤を見きわめることも可能だろう．ただし，練習段階ではきちんと確認するべきなのは，(1)と同様である．

(3) 階級の幅が一定のときの $\overline{x}$ の計算につい

てこの問題で作った公式はときに便利である（x_1 を仮平均として考えた，ともいえる公式である）．ただ，これが「2008年における47都道府県の旅券取得者数の平均値」を計算するのに，そこまですばらしく有効なのかは微妙だろう．特に今の場合，階級値がすべて100の倍数なので，ごく普通に

$$\bar{x}=\frac{1}{47}(100\times4+200\times25+300\times14+400\times3+500\times1)=\cdots$$

と計算しても，そんなに大変ではない．

(4) 分散 s^2 についての等式①は，POINT 52で述べてPOINT 58で証明した「(分散)＝(2乗の平均)－(平均の2乗)」の公式である．だから，等式①を導いてそれを使う．この問題(4)は，教科書の内容まったくそのままである．

なお，この問題は「数学Ⅰ」での出題だが，同日行われた「数学Ⅰ・数学A」の試験ではほぼ同じ問題が出されている．「数学Ⅰ・数学A」では(1)の部分がなかった．

4-2 解答 (1) ア：④

(2) (あ) 散布図上の点のうち，それと原点とを結んだ直線の傾きが最も大きいものを見つければよい．

(3) イ：⑧

(4) ウ：②，③（2つマークして正解）

(5) エ：④

アドバイス 散布図や箱ひげ図から情報を読み取り，適切に判断する問題，特に，「正しい主張」と「正しいとは限らない主張」を見分ける作業は，慎重に考えないとまちがえやすい．いかに「正しそうな」ことであっても，与えられた情報だけからでは「正しい」と断言できないような主張に気づくためには，自分でデータのいろいろな事例を考えてみて，反例があるかどうか調べることになる．

解説 (1) 図1の散布図の点は，右上がりの直線状の帯型領域に集中して分布している．だから，観光客数と消費総額の間には，強い正の相関があると考えられる．よって，選択肢の中では，相関係数としては0.83が最もふさわしい．

(2) 観光客数 (x) に対する消費総額 (y) の割合 $\left(\frac{y}{x}\right)$ がもっとも高い県を見つければよい．

それには，散布図上の点のうち，それと原点とを結んだ直線の傾きが最も大きいものを見つければよい．

(3) 図1の点⓪～⑨それぞれと原点を直線で結び（まっすぐな紙の辺などをあてがってみてもよい），傾きを比較すればよい．傾きが最も大きくなる点は⑧である．

(4) ⓪～④それぞれの正誤を判定する．

⓪ 図2の「県内からの観光客数」，「県外からの観光客数」の箱ひげ図で，ある1つの県がそれぞれ箱ひげ図のどこに位置しているかはわからない．そのため，ほとんどの県について，県内からの観光客数よりも県外からの観光客数の方が多いかどうかはわからない．

確実に「県内からの観光客数より県外からの観光客数の方が多い」といえる県は，次の図の青い部分にあるものだけである．これは44県のうち半分に満たない．

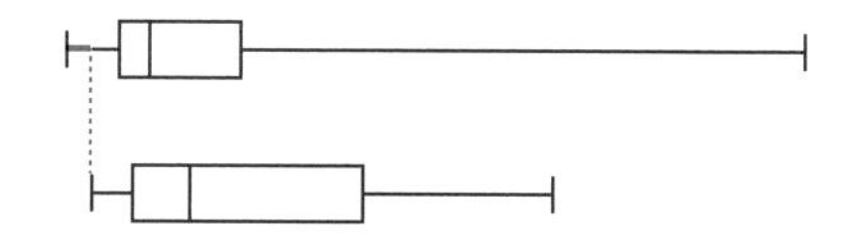

よって，⓪は正しいとはいえない．

① ⓪とまったく同様に考える．①は正しいとはいえない．なお，①の文中の「半分の県では」が「4分の1の県では」であったならば，正しかった．

② 図3の散布図で，「県内からの観光客の消費額単価」と「県外からの観光客数の消費額単価」が等しい点の集合は，直線になる．ただし，この直線をかくとき，横軸方

向と縦軸方向では目盛りの単位長さが異なること，および，図の左下の点が原点(0，0)でないことに注意せよ．

44県を表す点のほとんど(もちろん33個(44個の4分の3)以上)は，この直線の上側にある．このような点が表す県は，県外からの観光客の消費額単価の方が県内からの観光客の消費額単価より高い．よって，②は正しい．

③　北海道，鹿児島県，沖縄県の3県は，他の41県と比べて，県外からの観光客の消費額単価が圧倒的に高い．よって，県外からの観光客の消費額単価について，44県全体の平均値より，3県を除いた41県の平均値は小さくなる．つまり③は正しい．

④　北海道，鹿児島県，沖縄県を除いて考えると，県内からの観光客の消費額単価はおよそ3千円から13千円くらいの間に分布し範囲は10千円くらい，県外からの観光客の消費額単価はおよそ5千円から20千円くらいの間に分布し範囲は15千円くらいである．どちらも，それほど偏った分布をしていない．以上のことより，3県を除いて考えるとき，県外からの観光客の消費額単価の分散は，県内からの観光客の消費額単価の分散と比べて，(大きいか，あるいは同じくらいかは微妙であるにせよ)小さいということはないだろう．④は正しいとはいえない．

(5)　⓪～④それぞれの正誤を判定する．

⓪　44県のうちには，行祭事・イベント開催数が他と比べて極端に大きい県がいくつかあり，一方，極端に小さい県はない．したがって，平均値は中央値より大きくなっていると考えられる．よって，⓪は正しいとはいえない．

①　行祭事・イベント開催数が非常に多い県が，県外からの観光客数が少ないという傾向は見られない．よって，①は正しいとはいえない．

②　一般に，散布図から「～すれば…となる」「…とするには～すればよい」のような因果関係を読み取ることはできない．相関関係と因果関係は別の概念である．よって，②は正しいとはいえない．

③　「行祭事・イベント開催数が最も多い県」では，行祭事・イベント開催数は約146回，県外からの観光客数は約6,300千人，と読み取れる．もし，行祭事・イベントの開催一回当たりの県外からの観光客数が6,000千人を超えているならば，県外からの観光客数の全体は6,000千人×146を超えることになってしまい，これは明らかに6,300千人よりはるかに大きいから，おかしい．よって，③は正しいとはいえない．

④　行祭事・イベントの開催数と県外からの観光客数の間には，正の弱い相関関係があると見てとってよいだろう．よって，④は正しい．

補説　試行調査の問題なので，2021年に実際に出題された共通テストと比較するとやや冒険的な出題だといえるだろう．(4)の④や(5)の④の正誤は，本来であれば分散や相関関係を計算して確かめたいところであるが，試験時間内ではそれは絶対に無理なので，ある程度見切って答えるよりない(ただしこの問題では(4)も(5)も，ほかの選択肢の正誤がかなり明らかなので，試験を受ける身としては迷うことはないだろう)．なお，2021年以降の共通テストでは，少なくとも当面の間は文を記述する解答は要求されないだろうが，試行調査の時点ではまだ議論されていた．

統計の問題は「問題の状況設定の説明に多くの文を要する」「図や表が多い」「1つ1つの語句が長い」「選択肢となる文が多くて長い」などの理由から，とにかく問題文が長くなりがちである．しかし，その内容自体にそこまで複雑なことは述べられていない．内容を誤解しないように，早とちりしないように(たとえばこの問題の(5)の③で「開催一回当たりの」を読み飛ばすと,「6,000 千人を超える」という部分だけ見て,③の文を正しいと思い込んでしまう.落ち着いて読めば,散布図を見るまでもなく,「一回当たり 6,000 千人=600 万人の観光客を集める行祭事・イベント」などありえないとわかるだろう)注意して解き進めよう.
(注) **4-2** の(2)(あ)の解答は記述式で答えています.2024 年 3 月時点では,2025 年からの共通テストで,記述式での解答は予告されていません.

4-3 **解答** (1) アイ:12 ウ:3
(2) エ:② オとカ:⓪と①(解答の順序は問わない) キ:⑥
(3) ク.ケ:5.8 コ:① サ:①

アドバイス この問題に正解するのに必要な知識は,教科書(この本も!)と問題文にすべて書いてある.教科書やこの本で学んだ基礎知識が頭にきちんと定着している人であれば,問題文を丁寧に読み込んで,容易にすばやく正答に至るだろう.取り組むこと自体が,とてもよい勉強になる.

解説 (1) 第 1 四分位数は 13,第 3 四分位数は 25 で,したがって,四分位範囲は $25-13=12$ であるから,この問題での定義によって外れ値となるのは

$$13-1.5\times12=-5$$

以下のすべての値と

$$25+1.5\times12=43$$

以上のすべての値である.それは,56,48,47 の 3 個である.

(2) (i) 各空港についての「1 km あたりの所要時間」は,「移動距離」と「所要時間」の散布図(すなわち図 1)からわかる.それは,各空港を表す丸と点 (0, 0) を結ぶ直線の傾きである.

図 1 から,「1 km あたりの所要時間」が 1(分/km) 以上 3(分/km) 以下である空港が全体(40 個)の半数よりたくさんあること,及び,3(分/km) 以上である空港が全体の 4 分の 1 弱くらいはあることが読み取れる.このことに適合する箱ひげ図は②である.だから,外れ値は約 5.5(分/km) と約 6(分/km) であり,これは図 1 の A, B の空港のものである.

(ii) 新空港の「移動距離」「所要時間」「費用」はすべて,40 の国際空港の平均値と一致していることに注意する.

(I) 日本の四つの空港には,「費用」が 40 の国際空港の平均値より高いものもあり,「所要時間」が平均値より短いものもある.だから,(I)の記述は誤っている.

(II) 新空港の「移動距離」はもともとの 40 の国際空港の「移動距離」の平均値と等しい.だから,これが加わっても「移動距離」の平均値は変わらない.そして,新空港の「移動距離」の偏差は 0 である.

もともとの 40 の国際空港の「移動距離」の偏差を u_1, u_2, …, u_{40} とすると,新空港を加える前の「移動距離」の標準偏差は

$$\sqrt{\frac{{u_1}^2+{u_2}^2+\cdots+{u_{40}}^2}{40}}$$

であり,加えた後では

$$\sqrt{\frac{{u_1}^2+{u_2}^2+\cdots+{u_{40}}^2+0^2}{41}}$$

である.両者の値は異なる(後者は前者の $\sqrt{\frac{40}{41}}$ 倍である).だから,(II)の記述は誤っている.

(III) 「移動距離」と同様に考えて,「所要時間」「費用」についても,新空港を加えると標準偏差は $\sqrt{\frac{40}{41}}$ 倍になる.また,もともとの 40 の国際空港の「所要時間」の偏差を v_1, v_2, …, v_{40} とすると,「移動距離」と「所要時間」の共分散は,新空港を加えることによって

$$\frac{u_1v_1+u_2v_2+\cdots+u_{40}v_{40}}{40}$$

から

$$\frac{u_1v_1+u_2v_2+\cdots+u_{40}v_{40}+0\cdot0}{41}$$

チャレンジテスト解答

に変化するから，$\frac{40}{41}$倍になる．「費用」と他の変量の共分散についても同様である．以上より，相関係数の定義から，どの2つの変量についてもその相関係数は，新空港を加えると

$$\frac{\frac{40}{41}}{\sqrt{\frac{40}{41}}\sqrt{\frac{40}{41}}}=1$$

倍になる．つまり，変わらないとわかる．だから，(Ⅲ)の記述は正しい．

(3) 実験結果では，30枚の硬貨のうち20枚以上が表となった割合は

$3.2\%+1.4\%+1.0\%+0.0\%+0.1\%$
$+0.0\%+0.1\%+0.0\%+0.0\%+0.0\%$
$+0.0\%$
$=5.8\%$

である．これを30人のうち20人以上が「便利だと思う」と回答する確率と見なす．この値は5%以上である．だから，方針に従うと，たてた仮説は誤っているとは判断されず，P空港が便利だと思う人の方が多いとはいえない．

補説 問題文が長いが，それは出題者が解答者に考え方やするべきことを丁寧に説明してくれているということでもある．与えられたデータや散布図もむやみに複雑なものではなく，落ち着いて取り組めば，必要な情報の取得は難しくないだろう．

(1)では，“この問題では”外れ値という概念をどのように定量的に定義しているかを正確に知ることが大切である．問題文に明確に定義が述べられているので，これを見落とすことは普通はありえないが，「(1)を解くときには(1)の問題文しか見ない！」というような硬直した考え方だと危険だ．

(2)は，まず(i)は“なんとなく”正解を得てしまう人も多いだろうが，勉強の段階では，論理的に慎重に考えてほしい．次に(ii)は，2つの変量x，yについて，ちょうど平均値に等しい値をもつ$(x,\ y)$が1つ増えたときに，xの標準偏差s_xや，相関係数rが変化するかどうか，という一般的なことを問うている．詳しくは解説に述べた通りだが，ポイントだけ述べると「偏差が0である値が増えるので，偏差の平方の平均である分散，およびその平方根である標準偏差は減る」「s_x，yの標準偏差s_y，xとyの共分散s_{xy}はすべて減るが，その減り方が$r=\frac{s_{xy}}{s_x s_y}$においてはちょうど打ち消され，rは変化しない」のである．

(3)が新課程で新たに加わった「仮説検定」の問題である．教科書通りの基本的な内容である上に，考え方(ほとんど“この問題の解き方”とさえ言える)が問題文に親切に説明されているので，あれっこれってどう考えるんだっけ？ と困ることはないだろう．割合のたし算をあわてて誤らないよう，それだけは注意しよう．

CHAPTER 5 場合の数と確率

5-1 解答 (1) $\frac{ア}{イ}$: $\frac{3}{8}$ $\frac{ウ}{エ}$: $\frac{4}{9}$

$\frac{オカ}{キク}$: $\frac{27}{59}$ $\frac{ケコ}{サシ}$: $\frac{32}{59}$

(2) ス : ③

(3) $\frac{セソタ}{チツテ}$: $\frac{216}{715}$

(4) ト : ⑧

アドバイス 「条件付き確率」の意味が正確に，かつ，十分に深くわかっているか，だけがシンプルに問われている．計算も（最後の問題だけやや手間はかかるが）筋道が明確で，何をしたらよいかわからなくなって困ることはないだろう．

全体に，問題文が親切で，解答者に誤解が生じないように，迷わないように，という出題者の心づかいが感じられる．ぜひそれを受け取ろう．

解説 (1) (i) 独立反復試行の確率を考える．

箱Aにおいて，3回中ちょうど1回当たる確率は

$${}_3C_1\cdot\left(\frac{1}{2}\right)^1\left(\frac{1}{2}\right)^2=\frac{3}{8} \quad \cdots①,$$

箱Bにおいて，3回中ちょうど1回当たる確率は

$${}_3C_1\cdot\left(\frac{1}{3}\right)^1\left(\frac{2}{3}\right)^2=\frac{4}{9} \quad \cdots②$$

である．この2つの値は(ii)ではそれぞれ $P_A(W)$，$P_B(W)$ となる．

(ii) A，B 2つの箱からAが選ばれる確率，Bが選ばれる確率は，ともに $\frac{1}{2}$ である．

よって，

$$P(A\cap W)\ \left(=P(A)P_A(W)\right)=\frac{1}{2}\times\frac{3}{8},$$

$$P(B\cap W)\ \left(=P(B)P_B(W)\right)=\frac{1}{2}\times\frac{4}{9}$$

である．したがって，

$$P(W)=P(A\cap W)+P(B\cap W)$$
$$=\frac{1}{2}\times\frac{3}{8}+\frac{1}{2}\times\frac{4}{9}$$
$$=\frac{1}{2}\times\left(\frac{3}{8}+\frac{4}{9}\right)$$
$$=\frac{1}{2}\times\frac{59}{72}$$

である．よって，条件付き確率 $P_W(A)$，$P_W(B)$ の値は

$$P_W(A)=\frac{P(W\cap A)}{P(W)}=\frac{P(A\cap W)}{P(W)}$$
$$=\frac{\frac{1}{2}\times\frac{3}{8}}{\frac{1}{2}\times\frac{59}{72}}=\frac{\frac{3}{8}}{\frac{59}{72}}$$
$$=\frac{27}{59},$$

$$P_W(B)=\frac{P(W\cap B)}{P(W)}=\frac{P(B\cap W)}{P(W)}$$
$$=\frac{\frac{1}{2}\times\frac{4}{9}}{\frac{1}{2}\times\frac{59}{72}}=\frac{\frac{4}{9}}{\frac{59}{72}}$$
$$=\frac{32}{59}$$

と計算される．なお，2つの排反事象 A，B はどちらかが必ず起こるので

$$P_W(A)+P_W(B)=1$$

である．このことから，$P_W(A)=\frac{27}{59}$ を得たあと

$$P_W(B)=1-P_W(A)=1-\frac{27}{59}=\frac{32}{59}$$

として $P_W(B)$ の値を求めることもできる．

(2) (1)より，

$$P_W(A):P_W(B)=\frac{27}{59}:\frac{32}{59}$$
$$=27:32$$
$$=\left(\frac{3}{8}\times72\right):\left(\frac{4}{9}\times72\right)$$
$$=\frac{3}{8}:\frac{4}{9}$$
$$=(①の確率):(②の確率)$$

である．つまり $P_W(A)$ と $P_W(B)$ の比は，①の確率と②の確率の比に等しい．そのほかの選択肢が適さないことは（もし心配ならば）計算で直接確かめられる．

この結果は，(1)(ii)での計算の途中過程，

チャレンジテスト解答

$$P_W(A)=\frac{\frac{1}{2}\times\frac{3}{8}}{\frac{1}{2}\times\frac{59}{72}},\quad P_W(B)=\frac{\frac{1}{2}\times\frac{4}{9}}{\frac{1}{2}\times\frac{59}{72}}$$

を見れば，すぐにわかる．この考察が(3)以降で生きる．

(3)　花子さんと太郎さんの会話は，

$$\begin{cases} P_W(A)=\dfrac{P(A\cap W)}{P(W)}=\dfrac{P(A)P_A(W)}{P(W)} \\ \qquad =\dfrac{\frac{1}{2}\times(\text{①の確率})}{P(W)} \\ P_W(B)=\dfrac{P(B\cap W)}{P(W)}=\dfrac{P(B)P_B(W)}{P(W)} \\ \qquad =\dfrac{\frac{1}{2}\times(\text{②の確率})}{P(W)} \end{cases}$$

であるから

$P_W(A):P_W(B)=$(①の確率)：(②の確率)

となる，ということである．

そこで箱が A，B，C の 3 つになったときのことを考える．①，②に加えて，箱Cにおいて，3 回中ちょうど 1 回当たる確率は

$${}_3C_1\cdot\left(\frac{1}{4}\right)^1\left(\frac{3}{4}\right)^2=\frac{27}{64}\quad\cdots③$$

であることを用いる．箱Cが選ばれるという事象をCとして，③の確率は$P_C(W)$である．$P(A)=P(B)=P(C)=\frac{1}{3}$ に注意して，

$$\begin{cases} P_W(A)=\dfrac{P(A\cap W)}{P(W)}=\dfrac{P(A)P_A(W)}{P(W)} \\ \qquad =\dfrac{\frac{1}{3}\times(\text{①の確率})}{P(W)} \\ P_W(B)=\dfrac{P(B\cap W)}{P(W)}=\dfrac{P(B)P_B(W)}{P(W)} \\ \qquad =\dfrac{\frac{1}{3}\times(\text{②の確率})}{P(W)} \\ P_W(C)=\dfrac{P(C\cap W)}{P(W)}=\dfrac{P(C)P_C(W)}{P(W)} \\ \qquad =\dfrac{\frac{1}{3}\times(\text{③の確率})}{P(W)} \end{cases}$$

であるから

$P_W(A):P_W(B):P_W(C)$

$=$(①の確率)：(②の確率)：(③の確率)

$=\frac{3}{8}:\frac{4}{9}:\frac{27}{64}$

$=216:256:243$

である．さて，事象A，B，Cは排反で，このうち 1 つは必ず起こるから，

$$P_W(A)+P_W(B)+P_W(C)=1$$

である．したがって，

$$P_W(A)=\frac{P_W(A)}{P_W(A)+P_W(B)+P_W(C)}$$
$$=\frac{216}{216+256+243}=\frac{216}{715}$$

が得られる．これが問題文の流れに沿った解法と思うが，一方で，

$$P(W)=P(A)P_A(W)+P(B)P_B(W)+P(C)P_C(W)$$
$$=\frac{1}{3}\times\frac{3}{8}+\frac{1}{3}\times\frac{4}{9}+\frac{1}{3}\times\frac{27}{64}$$
$$=\frac{1}{3}\times\left(\frac{3}{8}+\frac{4}{9}+\frac{27}{64}\right)$$
$$=\frac{1}{3}\times\frac{715}{576}$$

をまず求め，それから

$$P_W(A)=\frac{\frac{1}{3}\times(\text{①の確率})}{P(W)}=\frac{\frac{1}{3}\times\frac{3}{8}}{\frac{1}{3}\times\frac{715}{576}}=\frac{216}{715}$$

としたほうが安心できるという人もいるだろう．

(4)　(2)，(3)と同様に考えてよい．

箱Dにおいて，3 回中ちょうど 1 回当たる確率は

$${}_3C_1\cdot\left(\frac{1}{5}\right)^1\left(\frac{4}{5}\right)^2=\frac{48}{125}\quad\cdots④$$

である．箱Dが選ばれるという事象をDとして，④の確率は$P_D(W)$である．

$P(A)=P(B)=P(C)=P(D)$ を用いて(途中略)，

$P_W(A):P_W(B):P_W(C):P_W(D)$

$=$(①の確率)：(②の確率)：(③の確率)：(④の確率)

$=\frac{3}{8}:\frac{4}{9}:\frac{27}{64}:\frac{48}{125}$

$=27000:32000:30375:27648$

がわかる．よって，

$\boldsymbol{P_W(B)>P_W(C)>P_W(D)>P_W(A)}$ である．

補説　この問題全体を貫く原理は箱がいくつであっても同じなので，ここでは箱がA，B，Cの3つの場合について説明する．

根幹をなす事実は，花子さんと太郎さんの会話にある．

$P(A)=P(B)=P(C)$ なので， $P_W(A):P_W(B):P_W(C)$ $=$(①の確率)：(②の確率)：(③の確率) だ

である．式で考えれば解説の通りだが，次のように表をみて考えれば，明らかともいえる事実である．

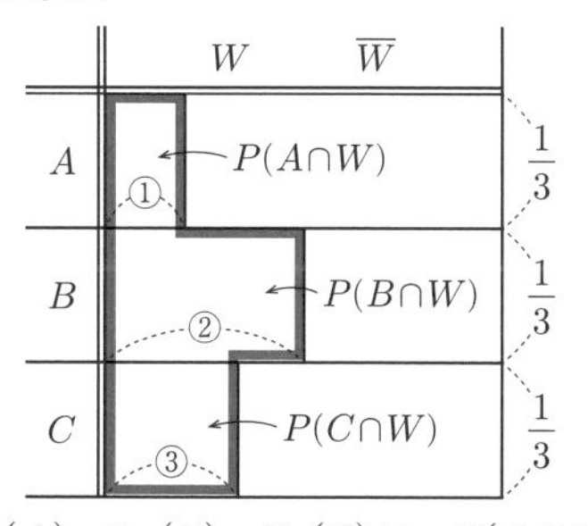

$P_W(A)$，$P_W(B)$，$P_W(C)$ は，$P(A\cap W)$，$P(B\cap W)$，$P(C\cap W)$（これらの値は表では長方形の面積になっている）の $P(W)$（青い線で囲まれた部分の面積）に対する割合である．

ここで，$P(A)=P(B)=P(C)\left(=\frac{1}{3}\right)$ なので，$P(A\cap W)$，$P(B\cap W)$，$P(C\cap W)$ の面積の比は，3つの長方形の横の長さの比に等しい．それはそれぞれ，①の確率，②の確率，③の確率である．

$P(A)=P(B)=P(C)$ という設定が，この推論に決定的な役割をはたしていることを，今一度確認しておきたい．

さて，(3)では比 $\frac{3}{8}:\frac{4}{9}:\frac{27}{64}$ を，(4)では比 $\frac{3}{8}:\frac{4}{9}:\frac{27}{64}:\frac{48}{125}$ を考え，さらに各項の大小を比較することになる．解説では分母を払って整数の値に直して考えたが，(4)の大小比較では小数を用いて

$$\frac{3}{8}=3\div8=0.375$$

$$\frac{4}{9}=4\div9=0.444\cdots$$

$$\frac{27}{64}=27\div64=0.421875$$

$$\frac{48}{125}=48\div125=0.384$$

として $\frac{4}{9}>\frac{27}{64}>\frac{48}{125}>\frac{3}{8}$ を結論するほうが簡便かもしれない．

なお，$P_W(A)$，$P_W(B)$，$P_W(C)$，$P_W(D)$ のうち $P_W(B)$ が最大になることは，「3回中ちょうど1回当たる」という事象 W が起こったという条件のもとでのことなので，予想できることである：箱Bから当たりくじを引く確率が「3回中1回」の割合，$\frac{1}{3}$ に等しいので，選んだ箱がBであるという事象は，選んだ箱がそれ以外のものであることより，ありそうなことだからである．同じような観点から，$P_W(C)>P_W(D)$ も自然に予期できる．しかし，それ以外の大小関係は，計算してみないとわからないだろう．

5-2 解答　(1) $\frac{\text{アイ}}{\text{ウエ}}$：$\frac{12}{13}$

(2) $\frac{\text{オカ}}{\text{キク}}$：$\frac{11}{13}$

(3) $\frac{\text{ケ}}{\text{コサ}}$：$\frac{1}{22}$

(4) $\frac{\text{シス}}{\text{セソ}}$：$\frac{19}{26}$

(5) タチツテ：1440　トナニ：960

(6) ヌ：③

アドバイス　「確率とは割合である」という問題．A地点（入口）に来た車が分岐点でどのような割合で分かれて進むかを，問題文の指示

チャレンジテスト解答

に従ってひとつずつ計算していく．実際には，調査から算出した割合（これを確率と考える）通りぴったりに分かれることはないだろうが，そこを近似的に考えてよい（確率計算として考えてよい）ということである．素直に問題文を読み取ろうという気持ちが大切．

解説 (1)　5月10日の調査時に，A地点の分岐において①の道路を選択した車の台数の割合 $\frac{1092}{1183}=\frac{12}{13}$ を，A地点の分岐において運転手が①の道路を選ぶ確率とみなす．なおこの値は，問題文に載っている「A地点において④の道路を選択する確率」$\frac{1}{13}$ を用いて，$1-\frac{1}{13}=\frac{12}{13}$ と計算しても得られる．

(2)　車が①→②→③と通る確率と，④→⑤→③と通る確率を加えればよい．

前者は

$$\frac{1092}{1183}\times\frac{882}{1008}\times1=\frac{12}{13}\times\frac{7}{8}\times1=\frac{21}{26},$$

後者は

$$\frac{91}{1183}\times\frac{248}{496}\times1=\frac{1}{13}\times\frac{1}{2}\times1=\frac{1}{26}$$

であるから，求める確率は

$$\frac{21}{26}+\frac{1}{26}=\frac{22}{26}=\frac{11}{13}$$

である．なお，「⑥を通る確率」$\frac{1}{13}\times\frac{1}{2}=\frac{1}{26}$ と「⑦を通る確率」$\frac{12}{13}\times\frac{1}{8}=\frac{3}{26}$ を1から引いて，$1-\frac{1}{26}-\frac{3}{26}=\frac{11}{13}$ と計算してもよい．

(3)　(2)より，A地点からB地点に向かう車でD地点を通過した車のうち，①→②→③と通ったものと④→⑤→③と通ったものとの台数の比は $\frac{21}{26}:\frac{1}{26}=21:1$ と考えられる．このうち前者がE地点を通らず，後者がE地点を通っている．だから，D地点を通過した車のうちE地点を通過していたものの割合は $\frac{1}{21+1}=\frac{1}{22}$ で，これを求める確率と考えてよい．

(4)　①の道路にのみ渋滞中の表示がある場合，A地点で車が①の道路を選択する確率は $\frac{12}{13}\times\frac{2}{3}=\frac{8}{13}$ になり，A地点で車が④の道路を選択する確率は $1-\frac{8}{13}=\frac{5}{13}$ になる．

よって，このとき求める確率は，(2)と同じように計算して

$$\frac{8}{13}\times\frac{7}{8}\times1+\frac{5}{13}\times\frac{1}{2}\times1=\frac{19}{26}$$

と求まる．

(5)　①を通過する車の台数は，①に渋滞中の表示を出さなければ(1)で求めた確率を用いて 1560台$\times\frac{12}{13}=1440$台 だと考えられ，①に渋滞中の表示を出せば(4)で求めた確率を用いて 1560台$\times\frac{8}{13}=960$台 だと考えられる．

(6)　本来は「②，⑦どちらにも渋滞中の表示を出さない」場合や「⑤，⑥どちらにも渋滞中の表示を出さない」場合も考慮しなければならないが，この問題では選択肢⓪～③が提示されているので，この4つの場合についてのみ，各道路の通過台数を計算して比較すればよい．

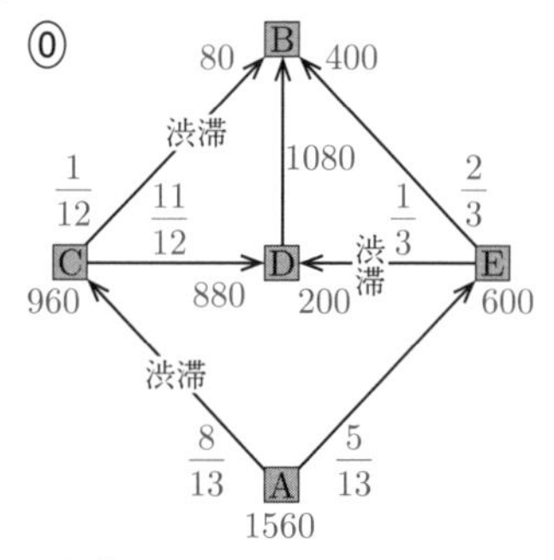

① 960台

② 880台

③ 1080台←③の通過台数が1000台を超えてしまうので，これはいけない．

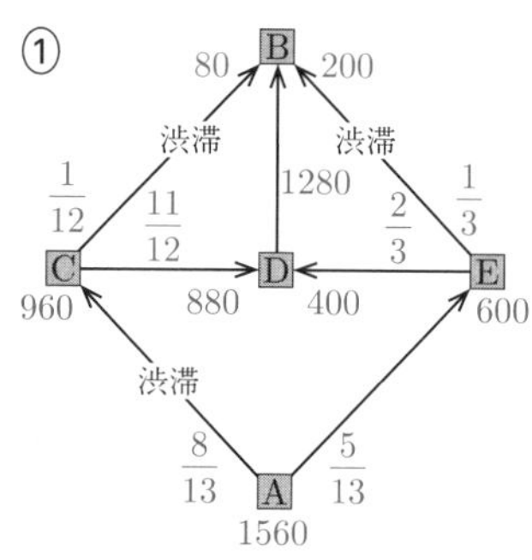

① 960台

② 880台

③ 1280台←③の通過台数が1000台を超えてしまうので，これはいけない．

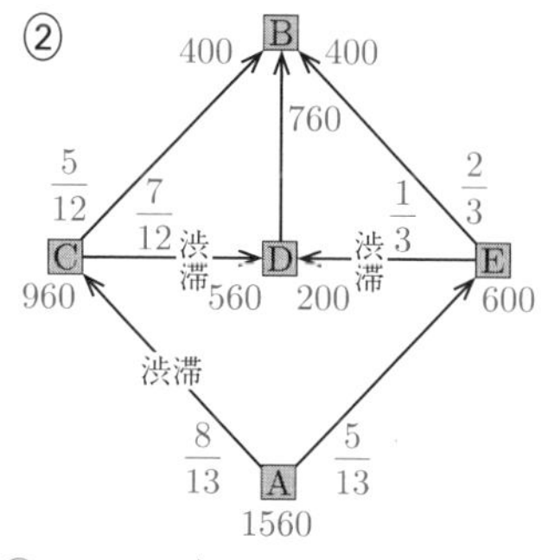

①	960台
②	560台
③	760台
①,②,③ 合計	2280台

(どの道路の通過台数も1000台を超えない)

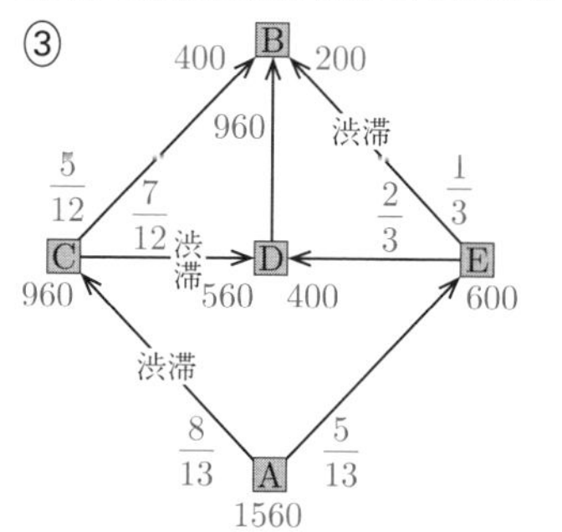

①	960台
②	560台
③	960台
①,②,③ 合計	2480台

(どの道路の通過台数も1000台を超えない)

以上より，③が答え．

補説　表1の調査結果から得られる分岐する車の台数の比を確率とみなすこと，渋滞中の表示が出た道路についてはその確率が $\frac{2}{3}$ 倍になること，この2つのことを仮定し，それをもとにすべてを計算する．(6)では，⓪～③の4通りだけを考えるのでは本来は論理的に不十分だが，問題に答えるという観点からはこれで十分だろう．

渋滞中の表示を出せば，あえてその道路を通ろうとする人は減るだろう．このことを利用して，道路全体での車の分布をコントロールすることは，現実的である．

この問題では設定を単純にして，計算しやすいようにしている．このように，実際的な課題(ここでは車の流れをよくすること)を数学的にシンプルなモデルを作って考える問題はこれからの共通テストでも問われる可能性があるだろう．

5-3 解答 (1) $\frac{ア}{イ}$：$\frac{3}{8}$　$\frac{ウ}{エ}$：$\frac{4}{9}$　$\frac{オ}{カ}$：$\frac{3}{2}$

キ：1

(2) $\frac{クケ}{コサ}$：$\frac{27}{59}$　シ：③　ス，セ：②，③

$\frac{ソタ}{チツ}$：$\frac{75}{59}$　テ：①

アドバイス　全体のストーリーを飲み込めていないと，いま何が話題で，何が求められていることなのか，わかりにくくなる．「確率」を計算するところと「期待値」を計算するところがあるので，混同しないように注意しよう．

2つの箱があり，くじを引くときの当たりやすさが異なる．太郎さんが一方を(無作為に）選んでくじを（3回）引き，ある結果（ちょうど1回当たり）を得た．この状況を見た花子さんは，自分は，どちらの箱を選んでくじを引くのがよいか，期待値を計算して知ろうとした――というのがストーリーの本筋である．

解説 (1)　箱Aでは，1回くじを引いたときに当たりくじを引く確率は $\frac{1}{2}$ であるから，3回中ちょうど1回当たる確率は

$$_3C_1\left(\frac{1}{2}\right)^1\left(1-\frac{1}{2}\right)^{3-1}=\frac{3}{8}$$

である．一方，箱Bでは，3回中ちょうど1回当たる確率は

$$_3C_1\left(\frac{1}{3}\right)^1\left(1-\frac{1}{3}\right)^{3-1}=\frac{4}{9}$$

である．

また，箱Aでは，3回中ちょうど x 回当たる確率を p_x とすると，$x=0$，1，2，3 に対しては

$$p_0={_3C_0}\left(\frac{1}{2}\right)^0\left(\frac{1}{2}\right)^{3-0}=\frac{1}{8},$$

$$p_1={_3C_1}\left(\frac{1}{2}\right)^1\left(\frac{1}{2}\right)^{3-1}=\frac{3}{8},$$

$$p_2={_3C_2}\left(\frac{1}{2}\right)^2\left(\frac{1}{2}\right)^{3-2}=\frac{3}{8},$$

$$p_3={_3C_3}\left(\frac{1}{2}\right)^3\left(\frac{1}{2}\right)^{3-3}=\frac{1}{8}$$

であり，これ以外の x の値に対しては $p_x=0$ だから，3回引いたときに当たりくじを引く回数の期待値は

$$0\times\frac{1}{8}+1\times\frac{3}{8}+2\times\frac{3}{8}+3\times\frac{1}{8}=\frac{3}{2}$$

である．箱Bについては，3回中ちょうど y 回当たる確率を q_y とすると，$y=0$，1，2，3 に対しては

$$q_0={_3C_0}\left(\frac{1}{3}\right)^0\left(\frac{2}{3}\right)^{3-0}=\frac{8}{27},$$

$$q_1={_3C_1}\left(\frac{1}{3}\right)^1\left(\frac{2}{3}\right)^{3-1}=\frac{12}{27},$$

$$q_2={_3C_2}\left(\frac{1}{3}\right)^2\left(\frac{2}{3}\right)^{3-2}=\frac{6}{27},$$

$$q_3={_3C_3}\left(\frac{1}{3}\right)^3\left(\frac{2}{3}\right)^{3-3}=\frac{1}{27}$$

であり，これ以外の y の値に対しては $q_y=0$ だから，3回引いたときに当たりくじを引く回数の期待値は

$$0\times\frac{8}{27}+1\times\frac{12}{27}+2\times\frac{6}{27}+3\times\frac{1}{27}=1$$

である．

(2)　太郎さんは2つの箱A，Bの一方をでたらめに選ぶので，$P(A)=P(B)=\frac{1}{2}$ である．そして，2つの箱から当たりくじを引く確率についての問題文の設定から，$P_A(W)=\frac{3}{8}$，$P_B(W)=\frac{4}{9}$ である．よって，

$$P(A\cap W)=P(A)P_A(W)=\frac{1}{2}\times\frac{3}{8},$$

$$P(B\cap W)=P(B)P_B(W)=\frac{1}{2}\times\frac{4}{9}$$

である．そして，2つの事象 A，B はどちらか一方のみが必ず起こるので，

$$\begin{aligned}P(W)&=P(A\cap W)+P(B\cap W)\\&=\frac{1}{2}\times\frac{3}{8}+\frac{1}{2}\times\frac{4}{9}\\&=\frac{1}{2}\times\frac{59}{72}\end{aligned}$$

である．よって，

$$P_W(A)=\frac{P(A\cap W)}{P(W)}=\frac{\frac{1}{2}\times\frac{3}{8}}{\frac{1}{2}\times\frac{59}{72}}=\frac{27}{59},$$

$$P_W(B)=\frac{P(B\cap W)}{P(W)}=\frac{\frac{1}{2}\times\frac{4}{9}}{\frac{1}{2}\times\frac{59}{72}}=\frac{32}{59}$$

である（なお，$P_W(B)$ の値は，問題文にもある通り，A，B の一方のみが必ず起こることから $P_W(B)=1-P_W(A)$ なのでここから求めることもできる）．

さて，太郎さんのあとに花子さんが箱を選びくじを3回引くことを考える．問題文での事象 A_1，B_1 の設定にそって，箱Aにおいて3回引いてちょうど x 回（ただし $x=0$，1，2，3）当たる事象を A_x，箱Bにおいて3回引いてちょうど y 回（ただし $y=0$，1，2，

3) 当たる事象を B_y とすると，$P(A_x)=p_x$，$P(B_y)=q_y$ である．

「太郎さんが 3 回中ちょうど 1 回当たった」あとに，花子さんが(X)のようにしたとする．花子さんが選んだ箱が A で（これは太郎さんが選んだ箱が A であるときに起こる），かつ，花子さんが 3 回引いてちょうど x 回当たる事象の起こる確率は

$$P_W(A)\times P(A_x)=P_W(A)\times p_x$$

である．また，花子さんが選んだ箱が B で（これは太郎さんが選んだ箱が B であるときに起こる），かつ，花子さんが 3 回引いてちょうど y 回当たる事象の起こる確率は

$$P_W(B)\times P(B_y)=P_W(B)\times q_y$$

である（特に，$y=1$ に対する確率は $\boldsymbol{P_W(B)\times P(B_1)}$ である）．

したがって，(X)の場合の当たりくじを引く回数の期待値は

$$\begin{aligned}&0\times P_W(A)\times P(A_0)+1\times P_W(A)\times P(A_1)\\&+2\times P_W(A)\times P(A_2)+3\times P_W(A)\times P(A_3)\\&+0\times P_W(B)\times P(B_0)+1\times P_W(B)\times P(B_1)\\&+2\times P_W(B)\times P(B_2)+3\times P_W(B)\times P(B_3)\\=&P_W(A)\times(0\times p_0+1\times p_1+2\times p_2+3\times p_3)\\&+P_W(B)\times(0\times q_0+1\times q_1+2\times q_2+3\times q_3)\\=&\boldsymbol{P_W(A)}\times\frac{3}{2}+\boldsymbol{P_W(B)}\times 1\\=&\frac{27}{59}\times\frac{3}{2}+\frac{32}{59}\times 1\\=&\frac{145}{118}\end{aligned}$$

である：途中，

$0\times p_0+1\times p_1+2\times p_2+3\times p_3=\dfrac{3}{2}$，および $0\times q_0+1\times q_1+2\times q_2+3\times q_3=1$ の計算は，(1)で行った期待値の計算と同じである．

一方，(Y)の場合は，花子さんが箱 A を選ぶ確率は $P_W(B)$ であり，花子さんが箱 B を選ぶ確率は $P_W(A)$ である．よって，この場合の当たりくじを引く回数の期待値は

$$\begin{aligned}&0\times P_W(B)\times P(A_0)+1\times P_W(B)\times P(A_1)\\&+2\times P_W(B)\times P(A_2)+3\times P_W(B)\times P(A_3)\\&+0\times P_W(A)\times P(B_0)+1\times P_W(A)\times P(B_1)\\&+2\times P_W(A)\times P(B_2)+3\times P_W(A)\times P(B_3)\\=&P_W(B)\times(0\times p_0+1\times p_1+2\times p_2+3\times p_3)\\&+P_W(A)\times(0\times q_0+1\times q_1+2\times q_2+3\times q_3)\\=&P_W(B)\times\frac{3}{2}+P_W(A)\times 1\\=&\frac{32}{59}\times\frac{3}{2}+\frac{27}{59}\times 1\\=&\frac{75}{59}\end{aligned}$$

である．

$\dfrac{145}{118}<\dfrac{75}{59}$ である．ゆえに，花子さんが当たりくじを引く回数の期待値を大きくするには，花子さんは(Y)の方針を採る，つまり，**太郎さんが選んだ箱と異なる箱を選ぶ方がよい．**

補説　当たりくじを多く引きたいのであれば，2 つの箱のうち箱 A のほうが有利であるのは，冒頭の確率の設定から当然である．だから花子さんとしては，太郎さんのくじ引きの結果を参考にして，「箱 A でありそうなほう」つまり「箱 A である確率がより高いほう」を選びたい．そこで $P_W(A)=\dfrac{27}{59}$，$P_W(B)=\dfrac{32}{59}$ を見ると，W が起きた，つまり「太郎さんは 3 回中ちょうど 1 回当たりくじを引いた」という条件（前提）のもとで，太郎さんの選んだ箱は B であった確率が高い．とすると，花子さんは「B ではなさそうなほう」，つまり太郎さんが選んだ箱と異なる箱を選ぶべきだろう．

……こう考えれば，期待値の計算をしなくても，花子さんはより有利な戦略を採れそうである．ただしこの問題では，「どのくらい有利なのか」を期待値の計算により定量的に調べている．(X)の場合の花子さんが当たりくじを引く回数の期待値は $\dfrac{145}{118}\fallingdotseq 1.23$，(Y)の場合では $\dfrac{75}{59}\fallingdotseq 1.27$ である．3 回のくじ引きあたり，約 0.04 回くらい，当たる回数が異なるということである．

全容を理解してしまったあとから振り返ると，大して複雑な議論をしているわけでもないのだが，この問題文を共通テストの短い制限時間内に理解し切るのは大変だろう．日頃から，文章を丁寧に確実に読むことを心がけて，少しずつ読解の速さ・正確さがアップするのを待つよりない．楽なことではないが，がんばってほしい．

CHAPTER 6　図形の性質

6-1 **解答**　$\frac{ア}{イ}$：$\frac{3}{2}$　$\frac{ウ\sqrt{エ}}{オ}$：$\frac{3\sqrt{5}}{2}$

カ$\sqrt{キ}$：$2\sqrt{5}$　$\sqrt{ク}r$：$\sqrt{5}r$　ケ$-r$：$5-r$

$\frac{コ}{サ}$：$\frac{5}{4}$　シ：1　$\sqrt{ス}$：$\sqrt{5}$　$\frac{セ}{ソ}$：$\frac{5}{2}$

タ：①

アドバイス　次から次へと新しい点が定められていき（全部で11個も登場する）目まぐるしい．また，問題文が進むにつれ，問題解決のために着目するべき図形もどんどん変わっていく．問題文の誘導をよく読み取り，出題者の意図に気づいてついていこうとする心がけが必要である．

図をかきながら考えることになるが，1枚の図になんでもかきこもうとすると，非常に見づらいことになってしまう．新しい状況を順次理解していくためにも，図はたくさんかくのがよい．失敗したらかき直せばよいだけのことだ．

解説　●　まず，$AB^2+BC^2=AC^2$ $(3^2+4^2=5^2)$ なので，△ABC が ∠B=90° の直角三角形であることに注意する．

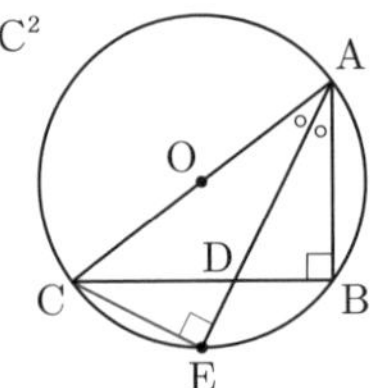

●　AD が△ABC の内角 ∠A の二等分線なので

$$BD : CD = AB : AC = 3 : 5$$

である．これと $BD+CD=BC=4$ より，

$$BD=4\times\frac{3}{3+5}=\frac{3}{2},$$

$$CD=4\times\frac{5}{3+5}=\frac{5}{2}$$

である．さらに，△ABD は ∠B=90° の直角三角形だから

$$AD=\sqrt{AB^2+BD^2}$$
$$=\sqrt{3^2+\left(\frac{3}{2}\right)^2}=\frac{3\sqrt{5}}{2}$$

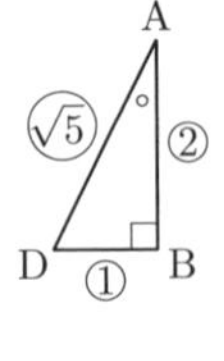

である．なお，△ABD の3辺の長さの比が

$$\mathrm{BD}:\mathrm{AB}:\mathrm{AD}=\frac{3}{2}:3:\frac{3\sqrt{5}}{2}$$
$$=1:2:\sqrt{5}$$

であることを確認しておくと，あとで便利である．

- $\triangle$ABC は $\angle\mathrm{B}=90^\circ$ の直角三角形なので，その外接円の中心Oは，斜辺 AC の中点である．よって，$\angle$AEC は直径に対する円周角なので直角である．これと $\angle\mathrm{CAE}=\angle\mathrm{DAB}$ より，$\triangle$AEC と $\triangle$ABD は1つの鋭角が等しい直角三角形どうしだから相似である．だから，$\mathrm{AE}:\mathrm{AB}=\mathrm{AC}:\mathrm{AD}$ で，

$$\mathrm{AE}=\frac{\mathrm{AB}\cdot\mathrm{AC}}{\mathrm{AD}}=\frac{3\cdot5}{\frac{3\sqrt{5}}{2}}=2\sqrt{5}$$

である．

- 円Pと直線ABとの接点をHとする（この点Hは後に問題文で定義されている）．$\angle\mathrm{AHP}=90^\circ$ なので，$\triangle$AHP と $\triangle$ABD は1つの鋭角を共有する直角三角形であり，相似である．だから，$\mathrm{AP}:\mathrm{PH}=\mathrm{AD}:\mathrm{DB}$ で，

$$\mathrm{AP}=\frac{\mathrm{PH}\cdot\mathrm{AD}}{\mathrm{DB}}=\frac{r\cdot\frac{3\sqrt{5}}{2}}{\frac{3}{2}}=\sqrt{5}\,r$$

である．

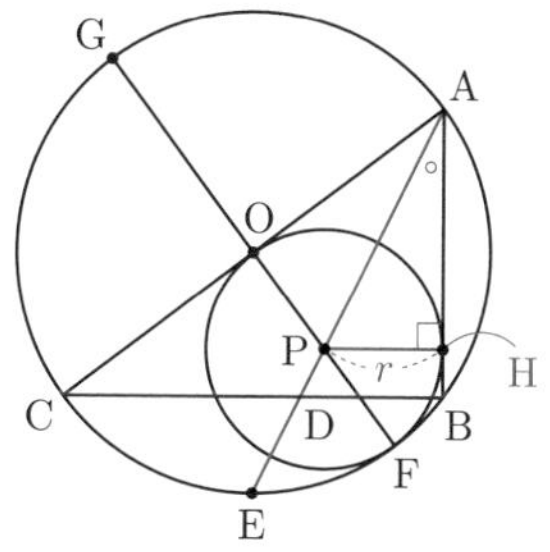

また，2円O，Pは点Fで接するので，その中心O，Pを結んだ直線は点Fを通る．したがって，線分FGは円Oの直径である．ここで円Oは直角三角形ABCの外接円だったから，その直径は斜辺ACの長さ5に等しい．以上より，

$$\mathrm{PG}=\mathrm{FG}-\mathrm{FP}=5-r$$

である．

さらに，Pは $\angle$A の二等分線 AE 上の点なので，

$$\mathrm{PE}=\mathrm{AE}-\mathrm{AP}=2\sqrt{5}-\sqrt{5}\,r$$

である．

ここで，円O，その弦AE，FG，その交点Pに方べきの定理を用いて，

$$\mathrm{AP}\cdot\mathrm{PE}=\mathrm{FP}\cdot\mathrm{PG}$$

である．したがって，

$$\sqrt{5}\,r\cdot(2\sqrt{5}-\sqrt{5}\,r)=r\cdot(5-r)$$

が成り立つ．これを解いて $r=\frac{5}{4}$ を得る．

- $\triangle$ABC の内接円の半径を r' とする．$\triangle$ABC の面積を考えて

$$\frac{1}{2}(\mathrm{AB}+\mathrm{AC}+\mathrm{BC})r'=\frac{1}{2}\mathrm{AB}\cdot\mathrm{BC}$$

であるから，$\frac{1}{2}(3+5+4)r'=\frac{1}{2}\cdot3\cdot4$，したがって，$r'=1$ である．だから，内接円Qと辺ABとの接点をKとすると，$\mathrm{QK}=1$ である．一方，Qは $\angle$A の二等分線上にあるので，$\triangle\mathrm{AKQ}\backsim\triangle\mathrm{ABD}$ である．だから $\mathrm{AQ}:\mathrm{QK}=\mathrm{AD}:\mathrm{DB}$ で，

$$\mathrm{AQ}=\frac{\mathrm{QK}\cdot\mathrm{AD}}{\mathrm{DB}}=\frac{1\cdot\frac{3\sqrt{5}}{2}}{\frac{3}{2}}=\sqrt{5}$$

である．

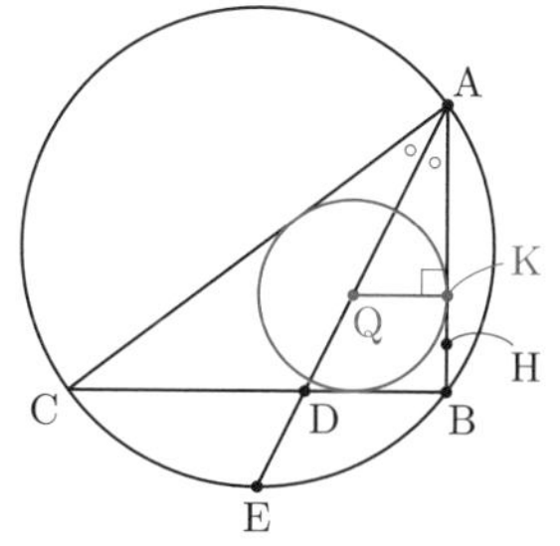

また AH については，$\triangle\mathrm{AHP}\backsim\triangle\mathrm{ABD}$ より $\mathrm{AH}:\mathrm{AP}=\mathrm{AB}:\mathrm{AD}$ なので，

$$\mathrm{AH}=\frac{\mathrm{AP}\cdot\mathrm{AB}}{\mathrm{AD}}=\frac{\sqrt{5}\,r\cdot3}{\frac{3\sqrt{5}}{2}}$$

$$=\frac{\sqrt{5}\cdot\frac{5}{4}\cdot 3}{\frac{3\sqrt{5}}{2}}=\frac{5}{2}$$

である．

- 以上の結果により，問題文の(a)，(b)の正誤を考える．それには，ここまでで線分の長さ $AH=\frac{5}{2}$，$AB=3$，$AD=\frac{3\sqrt{5}}{2}$，$AE=2\sqrt{5}$，$AQ=\sqrt{5}$ を求めていることに注目する．

(a) 2点H，BはAを端点とする同一の半直線上にあり，かつ，2点D，QはAを端点とする同一の半直線上にある．しかも，$AH\cdot AB=AD\cdot AQ$ が成り立っている $\left(\frac{5}{2}\cdot 3=\frac{3\sqrt{5}}{2}\cdot\sqrt{5}\text{ だから}\right)$．よって，方べきの定理の逆より，4点H，B，D，Qは同一円周上にある．したがって，**(a)は正しい．**

(b) 2点H，BはAを端点とする同一の半直線上にあり，かつ，2点E，QはAを端点とする同一の半直線上にある．しかも，$AH\cdot AB\neq AE\cdot AQ$ が成り立っている $\left(\frac{5}{2}\cdot 3\neq 2\sqrt{5}\cdot\sqrt{5}\text{ だから}\right)$．よって，方べきの定理の対偶より，4点H，B，E，Qは同一円周上にない．したがって，**(b)は誤っている．**

補説 「求めよ」といわれた数値を求めるには，いま役に立つ知識や観察は何であるかを正しく見極めなければならない．そのアイディア探しが，易しいこともあるし，難しいこともある．

たとえば，最初にBDの長さを求めるには，点Dが $\angle A$ の二等分線により定まる点だとわかっているので，「三角形の内角の二等分線と辺の内分比に関する定理」を想起するのはたやすいだろう．またその次にADの長さを求めるのも，図をかいていればいやおうなく“直角”三角形ABDが目に飛び込んでくるので，ピタゴラスの定理を当然のように持ち出せるだろう（このとき，直前にBDの長さを求めさせられたのが「ああ，誘導だったのだな」と気づける）．ただし，それにはまず，問題文の1行目を読んだ時点で $\angle B=90^\circ$ に気づいていなければならないが．

一方，円Pの半径 r を求めるアイディアの発見はあまり易しくない．「方べきの定理により」という問題文をヒントにするのだが，それには方べきの定理を「どの円に？」「どの線分に？」使うか自問して，自答しなければならない．この場合は，直前にAP，PGの長さを求めさせられたことから，「点Pがかかわる線分，そしてその線分がかかわる円に注目するとよいのでは？」と考えることが，正解への鍵となる．$AP\cdot PE=FP\cdot PG$ を使おう，という目的意識が生じさえすれば，あとは $PE=2\sqrt{5}-\sqrt{5}r$，$FP=r$，$PG=5-r$ を導くのに困難はないだろう．

最後の(a)，(b)の正誤判定のアイディアを見つけるのは難しい．問題文のこの部分には書かれていない「方べきの定理」の逆や対偶を自力で持ち出さなければならない．なかなか発想のきっかけが見当たらないが，あえていえば，この問題文全体でAD，AE，AP，AQ，AHと「点Aを端点とする線分の長さ」をたくさん問われていることから，点Aを要とする方べきの定理の逆や対偶の利用に思い至れるかもしれない．

難しいこともあるが，いきなり何でもできるようになるわけではないので，あせらずいろいろな問題を見ていろいろなことを考え，経験を積むのがよいだろう．

なお，円Pの直径は $2r=\frac{5}{2}$ で，これは円Oの半径に一致する．だから，円Pは（円Oの直径である）辺ACと点Oで接している．しかしこの問題は，このことに気づかなくても最後まで解ける．

6-2 **解答** (1) ア：⑤　イ，ウ，エ：②，⑥，⑦
オ：①　カ：②　キ：2

(2) ク$\sqrt{ケコ}$：$2\sqrt{15}$　サシ：15

ス$\sqrt{セソ}$：$3\sqrt{15}$　$\frac{タ}{チ}$：$\frac{4}{5}$　$\frac{ツ}{テ}$：$\frac{5}{3}$

アドバイス　共通テストの形式で作図問題を出すとすれば，この問題のように，証明の道筋が問題文にあり，その穴埋めをする，ということになるだろう．証明するべきことをはっきり認識した上で，問題文の流れを読み取ろう．そのためには，ただ問題文をフォローするだけではなく，ある程度は自分で「ここに相似な三角形がありそうだ」「ここは平行線の同位角だから等しいな」などと事前に考えながら読み進めるのがよい．

解説　(Step 1)～(Step 5)のように作図すると，次の図のようになる．(Step 2)での点Gのとり方が2通りあり，それに応じて図も2通りになる．

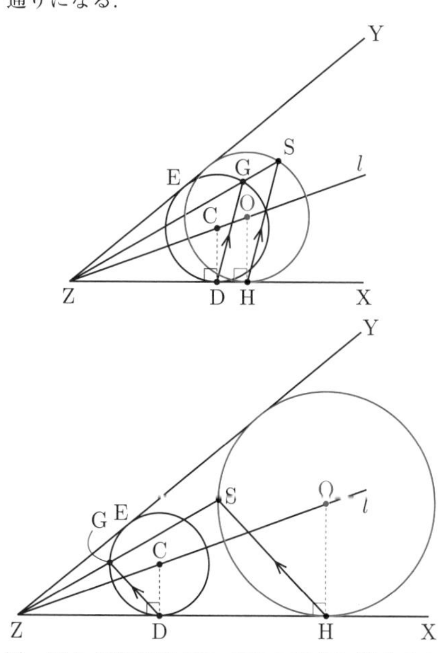

(1) 円Oが半直線ZX，ZYの両方に接することは，Oを∠XZYの二等分線l上にとったことと OH⊥ZX から保証されている．だから，あとは点Sが円O上にあることを示せばよく，それにはOSの長さが円Oの半径であるOHの長さに等しいこと，すなわち OH＝OS を示せばよい．

DG∥HS より △ZDG∽△ZHS であり，DC∥HO（CD，OHどちらもZXに垂直だから）より △ZDC∽△ZHO である．問題文の空欄をうまく補うには，DGが関わる比とDCが関わる比をうまく選び，その両方がある1つの比に等しいようにすればよい．それには，DG：**HS** と DC：**HO** の両方が，1つの比 **ZD**：**ZH** に等しいことを見ればよい．

以上の考察より，
DG：HS＝DC：HO　…①　がわかる．

3点S，O，Hが一直線上にない場合は，△OHSが存在する．そして，DG∥HS かつ DC∥HO なので，∠CDG＝∠**OHS** であり，①とあわせて，2辺の比とその間の角が等しいので △CDG∽△OHS だとわかる．ここで，D，Gは円C上にあるので CD＝CG である．よって，OH＝OS である．

3点S，O，Hが一直線上にある場合，そのことと DG∥HS かつ DC∥HO より，3点G，C，Dも一直線上に並んでいる．そしてD，Gが円C上の点であり，しかも相異なる（Gは直線ZS上にあるので，もしDとGが一致しているとするとSが直線ZD上すなわち直線ZX上にあることになり，そもそものSのとり方に反する）ので，DGが円Cの直径であり，DG＝2DC であることがわかる．これと①をあわせてHS＝2HO を得る．3点S，O，Hはこの順に一直線上に並ぶので，OH＝OS である．

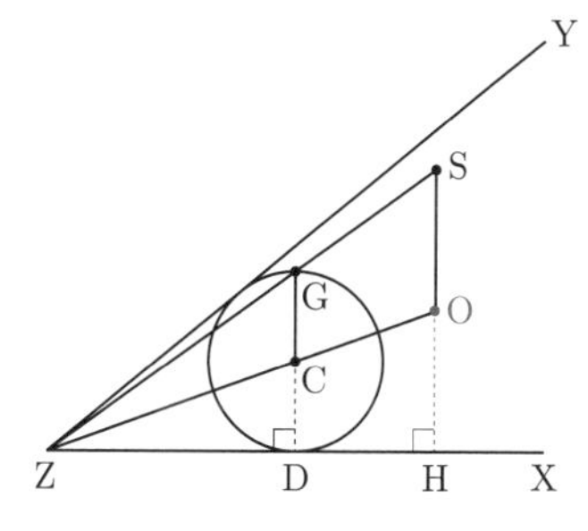

(2)　半直線 ZX，半直線 ZY の両方に接する2円 O_1，O_2 が点Sを共有している．このSが∠XZY の二等分線 l 上にあるので，2円は外接し，その接点はSである．そこで，下の図の直角三角形を考えて，

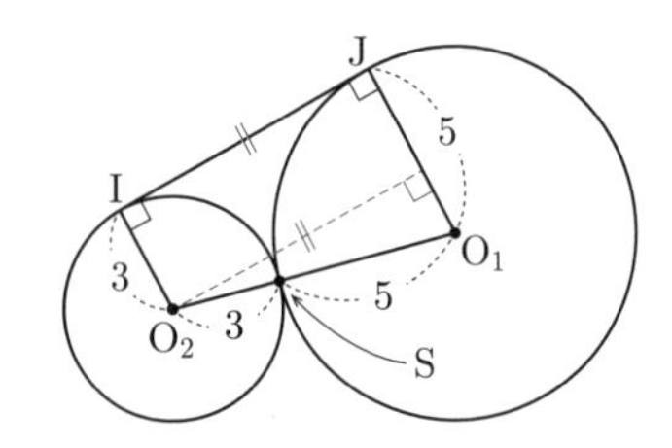

$$\mathrm{IJ}=\sqrt{(3+5)^2-(5-3)^2}=2\sqrt{15}$$

である．

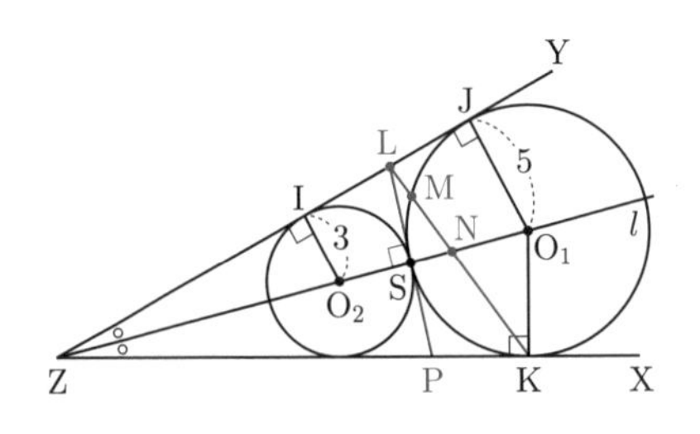

次に，円 O_1 に対して方べきの定理を用いて

$$\mathrm{LM}\cdot\mathrm{LK}=\mathrm{LS}^2$$

である（LS が円 O_1 の接線であることに注意）．一方，円外の1点から円へひいた接線の長さは等しいことから

$$\mathrm{LI}=\mathrm{LJ}=\mathrm{LS}$$

であり，これと $\mathrm{LI}+\mathrm{LJ}=\mathrm{IJ}=2\sqrt{15}$ から

$$\mathrm{LI}=\mathrm{LJ}=\mathrm{LS}=\frac{1}{2}\mathrm{IJ}=\sqrt{15}$$

である．したがって，$\mathrm{LS}^2=15$ で，$\mathrm{LM}\cdot\mathrm{LK}=15$ である．

また，$\triangle\mathrm{ZIO_2}\backsim\triangle\mathrm{ZJO_1}$ より
$\mathrm{ZI}:\mathrm{ZJ}=\mathrm{IO_2}:\mathrm{JO_1}=3:5$ である．したがって，
$\mathrm{ZI}:\mathrm{IJ}=\mathrm{ZI}:(\mathrm{ZJ}-\mathrm{ZI})=3:(5-3)=3:2$
であり，これと $\mathrm{IJ}=2\sqrt{15}$ から $\mathrm{ZI}=3\sqrt{15}$ がわかる．そこで直角三角形 $\mathrm{ZIO_2}$ をみて，

$$\mathrm{ZO_2}=\sqrt{\mathrm{ZI}^2+\mathrm{IO_2}^2}=\sqrt{(3\sqrt{15})^2+3^2}=12,$$

さらに $\mathrm{ZS}=\mathrm{ZO_2}+\mathrm{O_2S}=12+3=15$ がわかる．

さて，ZN は △ZLK の内角 ∠Z の二等分線だから，$\mathrm{LN}:\mathrm{NK}=\mathrm{ZL}:\mathrm{ZK}$ である．
そして

$$\mathrm{ZL}=\mathrm{ZI}+\mathrm{IL}=3\sqrt{15}+\sqrt{15}=4\sqrt{15},$$
$$\mathrm{ZK}=\mathrm{ZJ}=\mathrm{ZI}+\mathrm{IJ}=3\sqrt{15}+2\sqrt{15}=5\sqrt{15}$$

である．よって，
$\mathrm{LN}:\mathrm{NK}=4\sqrt{15}:5\sqrt{15}=4:5$ で，
$\dfrac{\mathrm{LN}}{\mathrm{NK}}=\dfrac{4}{5}$ である．

さらに，メネラウスの定理を △ZNK と直線 SL に適用する：直線 SL と辺 ZK の交点をPとして

$$\frac{\mathrm{SN}}{\mathrm{ZS}}\cdot\frac{\mathrm{LK}}{\mathrm{NL}}\cdot\frac{\mathrm{PZ}}{\mathrm{KP}}=1$$

であるから，

$$\begin{aligned}\mathrm{SN}&=\mathrm{ZS}\cdot\frac{\mathrm{NL}}{\mathrm{LK}}\cdot\frac{\mathrm{KP}}{\mathrm{PZ}}\\&=\mathrm{ZS}\cdot\frac{\mathrm{LN}}{\mathrm{LN}+\mathrm{NK}}\cdot\frac{\mathrm{JL}}{\mathrm{LZ}}\\&\qquad(\mathrm{PZ}=\mathrm{LZ},\ \mathrm{KP}=\mathrm{JL}\ を用いた)\\&=15\cdot\frac{4}{4+5}\cdot\frac{\sqrt{15}}{4\sqrt{15}}\\&=\frac{5}{3}\end{aligned}$$

を得る．

補説　(1)　まず，作図の手順にしたがって，なるべく正確に図をかいてみることが肝要である．そうすると，自然に見えてくることがいろいろあるはずだ．

イ～オについては，いきなり選択肢（10個もある）を見てどれかな…と，探そうとすると混乱してしまうだろう．直前の問題文が「△ZDG と △ZHS との関係」と「△ZDC と △ZHO との関係」とに着目せよとガイドしてくれていることに素直に従う心構えがあれば，三角形の相似にすぐ気づく．あとは同一の比 ウ : エ が登場するように，三角形の辺の比を作ればよい．

3点S，O，Hが一直線上にあるかないかで場合分けしなければならないのは面倒だが，このようなことは平面幾何の証明ではしばしば起こることなので，しかたがない．丁寧な誘導の説明があるので，図をかく手間さえ惜しまなければ，解答は容易だろう．

(2) 上述の解説ではなるべく要領よく話が進むように順序を考えて求める数値を求めていったが，実際の試験の現場では，わかった数値を図にどんどん書き込んでいくのがよいだろう．少しくらい回り道の解法を選んでしまったとしても，あちこちの数値を得ていれば，ほとんど損はしない．

どんな定理や公式を用いたらよいか，その選択はいつも悩ましい．しかし出題者がそれを暗に提案していることがある．この問題でいえば，LM･LKは？という問いは方べきの定理の使用を，$\dfrac{\mathrm{LN}}{\mathrm{NK}}$は？という問いは内角の二等分線と辺の内分比の定理やメネラウスの定理の使用を，それぞれ示唆しているともいえる．

あとがき

来月にははじめての大学入学共通テストがいよいよ実施されるという2020年の12月ごろ，旺文社の編集者の方から私は，共通テスト対策の本を書いてみないかと尋ねられました．

非常にとまどったのをよく覚えています．それまで私は，高校生や受験生が数学を学ぶための参考書は何冊か書いていましたが，私の意識としてはあくまで「数学の力をつけるために」「数学を楽しく学ぶために」というつもりであって，何か特定の入学試験問題に対応するための本を書こうとは思っていなかったからです．もちろん，数学を筋よく基礎からきちんと学べば，そのこと自体が自然に受験対策になりますから，その意味では私のこれまでの本も受験向けの本でもあるでしょう．しかし，共通テスト対策！　とはっきり銘打った本を書く話が，こんな私のところにやってくるとは，まったくの予想外のことでした．

その時点ではなにしろ，世の中に「共通テストの問題」が一つも存在しませんでした（試行調査の問題はありましたが）．共通テストの前身であるセンター試験の問題は大量にありましたが，新しい共通テストとセンター試験ではどこが似ていてどこが違うのか，まったくわからない状況でした．そこで私は「まずは共通テストの問題がどんなものかを見た上で，この本が書けそうかどうか考えます」とお返事して，共通テストの実施をじっと待ちました．

実際に目にした第１回の共通テストの問題は，私には，数学の基礎，数学で大切な考え方にきちんと立脚したものが多いと感じられました．もちろん，問題によっていろいろですし，そもそも共通テストは圧倒的に時間が足りない試験である（これではせっかくの問題も数学的にしっかり考え抜くことが極めて難しい．できれば１教科あたり120分，せめて90分にならないものかと心底思います）ので一概にすべてを「よい，理想的だ」とは言えないのですが，出題された方々の数学と数学教育にかける情熱，「こういうことができてほしい」「こういうことが高校で学ぶ数学では大切なのだ」という主張と意気込みは十分に感じられるものでした．それで――私ごときが偉そうな物の言い方をしてしまって申し訳ないのですが――私も，これなら共通テストの本が書ける，と確信して，そこからがんばって，いまあなたが手にされている本ができあがるに至ったのでした．

教員になってからの約25年，そしてそれ以前にも高校生・受験生として，私もそれなりには大学入試問題に触れてきました．また，さらに古い大学入試問題を調べたこともあります．長い年月にわたる大学入試問題を観察してみると，時代によって，問題の難易や傾向，そして「何を問うているか」「何が大切なこととされているか」が，けっこう変化していることがわかります．ときにはたいがいの高校生には無理だろうと思われる問題が多く見られ，ときにはパズルを解くキーを見つけられるかどうかの一点にかかっている問題が流行っています．それでは

――過去のことはいったんおくとして――いま，みなさんが高校生や受験生であるいまは，どうなのでしょうか．私には，いまは数学を真摯に学ぶ皆さんにとって，よい時代であると感じられます．それは，共通テストをはじめとして，さまざまな大学入試問題が，学問としての数学にとってもっとも大切なこと，これがわかっていなければ数学を理解したとは言えない基礎事項，をストレートにありのままに問おうとしているからです．もちろんいろいろな問題があり，受験する側の態勢もさまざまですから一概には言えませんが，全体的な潮流は明らかにそうだと，私は考えています．

私はこの本を，そんな大きな流れに沿うように，この本を傍らに懸命に学んだ人たちが数学の大海原を力強く漕ぎ進められるように，と念じて書きました．そのために，高校での数学にとって大事なこと，決して譲れないことはなんだろうと（いつも考えていることとはいえ，改めて）深刻に考えて，それを１つ１つのTHEME，１つ１つのPOINTにまとめていきました．ここで「共通テストでの成功のために必要になりそうなこと」と「学問としての数学にとって大事なこと」とが，多くの場合において一致してくれたからこそ，私はこの本を書けたのです．そしてこの本の執筆という経験は，数学の教員としての私にとっても非常に勉強になる，とても貴重なものでした．

この本の内容は，決して容易なことばかりではありません．もともとの企画段階では「易しめに……」ということだったのですが，いま述べた通り，実際の共通テストに対応するために数学の要点はきちんと押さえようというつもりで書くと，なかなか容易なところばかりにはなりませんでした．それは，数学に限らず学問では基礎はだいたい易しくないということでもありますし，一方で，数学の基礎事項に立脚した共通テストが，よく言われるほど（しばしば，おのおのの大学が出題する二次試験と比べて言われるほど）易しい問題ではないということでもあります．確かに，共通テストの問題の解答例だけを見ると，使われていることは教科書に載っている基礎事項ばかりです．しかし，問題文の意図を正しく読み取り，誰でも知っているはずの基礎事項のうち有効なものを選り抜いてそれらを組み合わせて正解への道筋を構築することは，決して簡単なことではないのです．それには，基礎事項をただ「知っている」「覚えた」というだけではなく，その基礎事項がなぜ重要なのか，どのような文脈から現れた概念なのかをよくわかっている必要があります．これは基礎事項の理解そのものより一段ランクが上の難しいことで，すぐに誰でもできるようになることではありません．

そこでこの本の読み方を考えましょう．ほとんどはCHAPTER 0や「本書の構成と使い方」のページに書いたのですが，一つ追加させてください．この本では，各POINTでの解説，EXERCISEの問やその解説，さらにGUIDANCEや✚PLUS，とあちこちに，なるほどこの基礎事項は大事だ，これは初歩的なことだが興味深い，とみなさんに感じてもらえるような記述をちりばめたつもりです．ぜひ，何度もあちこちを読み返してほしいです．一度目には気づかなかったことが，二度目，三度目にはいきなり見えるかもしれません．それは，学ぶという行為が本来的に持つ，大きな喜びです．

これまで旺文社さんから出版してきた本と同様に，今回も，原稿のチェックを同僚の﨑山理史先生に全面的にお願いしました．﨑山先生の鋭く緻密なご指摘を受けられることは，ほんとうに過分の幸運と思います．﨑山先生の高い数学の力と誠実なお人柄なしには，この本も形になることはなかったと思います．

また，旺文社の編集者の田村和久さん，そして小林健二さんには，いままでの本と同様に，企画そのものから編集・校正の作業まで大変にお世話になりました．私の都合のために原稿がまったく進まなかったこともあったのですが，そのたびに田村さんには親切なお心遣いをいただきました．田村さんの大きな度量と綿密なプランニングなしには，この本も存在し得ませんでした．

﨑山先生，田村さん，小林さん，そして（私が見ていないところで）ご尽力いただきました旺文社の方々や印刷製本，流通の方々に，この場を借りて，篤く御礼申し上げます．ありがとうございました．

この本はもともと，2023 年度までの高等学校の指導要領に，そしてそれに基づいた大学入学共通テストに対応するように書いて，2022 年 7 月に出版されたものでした．改訂された指導要領に合わせて，内容の一部を新しく書き直したのが，いまあなたが手に取ってくださったこの本です．みなさまのおかげで，新版を出せましたことを，大変幸せに思っています．

それでは，この本が，みなさんの数学ライフを楽しく充実したものにする助けになることを，心から祈っています！

2024年 3 月　松野陽一郎

著者紹介

松野陽一郎(まつの・よういちろう)

東京生まれ．武蔵高等学校，京都大学理学部卒業（数学専攻）．京都大学大学院理学研究科数学・数理解析専攻数学系修士課程修了．専攻は数理物理学，表現論．1997年より開成中学校・高等学校教諭．

“数学”と“人間”との関係を少しでもより幸せなものにできるように，日々努力している．本を読み，ピアノを弾く．2015年，第14回世界シャンチー（中国象棋）選手権大会にて，ノンチャイニーズ・ノンベトナミーズ部門６位入賞．

著書などに，

『プロの数学――大学数学への入門コース』(東京図書，2015)，

『なるほど！とわかる微分積分』(東京図書，2017)，

『なるほど！とわかる線形代数』(東京図書，2017)，

『Excelが教師 高校の数学を解く』(正田良編著にて共著，技術評論社，2003)，

『朝日中学生ウイークリー』(現『朝日中高生新聞』)に**『数学ワールドの歩き方』**を毎月連載(2013年４月～2014年３月)，

『総合的研究 記述式答案の書き方―数学Ⅰ・Ａ・Ⅱ・Ｂ』

(﨑山理史との共著，旺文社，2018)，

『総合的研究 数学Ⅰ・Ａ記述式答案の書き方問題集』(旺文社，2020)，

『総合的研究 数学Ⅱ・Ｂ記述式答案の書き方問題集』(旺文社，2020)，

『算数・数学で何ができるの？ 算数と数学の基本がわかる図鑑』

(監訳，東京書籍，2021)，

『総合的研究 公式で深める数学Ⅰ・Ａ――公式の意味がわかれば数学がわかる』

(旺文社，2021)，

『総合的研究 公式で深める数学Ⅱ・Ｂ――公式の意味がわかれば数学がわかる』

(旺文社，2021)，

『大学入学共通テスト数学Ⅰ・Ａ集中講義 改訂版』(旺文社，2024)，

『大学入学共通テスト数学Ⅱ・Ｂ・Ｃ集中講義 改訂版』(旺文社，2024)

がある．

コラム一覧

MEMO

MEMO